Solid Edge 工程应用精解丛书

# Solid Edge ST10 钣金设计实例精解

北京兆迪科技有限公司　编著

机 械 工 业 出 版 社

本书是进一步学习 Solid Edge ST10 钣金设计的实例图书，选用的钣金实例都是生产一线实际应用中的各种日用产品和工业产品，经典而实用。

本书是根据北京兆迪科技有限公司给国内外几十家不同行业的著名公司（含国外独资和合资公司）的培训教案整理而成的，具有很强的实用性和广泛的适用性。本书附赠学习资源，包含了大量 Solid Edge 钣金设计技巧和具有针对性的实例教学视频并进行了详细的语音讲解；学习资源中还包含本书的素材文件、练习文件和已完成的范例文件。

本书在内容上，针对每一个实例先进行概述，说明该实例的特点、设计构思、操作技巧及重点掌握内容和要用到的操作命令，使读者对它有一个整体概念，学习也更有针对性；接下来的操作步骤翔实、透彻，图文并茂，引领读者一步一步完成模型的创建。这种讲解方法能够使读者更快、更深入地理解 Solid Edge ST10 钣金设计中的一些抽象的概念和复杂的命令及功能，也能帮助读者迅速地进入钣金设计实战状态。在写作方式上，紧贴软件的实际操作界面，使初学者能够尽快地上手，提高学习效率。本书内容全面，条理清晰，范例丰富，讲解详细，图文并茂，可作为工程技术人员学习 Solid Edge 钣金设计的自学教程和参考书，也可作为大中专院校学生和各类培训学校学员的 CAD/CAM 课程上课及上机练习教材。

## 图书在版编目（CIP）数据

Solid Edge ST10 钣金设计实例精解/北京兆迪科技
有限公司编著. —3 版. —北京：机械工业出版社，2018.10
（Solid Edge 工程应用精解丛书）
ISBN 978-7-111-60701-4

Ⅰ. ①S…　Ⅱ. ①北…　Ⅲ. ①钣金工—计算机辅助设
计—应用软件—教材　Ⅳ. ①TG382-39

中国版本图书馆 CIP 数据核字（2018）第 189766 号

机械工业出版社（北京市百万庄大街 22 号　邮政编码：100037）
策划编辑：丁　锋　　　　责任编辑：丁　锋
责任校对：郑　婕　张　薇　封面设计：张　静
责任印制：常天培
北京铭成印刷有限公司印刷
2018 年 11 月第 3 版第 1 次印刷
184mm×260 mm·21.75 印张·397 千字
0001—3000 册
标准书号：ISBN 978-7-111-60701-4
定价：69.90 元

凡购本书，如有缺页、倒页、脱页，由本社发行部调换
电话服务　　　　　　　　　　网络服务
服务咨询热线：010-88361066　机工官网：www.cmpbook.com
读者购书热线：010-68326294　机工官博：weibo.com/cmp1952
　　　　　　　010-88379203　金书网：www.golden-book.com
**封面无防伪标均为盗版**　　教育服务网：www.cmpedu.com

# 前　言

Solid Edge 是 Siemens PLM Software 公司旗下的一款三维 CAD 应用软件，采用该公司拥有专利的 Parasolid 作为软件核心，将普及型 CAD 系统与世界上最具领先地位的实体造型引擎结合在一起，是基于 Windows 平台、功能强大且易用的三维 CAD 软件，已经成功应用于机械、电子、航空、汽车、仪器仪表、模具、造船、消费品等行业。

要熟练掌握 Solid Edge 各种钣金产品的设计，只靠理论学习和少量的练习是远远不够的。编著本书的目的正是为了使读者通过书中的大量经典实例，迅速掌握各种钣金件的建模方法、技巧和构思精髓，使读者在短时间内成为一名 Solid Edge 钣金设计高手。本书是进一步学习 Solid Edge ST10 钣金设计的实例图书，其特色如下。

- 实例丰富，与其他同类书籍相比，包括更多的钣金实例和设计方法，尤其是书中的"电脑机箱的自顶向下设计"实例（约 110 页的篇幅），方法独特，令人耳目一新，对读者从事实际设计具有很好的指导和借鉴作用。
- 写法独特，紧贴 Solid Edge ST10 的实际操作界面，采用软件中真实的对话框、按钮和图标等进行讲解，使读者能够直观、准确地操作软件进行学习和实际运用。
- 附加值高，本书附赠学习资源，附赠资源中包含了大量 Solid Edge 钣金设计技巧和具有针对性的实例教学视频并进行了详细的语音讲解，可以帮助读者轻松、高效地学习。

本书由北京兆迪科技有限公司编著，参加编写的人员有詹友刚、王焕田、刘静、雷保珍、刘海起、魏俊岭、任慧华、詹路、冯元超、刘江波、周涛、赵枫、侯俊飞、龙宇、施志杰、詹棋、高政、孙润、李倩倩、黄红霞、尹泉、李行、詹超、尹佩文、赵磊、王晓萍、陈淑童、周攀、吴伟、王海波、高策、冯华超、周思思、黄光辉、党辉、冯峰、詹聪、平迪、管璇、王平、李友荣。本书已经多次校对，如有疏漏之处，恳请广大读者予以指正。

本书"学习资源"中含有"读者意见反馈卡"的电子文档，请读者认真填写本反馈卡，并 E-mail 给我们。E-mail: 兆迪科技 zhanygjames@163.com，丁锋 fengfener@qq.com。

咨询电话：010-82176248，010-82176249。

编　者

### 读者购书回馈活动

为了感谢广大读者对兆迪科技图书的信任与支持，兆迪科技面向读者推出"免费送课"活动，即日起，读者凭有效购书证明，可领取价值 100 元的在线课程代金券 1 张，此券可在兆迪网校（http://www.zalldy.com/）免费换购在线课程 1 门。活动详情可以登录兆迪网校或者关注兆迪公众号查看。

兆迪网校

兆迪公众号

# 本 书 导 读

为了能更好地学习本书的知识，请您仔细阅读下面的内容。

## 写作环境

本书使用的操作系统为 Windows 7，对于 Windows 8/10 操作系统，本书的内容和范例也同样适用。

本书采用的写作蓝本是 Solid Edge ST10 版。

## 附赠学习资源的使用

为方便读者练习，特将本书所有素材文件、已完成的实例文件、配置文件和视频语音讲解文件等放入随书附赠资源中，读者在学习过程中可以打开相应素材文件进行操作和练习。

建议读者在学习本书前，先将随书附赠资源中的所有文件复制到计算机硬盘的 D 盘中。在 D 盘的 sest10.6 目录下共有三个子目录。

（1）se10_system_file 子目录：包含一些系统配置文件。

（2）work 子目录：包含本书讲解中所有的教案文件、实例文件和练习素材文件。

（3）video 子目录：包含本书讲解中全部的操作视频录像文件（含语音讲解）。

学习资源中带有 "ok" 扩展名的文件或文件夹表示已完成的实例。

相比于老版本的软件，Solid Edge ST10 中文版在功能、界面和操作上变化极小，经过简单的设置后，几乎与老版本完全一样（书中已介绍设置方法）。因此，对于软件新老版本操作完全相同的内容部分，学习资源中仍然使用老版本的视频讲解，对于绝大部分读者而言，并不影响软件的学习。

### 本书的随书学习资源领取方法：

- 直接登录网站 http://www.zalldy.com/page/book 下载。
- 扫描右侧二维码获得下载地址。
- 通过电话索取，电话：010-82176248，010-82176249。

## 本书约定

- 本书中有关鼠标操作的简略表述说明如下。
    - ☑ 单击：将鼠标指针移至某位置处，然后按一下鼠标的左键。
    - ☑ 双击：将鼠标指针移至某位置处，然后连续快速地按两次鼠标的左键。
    - ☑ 右击：将鼠标指针移至某位置处，然后按一下鼠标的右键。
    - ☑ 单击中键：将鼠标指针移至某位置处，然后按一下鼠标的中键。
    - ☑ 滚动中键：只是滚动鼠标的中键，而不能按中键。

☑ 选择（选取）某对象：将鼠标指针移至某对象上，单击以选取该对象。

☑ 拖移某对象：将鼠标指针移至某对象上，然后按下鼠标的左键不放，同时移动鼠标，将该对象移动到指定的位置后再松开鼠标的左键。

● 本书中的操作步骤分为 Task、Stage 和 Step 三个级别，说明如下。

☑ 对于一般的软件操作，每个操作步骤以 Step 字符开始。例如，下面是草绘环境中绘制椭圆操作步骤的表述。

Step1. 单击"中心点画圆"命令按钮 中的 ，然后单击 按钮。

Step2. 在绘图区的某位置单击，放置椭圆的中心点，移动鼠标指针，在绘图区的某位置单击，放置椭圆的一条轴线轴端点。

Step3. 移动鼠标指针，将椭圆拖动至所需形状并单击左键，完成椭圆的创建。

☑ 每个 Step 操作视其复杂程度，其下面可含有多级子操作。例如 Step1 下可能包含（1）、（2）、（3）等子操作，子操作（1）下可能包含①、②、③等子操作，子操作①下可能包含 a）、b）、c）等子操作。

☑ 如果操作较复杂，需要几个大的操作步骤才能完成，则每个大的操作冠以 Stage1、Stage2、Stage3 等，Stage 级别的操作下再分 Step1、Step2、Step3 等操作。

☑ 对于多个任务的操作，则每个任务冠以 Task1、Task2、Task3 等，每个 Task 操作下则可包含 Stage 和 Step 级别的操作。

● 由于已建议读者将随书学习资源中的所有文件复制到计算机硬盘的 D 盘中，所以书中在要求设置工作目录或打开附赠资源文件时，所述的路径均以"D:"开始。

## 技术支持

本书是根据北京兆迪科技有限公司给国内外一些著名公司（含国外独资和合资公司）编写的培训教案整理而成的，具有很强的实用性。本书的编写人员主要来自北京兆迪科技有限公司。该公司专门从事 CAD/CAM/CAE 技术的研究、开发、咨询及产品设计与制造服务，并提供 Solid Edge、UG、Ansys、Adams 等软件的专业培训及技术咨询。读者在学习本书的过程中如果遇到问题，可通过访问该公司的网站 http://www.zalldy.com 来获得技术支持。

咨询电话：010-82176248，010-82176249。

# 目　录

装配图　　　　　　　　　水杯腔体零件　　　　　　　水杯手柄零件

钣金件 1　　　　　　　　　　　　　　钣金件 2

装配图　　　　　钣金件 1　　　　钣金件 2　　　　钣金件 3

装配图　　　　　　　　钣金件 1　　　　　　　　钣金件 2

装配图　　　　钣金件 1　　　　钣金件 2　　　　钣金件 3

装配图　　　　　　　　钣金件 1　　　　　　　　钣金件 2

钣金件 1　　　　　　　　　　　　钣金件 2

装配图　　　　钣金件 3　　　　钣金件 4

钣金件 5　　　　钣金件 6

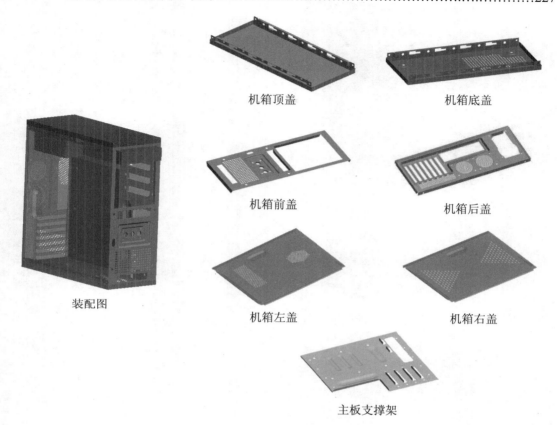

机箱顶盖

机箱底盖

装配图

机箱前盖

机箱后盖

机箱左盖

机箱右盖

主板支撑架

# 实例 1 钣金支架

**实例概述：**

本实例讲述了在创建一个实体零件后，一个钣金支架是如何通过钣金变换特征、封闭角特征、弯边特征以及除料特征的应用来创建完成的，希望读者能熟练掌握其应用。钣金件模型及模型树如图 1.1 所示。

图 1.1 钣金件模型及模型树

**Step1.** 新建文件。选择下拉菜单 ![下拉] ➡ 新建 ➡ GB 公制钣金 命令。

**Step2.** 设置材料表。选择下拉菜单 ![下拉] ➡ 信息 ➡ ![材料表 定义和编辑零件材料] 命令，系统弹出"材料表"对话框；在"材料表"对话框中单击 里规属性 选项卡，在 材料厚度 (T)：文本框中输入值 4，在 折弯半径 (B)：文本框中输入值 4，其他选项采用系统默认设置；单击 应用于模型 按钮，完成设置。

**Step3.** 切换至零件环境。单击"工具"功能选项卡"变换"工具栏中的 ![切换到] 切换到 按钮，进入零件环境。

**Step4.** 创建图 1.2 所示的拉伸特征 1。单击 主页 功能选项卡 实体 区域中的"拉伸"按钮 ![拉伸]；在系统 单击平的面或参考平面。的提示下，选取前视图（XZ）平面作为草图平面，绘制图 1.3 所示的截面草图，单击"主页"功能选项卡中的"关闭草图"按钮 ![关闭]，退出草绘环境；在"拉伸"工具条中单击 ![按钮] 按钮定义拉伸深度，在 距离：文本框中输入值 100，并按 Enter 键，单击"对称延伸"按钮 ![对称]；单击 完成 按钮，完成特征的创建。

图 1.2 拉伸特征 1

图 1.3 截面草图

**Step5.** 创建图 1.4 所示的除料特征 1。单击 主页 功能选项卡 实体 区域中的"除料"按

钮 ；在系统 单击平的面或参考平面。 的提示下，选取右视图（YZ）平面为草图平面，绘制图1.5 所示的截面草图，单击"主页"功能选项卡中的"关闭草图"按钮 ，退出草绘环境；在"除料"工具条中单击 按钮定义除料深度，在该工具条中单击"贯通"按钮 ，并定义除料方向如图 1.6 所示；单击 完成 按钮，完成特征的创建。

图 1.4  除料特征 1

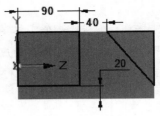

图 1.5  截面草图

Step6. 创建图 1.7 所示的薄壁特征 1。单击 主页 功能选项卡 实体 区域中的 按钮；在"薄壁"工具条的 同一厚度： 文本框中输入值 4.0，并按 Enter 键；在系统提示下，选取图 1.7 所示的模型表面为要移除的面，右击；在工具条中单击 预览 按钮显示其结果，并单击 完成 按钮，完成特征的创建。

图 1.6  除料方向

图 1.7  薄壁特征 1

Step7. 切换至钣金环境。单击"工具"功能选项卡"变换"工具栏中的 切换到 按钮，进入钣金环境。

Step8. 将实体转换为钣金。单击"工具"功能选项卡"变换"工具栏中的"薄壁零件变化为钣金"按钮 ，选取图 1.8 所示的模型表面为基本面；单击"撕裂边"按钮 ，选取图 1.8 所示的两条边线为撕裂边，右击；单击 完成 按钮，完成将实体转换为钣金的操作。

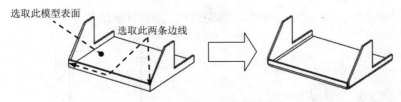

图 1.8  变换特征

Step9. 创建图 1.9 所示的封闭角特征 1。单击 主页 功能选项卡 钣金 工具栏中的"封闭二折弯角"按钮 ；选取图 1.9 所示的相邻折弯特征为封闭角参照；在"封闭二折弯角"工具条中单击"封闭"按钮 ▛；在 处理: 下拉列表中选择 斜接 选项，在 间隙: 文本框中输入值 0，然后按 Enter 键；单击 完成 按钮，完成特征的创建。

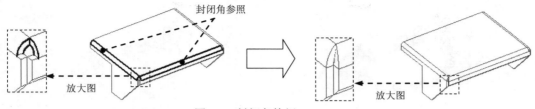

图 1.9　封闭角特征 1

Step10. 创建图 1.10 所示的封闭角特征 2。单击 主页 功能选项卡 钣金 工具栏中的"封闭二折弯角"按钮 ；选取图 1.10 所示的相邻折弯特征为封闭角参照；在"封闭二折弯角"工具条中单击"封闭"按钮 ▛；在 处理: 下拉列表中选择 斜接 选项，在 间隙: 文本框中输入值 0，然后按 Enter 键；单击 完成 按钮，完成特征的创建。

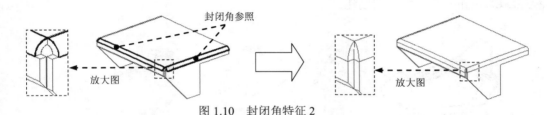

图 1.10　封闭角特征 2

Step11. 创建图 1.11 所示的除料特征 2。在 主页 功能选项卡的 钣金 工具栏中单击 打孔 按钮，选择 除料 命令；在系统 单击平的面或参考平面。 的提示下，选取图 1.11 所示的模型表面为草图平面，绘制图 1.12 所示的截面草图，单击"主页"功能选项卡中的"关闭草图"按钮 ，退出草绘环境；在"除料"工具条中单击 按钮定义延伸深度，在该工具条中单击"贯通"按钮 ，并定义移除方向如图 1.13 所示；单击 完成 按钮，完成特征的创建。

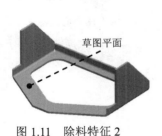

图 1.11　除料特征 2

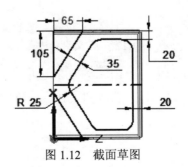

图 1.12　截面草图

Step12. 创建图 1.14 所示的弯边特征 1。单击 主页 功能选项卡 钣金 工具栏中的"弯边"按钮 ；选取图 1.15 所示的模型边线为附着边；在"弯边"工具条中单击"全宽"按钮 ；在 距离: 文本框中输入值 35，在 角度: 文本框中输入值 90，单击"内部尺寸标注"按钮 和

"折弯在外"按钮 ；调整弯边侧方向向外，如图 1.14 所示；定义弯边属性及参数。各选项采用系统默认设置；单击 完成 按钮，完成特征的创建。

图 1.13　定义移除方向

图 1.14　弯边特征 1

Step13. 创建图 1.16 所示的弯边特征 2。单击 主页 功能选项卡 钣金 工具栏中的"弯边"按钮 ；选取图 1.17 所示的模型边线为附着边；在"弯边"工具条中单击"全宽"按钮 ；在 距离 文本框中输入值 35，在 角度 文本框中输入值 90，单击"内部尺寸标注"按钮 和"折弯在外"按钮 ；调整弯边侧方向向外，如图 1.16 所示；各选项采用系统默认设置；单击 完成 按钮，完成特征的创建。

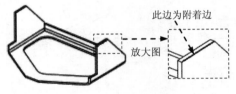

图 1.15　定义附着边

图 1.16　弯边特征 2

Step14. 创建图 1.18 所示的弯边特征 3。

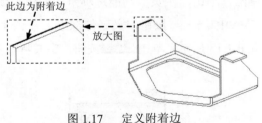

图 1.17　定义附着边

图 1.18　弯边特征 3

（1）选择命令。单击 主页 功能选项卡 钣金 工具栏中的"弯边"按钮 。

（2）定义附着边。选取图 1.19 所示的模型边线为附着边。

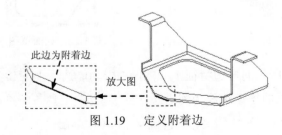

图 1.19　定义附着边

（3）定义弯边类型。在工具条中单击"全宽"按钮 ▢；在 距离: 文本框中输入值 35，在 角度: 文本框中输入值 90，单击"内部尺寸标注"按钮 ⬛ 和"材料在内"按钮 ⬛；调整弯边侧方向向外，如图 1.18 所示。

（4）定义弯边属性及参数。各选项采用系统默认设置。

（5）单击 完成 按钮，完成特征的创建。

Step15. 创建图 1.20 所示的倒斜角特征 1。

（1）选择命令。在 主页 功能选项卡的 钣金 工具栏中单击 ⬛ 倒角 ▾ 后的小三角，选择 ⬛ 倒斜角 命令。

（2）定义倒斜角类型。在"倒斜角"工具条中单击 ⬛ 按钮，选中 ⦿ 深度相等 (E) 单选项，单击 确定 按钮。

（3）定义倒斜角参照。选取图 1.20 所示的六条边线为倒斜角参照边。

（4）定义倒角属性。在该工具条的 深度: 文本框中输入值 5，单击鼠标右键。

（5）单击 完成 按钮，完成特征的创建。

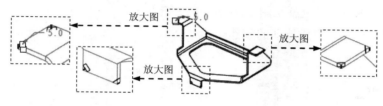

图 1.20 倒斜角特征 1

Step16. 创建图 1.21 所示的法向除料特征 1。

（1）选择命令。在 主页 功能选项卡的 钣金 工具栏中单击 打孔 ▾ 按钮，选择 ⬛ 法向除料 命令。

（2）定义特征的截面草图。在系统 单击平的面或参考平面。 的提示下，选取图 1.21 所示的模型表面为草图平面，绘制图 1.22 所示的截面草图，单击"主页"功能选项卡中的"关闭草图"按钮 ✓，退出草绘环境。

（3）定义法向除料特征属性。在"法向除料"工具条中单击"厚度剪切"按钮 ⬛ 和"贯通"按钮 ⬛，并将移除方向调整至图 1.23 所示的方向。

（4）单击 完成 按钮，完成特征的创建。

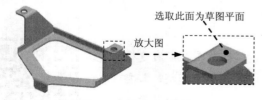

图 1.21 法向除料特征 1

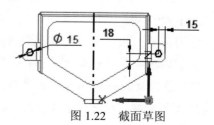

图 1.22 截面草图

Step17. 创建图 1.24 所示的法向除料特征 2。

（1）选择命令。在 主页 功能选项卡的 钣金 工具栏中单击 打孔 按钮，选择 法向除料 命令。

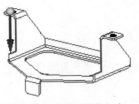

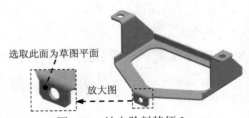

选取此面为草图平面

放大图

图 1.23　定义移除方向　　　　　　　图 1.24　法向除料特征 2

（2）定义特征的截面草图。选取草图平面。在系统 单击平的面或参考平面。 的提示下，选取图 1.24 所示的模型表面为草图平面，绘制图 1.25 所示的截面草图，单击"主页"功能选项卡中的"关闭草图"按钮，退出草绘环境。

（3）定义法向除料特征属性。在"法向除料"工具条中单击"厚度剪切"按钮和"贯通"按钮，并将移除方向调整至图 1.26 所示的方向。

（4）单击 完成 按钮，完成特征的创建。

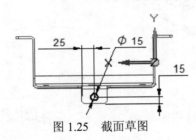

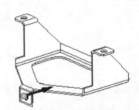

图 1.25　截面草图　　　　　　　图 1.26　定义移除方向

Step18. 保存钣金件模型文件，命名为 INSTANCE_SHEETMETAL。

说明：

为了回馈广大读者对本书的支持，除了学习资源中的视频讲解之外，我们将免费为您提供更多的 SolidEdge "学习拓展"视频，内容包括各个软件模块的基本理论、背景知识、高级功能和命令的详解以及一些典型的实际应用案例等。

由于图书篇幅有限，我们将这些视频讲解制作成了在线学习视频，并在本书相关章节的最后对讲解的内容作了简要介绍，读者可以扫描二维码直达视频讲解页面，登录兆迪科技网站免费学习。

**学习拓展**：扫码学习更多视频讲解。

**讲解内容**：主要包含软件安装、基本操作、二维草图、常用建模命令、零件设计案例等基础内容的讲解。钣金设计属于专用模块，需要有一定的软件使用基础才能快速掌握，本部分的内容可以作为读者学习钣金设计的有益补充。

# 实例 2　暖　气　罩

**实例概述：**

本实例主要运用了如下一些钣金设计的方法：将实体零件转换成第一钣金壁，用"变换"命令将钣金切开，封闭角特征、创建弯边特征，钣金壁上创建除料特征、成形特征和阵列特征等。其中将实体变换后再进行封闭角的创建以及成形特征的创建都有较高的技巧性。钣金件模型及模型树如图 2.1 所示。

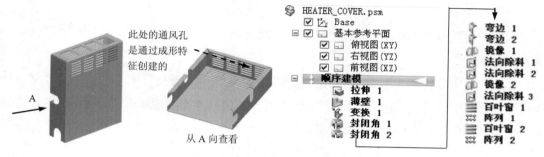

图 2.1　钣金件模型及模型树

Step1. 新建文件。选择下拉菜单 ▼ ➡ 新建 ➡ GB 公制钣金 命令。

Step2. 设置材料表。选择下拉菜单 ▼ ➡ 信息 ➡ 材料表 定义和编辑零件材料 命令，系统弹出"材料表"对话框；在"材料表"对话框中单击 里规属性 选项卡，在 材料厚度(T): 文本框中输入值 0.5，在 折弯半径(B): 文本框中输入值 0.5，其他选项采用系统默认设置；单击 应用于模型 按钮，完成设置。

Step3. 切换至零件环境。单击"工具"功能选项卡"变换"工具栏中的 切换到 按钮，进入零件环境。

Step4. 创建图 2.2 所示的拉伸特征 1。单击 主页 功能选项卡 实体 区域中的"拉伸"按钮 ；在系统 单击平的面或参考平面。 的提示下，选取前视图（XZ）平面作为草图平面，绘制图 2.3 所示的截面草图，单击"主页"功能选项卡中的"关闭草图"按钮 ，退出草绘环境；在"拉伸"工具条中单击 按钮定义拉伸深度，在 距离: 文本框中输入值 22，并按 Enter键，单击"对称延伸"按钮 ；单击 完成 按钮，完成特征的创建。

图 2.2　拉伸特征 1

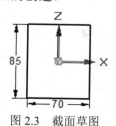

图 2.3　截面草图

Step5. 创建图 2.4 所示的薄壁特征 1。单击 主页 功能选项卡 实体 区域中的 ⬚ 按钮；在 "薄壁"工具条的 同一厚度: 文本框中输入值 0.5，并按 Enter 键；在系统提示下，选取图 2.4 所示的模型表面为要移除的面，选取完成后右击确定；在工具条中单击 预览 按钮显示其结果，并单击 完成 按钮，完成特征的创建。

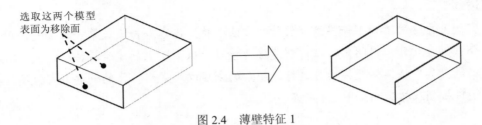

图 2.4　薄壁特征 1

Step6. 切换至钣金环境。单击"工具"功能选项卡"变换"工具栏中的 ⬚ 切换到 按钮，进入钣金环境。

Step7. 将实体转换为钣金。单击"工具"功能选项卡"变换"工具栏中的"薄壁零件变化为钣金"按钮 ⬚，选取图 2.5 所示的模型表面为基本面；选取图 2.5 所示的两条边线为撕裂边；单击 完成 按钮，完成将实体转换为钣金的操作。

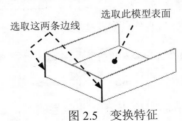

图 2.5　变换特征

Step8. 创建图 2.6 所示的封闭角特征 1。单击 主页 功能选项卡 钣金 工具栏中的"封闭二折弯角"按钮 ⬚；选取图 2.6 所示的相邻折弯特征为封闭角参照；在"封闭二折弯角"工具条中单击"封闭"按钮 ⬚；在 处理: 下拉列表中选择 圆形除料 选项，在 间隙: 文本框中输入值 0，在 直径: 文本框中输入值 1.0，然后按 Enter 键；单击 完成 按钮，完成特征的创建。

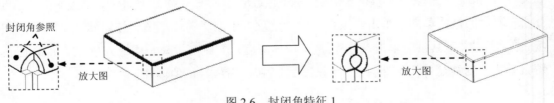

图 2.6　封闭角特征 1

Step9. 创建图 2.7 所示的封闭角特征 2。单击 主页 功能选项卡 钣金 工具栏中的"封闭二折弯角"按钮 ⬚；选取图 2.7 所示的相邻折弯特征为封闭角参照；在"封闭二折弯角"命令条中单击"封闭"按钮 ⬚；在 处理: 下拉列表中选择 圆形除料 选项，在 间隙: 文本框中输入值 0，在 直径:文本框中输入值 1.0，然后按 Enter 键；单击 完成 按钮，完成特征的创建。

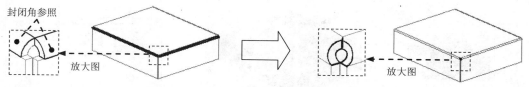

图 2.7　封闭角特征 2

**Step10.** 创建图 2.8 所示的弯边特征 1。单击 主页 功能选项卡 钣金 工具栏中的"弯边"按钮 ；选取图 2.9 所示的模型边线为附着边；在"弯边"工具条中单击"全宽"按钮 ；在 距离:文本框中输入值 5，在 角度:文本框中输入值 90，单击"内部尺寸标注"按钮 和"材料在内"按钮 ，调整弯边侧方向向内并单击，如图 2.8 所示；单击"轮廓步骤"按钮 ，编辑草图尺寸如图 2.10 所示，单击 按钮，退出草绘环境；各参数采用系统默认设置值；单击 完成 按钮，完成特征的创建。

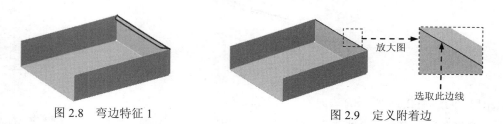

图 2.8　弯边特征 1　　　　　　　　　图 2.9　定义附着边

**Step11.** 创建图 2.11 所示的弯边特征 2。

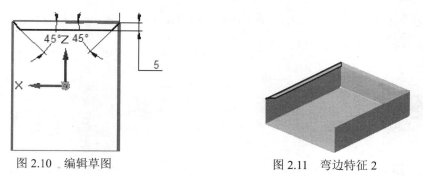

图 2.10　编辑草图　　　　　　　　　图 2.11　弯边特征 2

（1）选择命令。单击 主页 功能选项卡 钣金 工具栏中的"弯边"按钮 。

（2）定义附着边。选取图 2.12 所示的模型边线为附着边。

（3）定义弯边类型。在"弯边"工具条中单击"全宽"按钮 ；在 距离:文本框中输入值 5，在 角度:文本框中输入值 90，单击"内部尺寸标注"按钮 和"材料在内"按钮 ，调整弯边侧方向向内并单击，如图 2.11 所示。

（4）定义弯边尺寸。单击"轮廓步骤"按钮 ，编辑草图尺寸如图 2.13 所示，单击 按钮，退出草绘环境。

（5）定义折弯半径及止裂槽参数。各参数采用系统默认设置值。

（6）单击 完成 按钮，完成特征的创建。

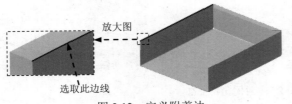

选取此边线

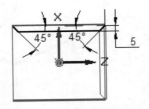

图 2.12　定义附着边　　　　　　　　　　图 2.13　编辑草图

Step12. 创建图 2.14 所示的镜像特征 1。选取 Step11 所创建的弯边特征 2 为镜像源；单击 主页 功能选项卡 阵列 工具栏中的 镜像 按钮；选取右视图（YZ）平面为镜像平面；单击 完成 按钮，完成特征的创建。

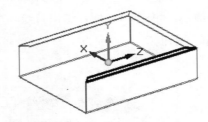

图 2.14　镜像特征 1

Step13. 创建图 2.15 所示的法向除料特征 1。

（1）选择命令。在 主页 功能选项卡的 钣金 工具栏中单击 打孔 按钮，选择 法向除料 命令。

（2）定义特征的截面草图。在系统 单击平的面或参考平面 的提示下，选取图 2.16 所示的模型表面为草图平面，绘制图 2.17 所示的截面草图，单击"主页"功能选项卡中的"关闭草图"按钮，退出草绘环境。

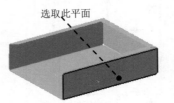

选取此平面

图 2.15　法向除料特征 1　　　　　　　　图 2.16　定义草图平面

（3）定义法向除料特征属性。在"法向除料"工具条中单击"厚度剪切"按钮 和"贯通"按钮 ，并将移除方向调整至图 2.18 所示的方向。

（4）单击 完成 按钮，完成特征的创建。

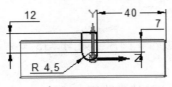

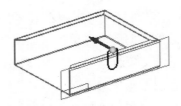

图 2.17　截面草图　　　　　　　　　　图 2.18　定义移除方向

Step14. 创建图 2.19 所示的法向除料特征 2。

（1）选择命令。在 主页 功能选项卡的 钣金 工具栏中单击 打孔 按钮，选择 法向除料 命令。

（2）定义特征的截面草图。在系统 单击平的面或参考平面。 的提示下，选取图 2.20 所示的模型表面为草图平面，绘制图 2.21 所示的截面草图，单击"主页"功能选项卡中的"关闭草图"按钮 ，退出草绘环境。

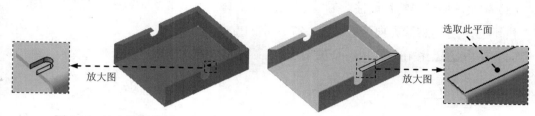

图 2.19　法向除料特征 2　　　　　　　　图 2.20　定义草图平面

（3）定义法向除料特征属性。在"法向除料"工具条中单击"厚度剪切"按钮 和"穿过下一个"按钮 ，并将移除方向调整至图 2.22 所示的方向。

（4）单击 完成 按钮，完成特征的创建。

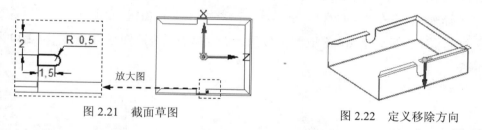

图 2.21　截面草图　　　　　　　　　图 2.22　定义移除方向

Step15. 创建图 2.23 所示的镜像特征 2。选取 Step14 所创建的法向除料特征 2 为镜像源；单击 主页 功能选项卡 阵列 工具栏中的 镜像 按钮；选取右视图（YZ）平面为镜像平面；单击 完成 按钮，完成特征的创建。

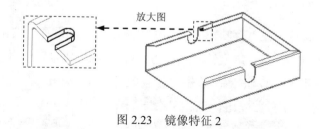

图 2.23　镜像特征 2

Step16. 创建图 2.24 所示的法向除料特征 3。

（1）选择命令。在 主页 功能选项卡的 钣金 工具栏中单击 打孔 按钮，选择 法向除料 命令。

（2）定义特征的截面草图。在系统 单击平的面或参考平面。 的提示下，选取图 2.25 所示的模型表面为草图平面，绘制图 2.26 所示的截面草图，单击"主页"功能选项卡中的"关闭草图"按钮 ，退出草绘环境。

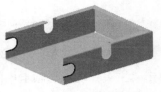

图 2.24 法向除料特征 3

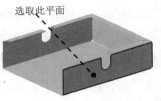

选取此平面

图 2.25 定义草图平面

（3）定义法向除料特征属性。在"法向除料"工具条中单击"厚度剪切"按钮 和"贯通"按钮 ，并将移除方向调整至图 2.27 所示的方向。

（4）单击 完成 按钮，完成特征的创建。

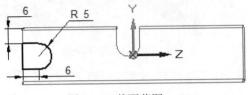

图 2.26 截面草图

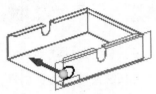

图 2.27 定义移除方向

Step17. 创建图 2.28 所示的百叶窗特征 1。

（1）选择命令。在 主页 功能选项卡的 钣金 工具栏中单击 凹坑 按钮，选择 百叶窗 命令。

（2）绘制百叶窗截面草图。选取图 2.29 所示的模型表面为草图平面，绘制图 2.30 所示的截面草图。

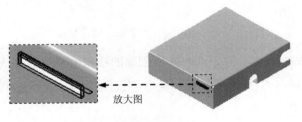

放大图

图 2.28 百叶窗特征 1

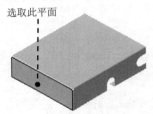

选取此平面

图 2.29 定义草图平面

（3）定义百叶窗属性。在"百叶窗"工具条中单击"深度设置"按钮 ，在 距离 文本框中输入值 2.0，并按 Enter 键；定义轮廓深度方向如图 2.31 所示，单击箭头；在"百叶窗"工具条中单击"高度步骤"按钮 ，单击"偏置尺寸"按钮 ，在 距离 文本框中输入值 1.5，并按 Enter 键；单击 按钮，选中 端部开口百叶窗(L) 单选项，在 倒圆 区域中选中 包括倒圆(I) 复选框，在 凹模半径 文本框中输入值 0.5，单击 确定 按钮；定义其冲压方向朝内，如图 2.32 所示，单击箭头。

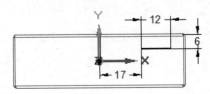

图 2.30 截面草图

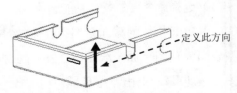

定义此方向

图 2.31 定义轮廓深度方向

（4）单击工具条中的 ▨完成 按钮，完成特征的创建。

Step18. 创建图 2.33 所示的阵列特征 1。

（1）选取要阵列的特征。选取 Step17 所创建的百叶窗特征 1 为阵列特征。

（2）选择命令。单击 主页 功能选项卡 阵列 工具栏中的 ▨阵列 按钮。

（3）定义要阵列草图平面。选取图 2.34 所示的模型表面为阵列草图平面。

（4）绘制矩形阵列轮廓。单击 特征 区域中的 ▨ 按钮，绘制图 2.35 所示的矩形。在"阵列"工具条的 翻转 下拉列表中选择 固定 选项，在"阵列"工具条的 X 文本框中输入阵列个数为 4，输入间距值为 15；在"阵列"工具条的 Y 文本框中输入阵列个数为 6，输入间距值为 2.5；右击确定，单击 ☑ 按钮，退出草绘环境。

（5）单击 完成 按钮，完成特征的创建。

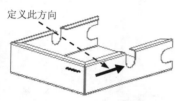

图 2.32 定义轮廓高度方向

图 2.33 阵列特征 1

图 2.34 定义草图平面

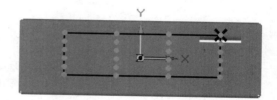

图 2.35 绘制矩形阵列轮廓

Step19. 创建图 2.36 所示的百叶窗特征 2。

（1）选择命令。在 主页 功能选项卡的 钣金 工具栏中单击 凹坑 按钮，选择 ▤ 百叶窗 命令。

（2）绘制百叶窗截面草图。选取图 2.37 所示的模型表面为草图平面，绘制图 2.38 所示的截面草图。

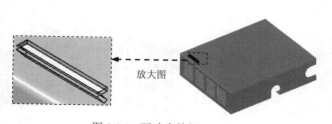

图 2.36 百叶窗特征 2

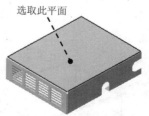

图 2.37 定义草图平面

（3）定义百叶窗属性。在"百叶窗"工具条中单击"深度设置"按钮 ▨，在 距离 文本框中输入值 2.0，并按 Enter 键；定义轮廓深度方向如图 2.39 所示，单击箭头；在"百叶窗"

工具条中单击"高度步骤"按钮，单击"偏置尺寸"按钮，在 距离: 文本框中输入值 1.5，并按 Enter 键；单击 按钮，选中 ⊙ 端部开口百叶窗(L) 单选项，在 倒圆 区域中选中 ☑ 包括倒圆(I) 复选框，在 凹模半径 文本框中输入值 0.5，单击 确定 按钮；定义其冲压方向朝内，如图 2.40 所示，单击箭头。

（4）单击命令条中的 完成 按钮，完成特征的创建。

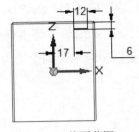

图 2.38 截面草图

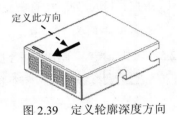

图 2.39 定义轮廓深度方向

Step20. 创建图 2.41 所示的阵列特征 2。

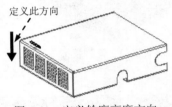

图 2.40 定义轮廓高度方向

图 2.41 阵列特征 2

（1）选取要阵列的特征。选取 Step19 所创建的百叶窗特征 2 为阵列特征。

（2）选择命令。单击 主页 功能选项卡 阵列 工具栏中的 阵列 按钮。

（3）定义要阵列草图平面。选取图 2.42 所示的模型表面为阵列草图平面。

（4）绘制矩形阵列轮廓。单击 特征 区域中的 按钮，绘制图 2.43 所示的矩形。在"阵列"工具条的 翻转 下拉列表中选择 固定，在"阵列"工具条的 X: 文本框中输入阵列个数为 4，输入间距值为 15；在"阵列"工具条的 Y: 文本框中输入阵列个数为 6，输入间距值为 2.5；右击确定，单击 按钮，退出草绘环境。

（5）单击 完成 按钮，完成特征的创建。

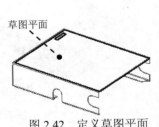
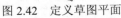

图 2.42 定义草图平面

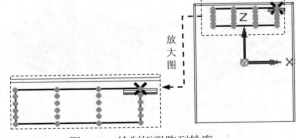

图 2.43 绘制矩形阵列轮廓

Step21. 保存钣金件模型文件，并命名为 HEATER_COVER。

# 实例 3  卷  尺  头

**实例概述：**

本实例详细讲解了图 3.1 所示卷尺头的创建过程，主要应用了轮廓弯边、除料、法向除料等命令。钣金件模型及模型树如图 3.1 所示。

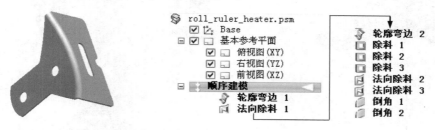

图 3.1  钣金件模型及模型树

**说明：** 本应用前面的详细操作过程请参见学习资源中 video\ch03\reference\文件下的语音视频讲解文件 ROLL_RULER_HEATER-r01.exe。

Step1. 打开文件 D:\sest10.6\work\ch03\ROLL_RULER_HEATER_ex.psm。

Step2. 创建图 3.2 所示的法向除料特征 1。

（1）选择命令。在 主页 功能选项卡的 钣金 工具栏中单击 打孔 按钮，选择 法向除料 命令。

（2）定义特征的截面草图。在系统 单击平的面或参考平面 的提示下，选取俯视图（XY）平面作为草图平面，绘制图 3.3 所示的截面草图，单击"主页"功能选项卡中的"关闭草图"按钮 ，退出草绘环境。

（3）定义法向除料特征属性。在"法向除料"工具条中单击"中位平面切削"按钮 和贯通"按钮 ，并将移除方向调整至图 3.4 所示的方向。

（4）单击 完成 按钮，完成特征的创建。

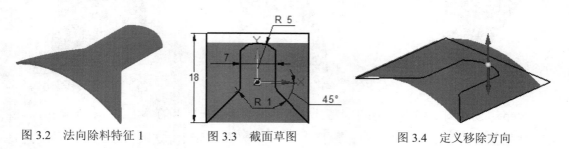

图 3.2  法向除料特征 1    图 3.3  截面草图    图 3.4  定义移除方向

Step3. 创建图 3.5 所示的轮廓弯边特征 2。

（1）选择命令。单击 主页 功能选项卡 钣金 工具栏中的"轮廓弯边"按钮 。

（2）定义特征的截面草图。在系统的提示下，选取图 3.6 所示的模型边线为路径，在"轮廓弯边"工具条的 位置 文本框中输入值 0,并按 Enter 键,绘制图 3.7 所示的截面草图。

(3)定义轮廓弯边的延伸量及方向。在"轮廓弯边"工具条中单击"范围步骤"按钮 ⊠; 单击"到末端"按钮 ☐,并定义其延伸方向,如图 3.8 所示,单击。

(4)单击 完成 按钮,完成特征的创建。

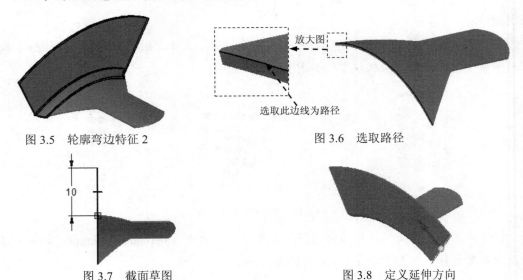

图 3.5　轮廓弯边特征 2　　　　　　　图 3.6　选取路径

图 3.7　截面草图　　　　　　　　图 3.8　定义延伸方向

Step4. 创建图 3.9 所示的除料特征 1。在 主页 功能选项卡的 钣金 工具栏中单击 打孔 按钮, 选择 🔲 除料 命令;在系统 单击平的面或参考平面。 的提示下,选取图 3.9 所示的模型表面为 草图平面,绘制图 3.10 所示的截面草图,单击"主页"功能选项卡中的"关闭草图"按钮 ☑,退出草绘环境;在"除料"工具条中单击 ⊠ 按钮定义延伸深度,在该工具条中单击 "贯通"按钮 🔳,并定义移除方向如图 3.11 所示;单击 完成 按钮,完成特征的创建。

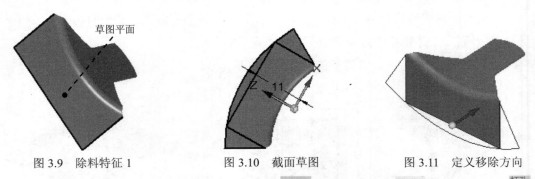

图 3.9　除料特征 1　　　　　　图 3.10　截面草图　　　　　　图 3.11　定义移除方向

Step5. 创建图 3.12 所示的除料特征 2。在 主页 功能选项卡的 钣金 工具栏中单击 打孔 按 钮,选择 🔲 除料 命令;在系统 单击平的面或参考平面。 的提示下,选取图 3.12 所示的模型表 面为草图平面,绘制图 3.13 所示的截面草图,单击"主页"功能选项卡中的"关闭草图" 按钮 ☑,退出草绘环境;在"除料"工具条中单击 ⊠ 按钮定义延伸深度,在该工具条中 单击"贯通"按钮 🔳,并定义移除方向如图 3.14 所示;单击 完成 按钮,完成特征的创建。

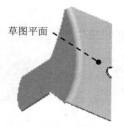

图 3.12　除料特征 2

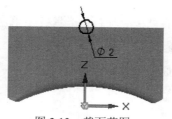

图 3.13　截面草图

图 3.14　定义移除方向

Step6. 创建图 3.15 所示的除料特征 3。在 主页 功能选项卡的 钣金 工具栏中单击 打孔 按钮，选择 除料 命令；在系统 单击平的面或参考平面。 的提示下，选取图 3.15 所示的模型表面为草图平面，绘制图 3.16 所示的截面草图，单击"主页"功能选项卡中的"关闭草图"按钮，退出草绘环境；在"除料"工具条中单击 按钮定义延伸深度，在该工具条中单击"贯通"按钮，并定义移除方向如图 3.17 所示；单击 完成 按钮，完成特征的创建。

图 3.15　除料特征 3

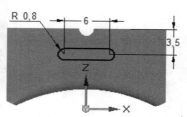

图 3.16　截面草图

图 3.17　定义移除方向

Step7. 创建图 3.18 所示的法向除料特征 1。在 主页 功能选项卡的 钣金 工具栏中单击 打孔 按钮，选择 法向除料 命令；在系统 单击平的面或参考平面。 的提示下，选取俯视图（XY）平面作为草图平面，绘制图 3.19 所示的截面草图，单击"主页"功能选项卡中的"关闭草图"按钮，退出草绘环境；在"法向除料"工具条中单击"厚度剪切"按钮 和"贯通"按钮，并将移除方向调整至图 3.20 所示的方向；单击 完成 按钮，完成特征的创建。

图 3.18　法向除料特征 1

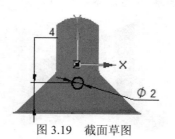

图 3.19　截面草图

Step8. 创建图 3.21 所示的法向除料特征 2。

（1）选择命令。在 主页 功能选项卡的 钣金 工具栏中单击 打孔 按钮，选择 法向除料 命令。

（2）定义特征的截面草图。在系统 单击平的面或参考平面。 的提示下，选取俯视图（XY）平面作为草图平面，绘制图 3.22 所示的截面草图，单击"主页"功能选项卡中的"关闭草图"按钮 ✅，退出草绘环境。

（3）定义法向除料特征属性。在"法向除料"工具条中单击"厚度剪切"按钮 📝 和"贯通"按钮 📄，并将移除方向调整至图3.23所示的方向。

（4）单击 完成 按钮，完成特征的创建。

图3.20 定义移除方向

图3.21 法向除料特征2

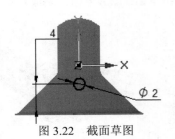

图3.22 截面草图

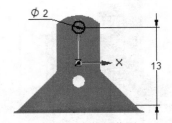

图3.23 定义移除方向

Step9. 创建图3.24所示的法向除料特征3。

（1）选择命令。在 主页 功能选项卡的 钣金 工具栏中单击 打孔 · 按钮，选择 🔲 | 法向除料 命令。

（2）定义特征的截面草图。在系统 单击平的面或参考平面。 的提示下，选取俯视图（XY）平面作为草图平面，绘制图3.25所示的截面草图，单击"主页"功能选项卡中的"关闭草图"按钮 ✅，退出草绘环境。

图3.24 法向除料特征3

图3.25 截面草图

（3）定义法向除料特征属性。在"法向除料"工具条中单击"厚度剪切"按钮 📝 和"贯通"按钮 📄，并将移除方向调整至图3.26所示的方向。

（4）单击 完成 按钮，完成特征的创建。

Step10. 创建倒角特征1。单击 主页 功能选项卡 钣金 工具栏中的 🔲 倒角 按钮；选取图3.27所示的边线为倒角的边线；在"倒角"工具条中单击 📐 按钮，在 裂口： 文本框中输入值 1，单击鼠标右键；单击 完成 按钮，完成特征的创建。

Step11. 创建倒角特征 2。单击 主页 功能选项卡 钣金 工具栏中的 倒角 按钮；选取图 3.28 所示的边线为倒角的边线；在"倒角"工具条中单击 按钮，在 裂口: 文本框中输入值 0.5，单击鼠标右键；单击 完成 按钮，完成特征的创建。

图 3.26 定义移除方向

图 3.27 选取倒角的边线    图 3.28 选取倒角的边线

Step12. 保存钣金件模型文件，并命名为 ROLL_RULER_HEATER。

**学习拓展：**扫码学习更多视频讲解。

**讲解内容：**主要包含钣金设计的背景知识、钣金的基本概念、常见的钣金产品及工艺流程、钣金设计工作界面、典型钣金案例的设计方法。通过这些内容的学习，读者可以了解钣金设计的特点以及钣金设计与一般零件设计的区别，并能掌握一般钣金产品的设计思路和流程。

**注意：**

为了获得更好的学习效果，建议读者采用以下方法进行学习。

**方法一：**使用台式机或者笔记本电脑登录兆迪科技网校，开启高清视频模式学习。

**方法二：**下载兆迪网校 APP 并缓存课程视频至手机，可以免流量观看。

具体操作请打开兆迪网校帮助页面 http://www.zalldy.com/page/bangzhu 查看（手机可以扫描右侧二维码打开），或者在兆迪网校咨询窗口联系在线老师，也可以直接拨打技术支持电话 010-82176018，010-82176249。

# 实例4 水嘴底座

**实例概述：**

本实例详细讲解了水嘴底座的设计过程，主要应用了轮廓弯边、孔、镜像等命令，需要读者注意的是"轮廓弯边"命令的操作创建方法及过程。钣金件模型及相应的模型树如图 4.1 所示。

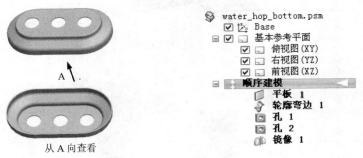

从 A 向查看

图 4.1　钣金件模型及模型树

**Step1.** 新建文件。选择下拉菜单 ▼ ➡ 新建 ➡ GB 公制钣金 命令。

**Step2.** 创建图 4.2 所示的平板特征 1。单击 主页 功能选项卡 钣金 工具栏中的"平板"按钮 ▢；在系统 单击平的面或参考平面。 的提示下，选取俯视图（XY）平面作为草图平面，绘制图 4.3 所示的截面草图，单击"主页"功能选项卡中的"关闭草图"按钮 ✓，退出草绘环境；在"平板"工具条中单击"厚度步骤"按钮 ◈ 定义材料厚度，在 厚度：文本框中输入值 2.0，并将材料加厚方向调整至图 4.4 所示的方向；单击工具条中的 完成 按钮，完成特征的创建。

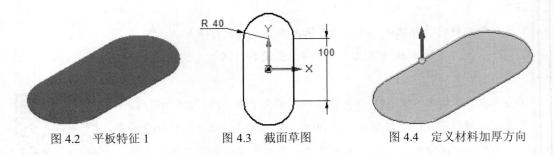

图 4.2　平板特征 1　　　　图 4.3　截面草图　　　　图 4.4　定义材料加厚方向

**Step3.** 创建图 4.5 所示的轮廓弯边特征 1。单击 主页 功能选项卡 钣金 工具栏中的"轮廓弯边"按钮 ⟁；在系统的提示下，选取图 4.6 所示的模型边线为路径，在"轮廓弯边"工具条的 位置：文本框中输入值 0，并按 Enter 键，绘制图 4.7 所示的截面草图；在"轮廓弯边"工具条中单击"范围步骤"按钮 ◈，并单击"链"按钮 ⟁，在 选择：下拉列表中选择

边 选项，定义轮廓弯边沿着图 4.8 所示的边链进行延伸，右击；单击 完成 按钮，完成特征的创建。

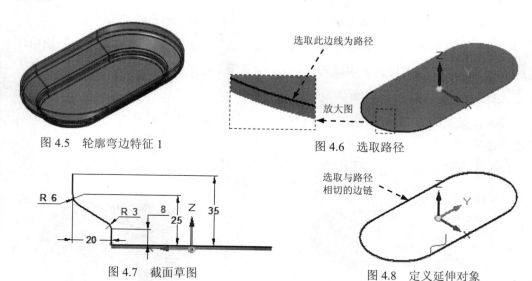

图 4.5　轮廓弯边特征 1

选取此边线为路径

放大图

图 4.6　选取路径

R 6

R 3　8　25　35

20

图 4.7　截面草图

选取与路径相切的边链

图 4.8　定义延伸对象

Step4. 创建图 4.9 所示的孔特征 1。

（1）选择命令。单击 主页 功能选项卡 钣金 工具栏中的"打孔"按钮 。

（2）定义孔的参数。单击 按钮，在"孔选项"对话框中选择"简单孔"选项 ，在 4 mm 下拉列表中输入值 30，在 孔范围 区域选择延伸类型为 （贯通），单击 确定 按钮，完成孔参数的设置。

（3）定义孔的放置面。选取图 4.10 所示的模型表面为孔的放置面，在模型表面单击完成孔的放置。

创建此孔特征 1

选取此模型表面为放置面

图 4.9　孔特征 1

图 4.10　定义放置平面

（4）编辑孔的定位。在草图环境中对其添加几何约束，如图 4.11 所示。

（5）定义孔的延伸方向。定义孔延伸方向如图 4.12 所示并单击。

图 4.11　添加几何约束

图 4.12　定义延伸方向

（6）单击 完成 按钮，完成特征的创建。

Step5. 创建图 4.13 所示的孔特征 2。

（1）选择命令。单击 主页 功能选项卡 钣金 工具栏中的"打孔"按钮 。

（2）定义孔的参数。单击 按钮，在"孔选项"对话框中选择"简单孔"选项 ，在 4 mm 下拉列表中输入值 30，在 孔范围 区域选择延伸类型为 （贯通），单击 确定 按钮，完成孔参数的设置。

（3）定义孔的放置面。选取图 4.13 所示的模型表面为孔的放置面，在模型表面单击完成孔的放置。

（4）编辑孔的定位。在草图环境中对其添加尺寸几何约束，如图 4.14 所示。

图 4.13　孔特征 2　　　　　　　　　图 4.14　添加尺寸几何约束

（5）定义孔的延伸方向。定义孔延伸方向如图 4.15 所示并单击。

（6）单击 完成 按钮，完成特征的创建。

Step6. 创建图 4.16 所示的镜像特征 1。选取 Step5 所创建的孔特征 2 为镜像源；单击 主页 功能选项卡 阵列 工具栏中的 镜像 按钮；选择前视图（XZ）平面为镜像平面；单击 完成 按钮，完成特征的创建。

图 4.15　定义延伸方向　　　　　　　图 4.16　镜像特征 1

Step7. 保存钣金件模型文件，并命名为 WATER_HOP_BOTTOM。

**学习拓展**：扫码学习更多视频讲解。

**讲解内容**：主要包含二维草图的绘制思路、流程与技巧总结，另外还有二十多个来自实际产品设计中草图案例的讲解。形状复杂的钣金壁，其草图往往也十分复杂，掌握高效的草图绘制技巧，有助于提高钣金设计的效率。

# 实例5 夹　　子

**实例概述:**

本实例详细讲解了图 5.1 所示的夹子的创建过程，主要应用了轮廓弯边、凹坑、折弯等命令，需要读者注意的是"凹坑"命令的操作过程及创建方法。钣金件模型及模型树如图 5.1 所示。

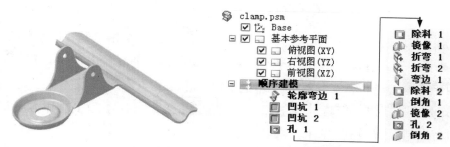

图 5.1　钣金件模型及模型树

说明：本应用前面的详细操作过程请参见学习资源中 video\ch05\reference\文件下的语音视频讲解文件 clamp-r01.exe。

Step1. 打开文件 D:\sest10.6\work\ch05\clamp_ex.psm。

Step2. 创建图 5.2 所示的凹坑特征 1。单击 主页 功能选项卡 钣金 工具栏中的"凹坑"按钮 ；选取图 5.2 所示的模型表面为草图平面，绘制图 5.3 所示的截面草图；在"凹坑"工具条中单击 按钮，单击"偏置尺寸"按钮 ，在 距离 文本框中输入值 1.5；单击 按钮，在 拔模角(T)： 文本框中输入值 30，在 倒圆 区域中选中 包括倒圆(I) 复选框，在 凸模半径 文本框中输入值 0.5；在 凹模半径 文本框中输入值 0；并取消选中 包含凸模侧拐角半径(A) 复选框，单击 确定 按钮；定义其冲压方向向下，如图 5.2 所示；单击"轮廓代表凸模"按钮 ；单击工具条中的 完成 按钮，完成特征的创建。

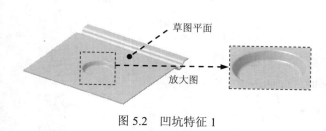

图 5.2　凹坑特征 1

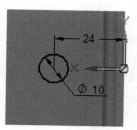

图 5.3　截面草图

Step3. 创建图 5.4 所示的凹坑特征 2。

（1）选择命令。单击 主页 功能选项卡 钣金 工具栏中的"凹坑"按钮 ▢ 。

（2）绘制凹坑截面。选取图5.4所示的模型表面为草图平面，绘制图5.5所示的截面草图。

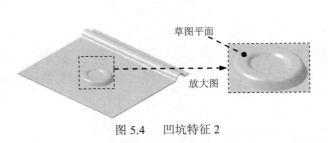

草图平面

放大图

图5.4 凹坑特征2

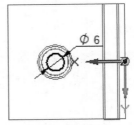

Φ6

图5.5 截面草图

（3）定义凹坑属性。在"凹坑"工具条中单击 按钮，单击"偏置尺寸"按钮 ，在 距离 文本框中输入值0.5；单击 按钮，在 拔模角(I): 文本框中输入值30，在 倒圆 区域中选中 ☑ 包括倒圆(I) 复选框，在 凸模半径 文本框中输入值0.5；在 凹模半径 文本框中输入值0.5；并取消选中 ☐ 包含凸模侧拐角半径(A) 复选框，单击 确定 按钮；定义其冲压方向向下，如图5.4所示；单击"轮廓代表凸模"按钮 。

（4）单击工具条中的 完成 按钮，完成特征的创建。

Step4. 创建图5.6所示的孔特征1。

（1）选择命令。单击 主页 功能选项卡 钣金 工具栏中的"打孔"按钮 。

（2）定义孔的参数。单击 按钮，在"孔选项"对话框中选择"简单孔"选项 ，在 4 mm ▾ 下拉列表中输入值2.0，在 孔范围: 区域选择延伸类型为 （贯通），单击 确定 按钮，完成孔参数的设置。

（3）定义孔的放置面。选取图5.7所示的模型表面为孔的放置面，在模型表面单击完成孔的放置。

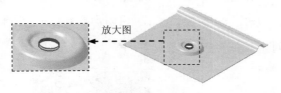

放大图

图5.6 孔特征1

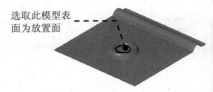

选取此模型表面为放置面

图5.7 定义放置平面

（4）编辑孔的定位。在草图环境中对其添加几何约束，如图5.8所示。

（5）定义孔的延伸方向。定义孔延伸方向如图5.9所示并单击。

（6）单击 完成 按钮，完成特征的创建。

Step5. 创建图5.10所示的除料特征1。

（1）选择命令。在 主页 功能选项卡的 钣金 工具栏中单击 打孔 按钮，选择 除料 命令。

（2）定义特征的截面草图。在系统 单击平的面或参考平面。 的提示下，选取图 5.10 所示的面为草图平面，绘制图 5.11 所示的截面草图，单击"主页"功能选项卡中的"关闭草图"按钮 ☑️，退出草绘环境。

（3）定义除料特征属性。在"除料"工具条中单击 ⬇️ 按钮定义延伸深度，在该工具条中单击"贯通"按钮 ⬛⬛，并定义移除方向如图 5.12 所示。

（4）单击 完成 按钮，完成特征的创建。

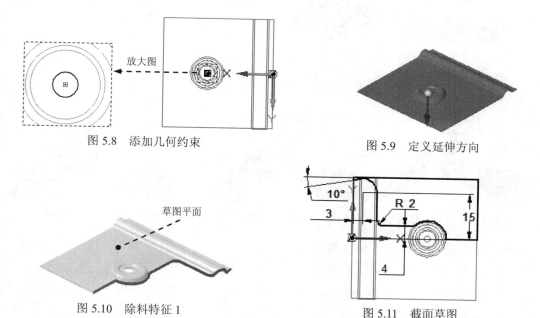

图 5.8　添加几何约束　　　　　　　　　图 5.9　定义延伸方向

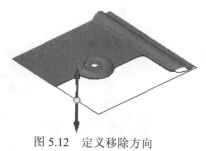

图 5.10　除料特征 1

图 5.11　截面草图

Step6. 创建图 5.13 所示的镜像特征 1。选取 Step5 所创建的除料特征 1 为镜像源，单击 主页 功能选项卡 阵列 工具栏中的 ◖◗ 镜像 按钮，选取前视图（XZ）平面为镜像平面，单击 完成 按钮，完成特征的创建。

图 5.12　定义移除方向

图 5.13　镜像特征 1

Step7. 创建图 5.14 所示的折弯特征 1。

（1）选择命令。单击 主页 功能选项卡 钣金 工具栏中的 ↘ 折弯 按钮。

（2）绘制折弯线。选取图 5.14 所示模型表面为草图平面，绘制图 5.15 所示的折弯线。

（3）定义折弯属性及参数。在"折弯"工具条中单击"折弯位置"按钮 🔄，在 折弯半径: 文本框中输入值 1，在 角度: 文本框中输入值 160；单击"从轮廓起"按钮 🔲，并定义折弯的位置如图 5.16 所示的位置后单击；单击"移动侧"按钮 ，并将方向调整至图 5.17 所示的方向；单击"折弯方向"按钮 ，并将方向调整至图 5.18 所示的方向。

草图平面

图 5.14  折弯特征 1

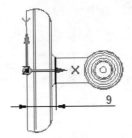

9

图 5.15  绘制折弯线

（4）单击 完成 按钮，完成特征的创建。

图 5.16  定义折弯位置

图 5.17  定义移动侧方向

图 5.18  定义折弯方向

Step8. 创建图 5.19 所示的折弯特征 2。

（1）选择命令。单击 主页 功能选项卡 钣金 工具栏中的 折弯 按钮。

（2）绘制折弯线。选取图 5.19 所示的模型表面为草图平面，绘制图 5.20 所示的折弯线。

（3）定义折弯属性及参数。在"折弯"工具条中单击"折弯位置"按钮 ，在 折弯半径: 文本框中输入值 0.5，在 角度: 文本框中输入值 175；单击"从轮廓起"按钮 ，并定义折弯的位置如图 5.21 所示的位置后单击；单击"移动侧"按钮 ，并将方向调整至图 5.22 所示的方向；单击"折弯方向"按钮 ，并将方向调整至图 5.23 所示的方向。

（4）单击 完成 按钮，完成特征的创建。

草图平面

图 5.19  折弯特征 2

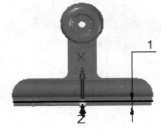

1

图 5.20  绘制折弯线

Step9. 创建图 5.24 所示的弯边特征 1。

（1）选择命令。单击 主页 功能选项卡 钣金 工具栏中的"弯边"按钮 。

（2）定义附着边。选取图 5.25 所示的模型边线为附着边。

图 5.21 定义折弯位置　　　　图 5.22 定义移动侧方向　　　　图 5.23 定义折弯方向

（3）定义弯边类型。在"弯边"工具条中单击"全宽"按钮 □；在 距离: 文本框中输入值 15，在 角度: 文本框中输入值 90，单击"内部尺寸标注"按钮 和"折弯在外"按钮 ；调整弯边侧方向向下，如图 5.24 所示。

（4）定义弯边属性及参数。单击"弯边选项"按钮 ，取消选中 □ 使用默认值* 复选框，在 折弯半径(B): 文本框中输入数值 0.2，单击 确定 按钮。

（5）单击 完成 按钮，完成特征的创建。

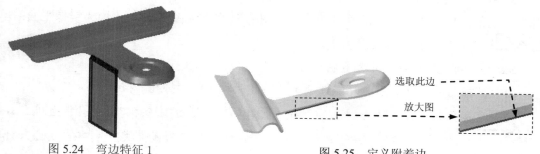

图 5.24 弯边特征 1　　　　　　　图 5.25 定义附着边

Step10. 创建图 5.26 所示的除料特征 2。

（1）选择命令。在 主页 功能选项卡的 钣金 工具栏中单击 打孔 按钮，选择 除料 命令。

（2）定义特征的截面草图。在系统 单击平的面或参考平面. 的提示下，选取图 5.26 所示的模型表面为草图平面；绘制图 5.27 所示的截面草图；单击"主页"功能选项卡中的"关闭草图"按钮 ，退出草绘环境。

（3）定义除料特征属性。在"除料"工具条中单击 按钮定义延伸深度，在该工具条中单击"贯通"按钮 ，并定义除料方向如图 5.28 所示。

（4）单击 完成 按钮，完成特征的创建。

Step11. 创建图 5.29b 所示的倒角特征 1。

（1）选择命令。单击 主页 功能选项卡 钣金 工具栏中的 倒角 按钮。

（2）定义倒角边线。选取图 5.29a 所示的两条边线为倒角的边线。

（3）定义倒角属性。在"倒角"工具条中单击 按钮，在 裂口: 文本框中输入值 0.5，单击鼠标右键。

（4）单击 完成 按钮，完成特征的创建。

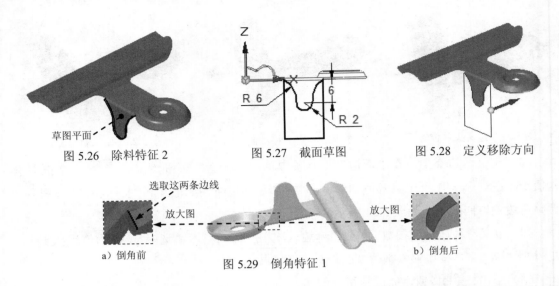

图 5.26  除料特征 2     图 5.27  截面草图     图 5.28  定义移除方向

a）倒角前     放大图     放大图     b）倒角后
选取这两条边线

图 5.29  倒角特征 1

Step12. 创建图 5.30 所示的镜像特征 2。选取 Step10~Step12 创建的特征为镜像源；单击 主页 功能选项卡 阵列 工具栏中的 镜像 按钮；选取前视图（XZ）平面为镜像平面；单击 完成 按钮，完成特征的创建。

Step13. 创建图 5.31 所示的孔特征 2。

（1）选择命令。单击 主页 功能选项卡 钣金 工具栏中的"打孔"按钮 。

（2）定义孔的参数。单击 按钮，在"孔选项"对话框中选择"简单孔"选项 ，在 4 mm 下拉列表中输入值 2.0，在 孔范围 区域选择延伸类型为 （贯通），单击 确定 按钮，完成孔参数的设置。

（3）定义孔的放置面。选取图 5.31 所示的模型表面为孔的放置面，在模型表面单击完成孔的放置。

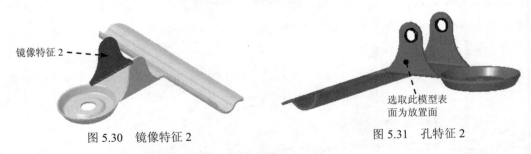

镜像特征 2

选取此模型表面为放置面

图 5.30  镜像特征 2     图 5.31  孔特征 2

（4）编辑孔的定位。在草图环境中对其添加几何约束，如图 5.32 所示。

（5）定义孔的延伸方向。定义孔延伸方向如图 5.33 所示并单击。

（6）单击 完成 按钮，完成特征的创建。

Step14. 创建图 5.34b 所示的倒角特征 2。单击 主页 功能选项卡 钣金 工具栏中的 倒角 按钮；选取图 5.34a 所示的两条边线为倒角的边线在"倒角"工具条中单击 按钮，在 裂口: 文本框中输入值 1.0，单击鼠标右键；单击 完成 按钮，完成特征的创建。

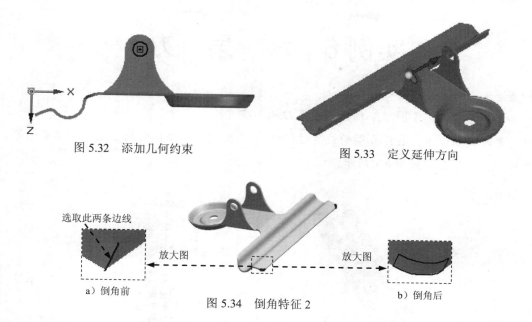

图 5.32　添加几何约束　　　　　　　　　图 5.33　定义延伸方向

a）倒角前　　　　　　　图 5.34　倒角特征 2　　　　　　b）倒角后

Step15. 保存钣金件模型文件，并命名为 clamp。

**学习拓展**：扫码学习更多视频讲解。

**讲解内容**：零件设计实例精选，包含六十多个各行各业零件设计的全过程讲解。一般产品中，除了钣金零件外，还有许多常规零件，本部分的内容可供读者在设计其他常规零件时作为参考。

# 实例6　水　果　刀

**实例概述：**

　　本实例详细讲解了图 6.1 所示的水果刀的创建过程，主要应用了平板、折弯、除料、倒斜角及阵列等命令。在该模型的创建过程中，"倒斜角"命令的使用方法值得读者借鉴。钣金件模型及模型树如图 6.1 所示。

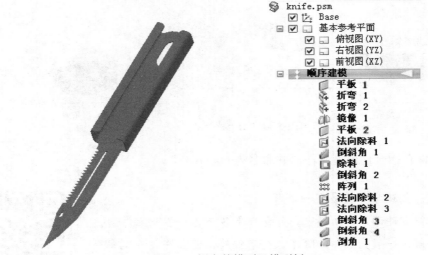

图 6.1　钣金件模型及模型树

Step1. 新建文件。选择下拉菜单 ▽ ➡ 新建 ➡ **GB 公制钣金** 命令。

Step2. 创建图 6.2 所示的平板特征 1。

（1）选择命令。单击 主页 功能选项卡 钣金 工具栏中的"平板"按钮 □。

（2）定义特征的截面草图。在系统 单击平的面或参考平面。 的提示下，选取俯视图（XY）平面作为草图平面，绘制图 6.3 所示的截面草图，单击"主页"功能选项卡中的"关闭草图"按钮 ✓，退出草绘环境。

（3）定义材料厚度及方向。在"平板"工具条中单击"厚度步骤"按钮 📐 定义材料厚度，在 厚度: 文本框中输入值 1.0，并将材料加厚方向调整至图 6.4 所示的方向。

（4）单击工具条中的 完成 按钮，完成特征的创建。

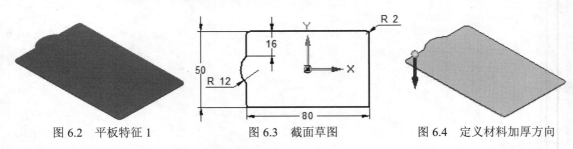

图 6.2　平板特征 1　　　　图 6.3　截面草图　　　　图 6.4　定义材料加厚方向

Step3. 创建图 6.5 所示的折弯特征 1。

（1）选择命令。单击 主页 功能选项卡 钣金 工具栏中的 折弯 按钮。

（2）绘制折弯线。选取图 6.5 所示的模型表面为草图平面，绘制图 6.6 所示的折弯线。

（3）定义折弯属性及参数。在"折弯"工具条中单击"折弯位置"按钮 ，在 折弯半径: 文本框中输入值 1，在 角度: 文本框中输入值 90，并单击"材料在外"按钮 ；单击"移动侧"按钮 ，并将方向调整至图 6.7 所示的方向；单击"折弯方向"按钮 ，并将方向调整至图 6.8 所示的方向。

（4）单击 完成 按钮，完成特征的创建。

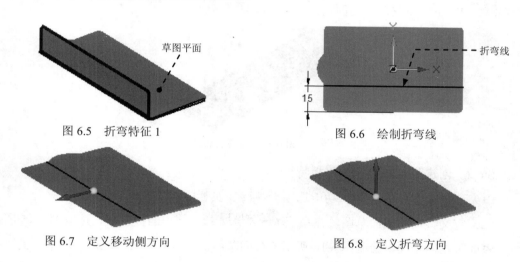

图 6.5　折弯特征 1　　　　　　　　图 6.6　绘制折弯线

图 6.7　定义移动侧方向　　　　　　图 6.8　定义折弯方向

Step4. 创建图 6.9 所示的折弯特征 2。

（1）选择命令。单击 主页 功能选项卡 钣金 工具栏中的 折弯 按钮。

（2）绘制折弯线。选取图 6.9 所示的模型表面为草图平面，绘制图 6.10 所示的折弯线。

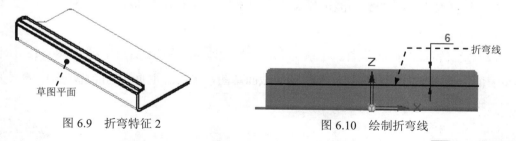

图 6.9　折弯特征 2　　　　　　　　图 6.10　绘制折弯线

（3）定义折弯属性及参数。在"折弯"工具条中单击"折弯位置"按钮 ，在 折弯半径: 文本框中输入值 1，在 角度: 文本框中输入值 90，单击"从轮廓起"按钮 ，并定义折弯的位置如图 6.11 所示并单击；单击"移动侧"按钮 ，并将方向调整至图 6.12 所示的方向；单击"折弯方向"按钮 ，并将方向调整至图 6.13 所示的方向。

（4）单击 完成 按钮，完成特征的创建。

图 6.11  定义折弯位置

图 6.12  定义移动侧方向

图 6.13  定义折弯方向

Step5. 创建图 6.14 所示的镜像特征 1。选取 Step3 和 Step4 所创建的折弯特征为镜像源；单击 主页 功能选项卡 阵列 工具栏中的 镜像 按钮；选取前视图（XZ）平面作为镜像平面；单击 完成 按钮，完成特征的创建。

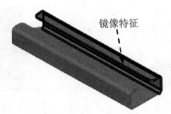
镜像特征

图 6.14  镜像特征 1

Step6. 创建图 6.15 所示的平板特征 2。

（1）选择命令。单击 主页 功能选项卡 钣金 工具栏中的"平板"按钮 。

（2）定义特征的截面草图。在系统 单击平的面或参考平面。 的提示下，选取图 6.15 所示的模型表面为草图平面，绘制图 6.16 所示的截面草图，单击"主页"功能选项卡中的"关闭草图"按钮 ，退出草绘环境。

（3）单击工具条中的 完成 按钮，完成特征的创建。

Step7. 创建图 6.17 所示的法向除料特征 1。

（1）选择命令。在 主页 功能选项卡的 钣金 工具栏中单击 打孔 按钮，选择 法向除料 命令。

（2）定义特征的截面草图。在系统 单击平的面或参考平面。 的提示下，选取图 6.18 所示的模型表面为草图平面，绘制图 6.19 所示的截面草图，单击"主页"功能选项卡中的"关闭草图"按钮 ，退出草绘环境。

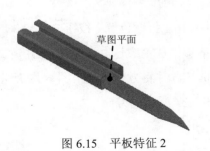
草图平面

图 6.15  平板特征 2

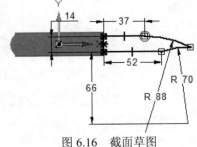
图 6.16  截面草图

（3）定义法向除料特征属性。在"法向除料"工具条中单击"厚度剪切"按钮✎和"穿过下一个"按钮▣，并将移除方向调整至图6.20所示的方向。

（4）单击 完成 按钮，完成特征的创建。

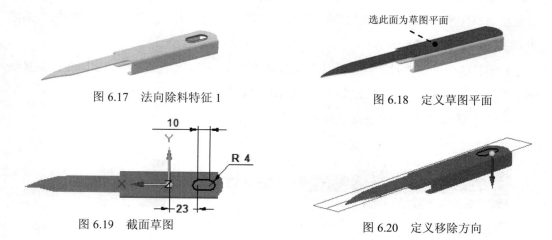

图6.17　法向除料特征1　　　　　　图6.18　定义草图平面

图6.19　截面草图　　　　　　　　图6.20　定义移除方向

Step8. 创建图6.21所示的倒斜角特征1。

（1）选择命令。在 主页 功能选项卡的 钣金 工具栏中单击 倒角▾ 后的小三角，选择 ▱ 倒斜角 命令。

（2）定义倒斜角类型。在"倒斜角"工具条中单击 ▤ 按钮，选中 ● 角度和深度(A) 单选项，单击 确定 按钮。

（3）定义倒斜角边线的参考面。单击"选择面"按钮 ▢，选取图6.22所示的平面为参考面，右击。

（4）定义倒斜角参照。选取图6.23所示的两条边线为倒斜角参照边。

（5）定义倒角属性。在 深度: 文本框中输入值0.5，在 角度: 文本框中输入值75，右击。

（6）单击 完成 按钮，完成特征的创建。

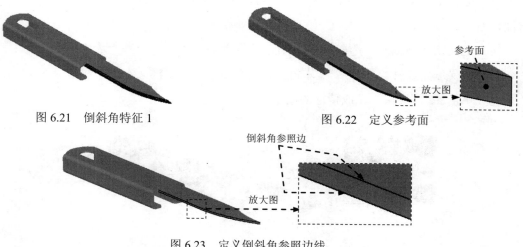

图6.21　倒斜角特征1　　　　　　图6.22　定义参考面

图6.23　定义倒斜角参照边线

Step9. 创建图 6.24 所示的除料特征 1。

（1）选择命令。在 主页 功能选项卡的 钣金 工具栏中单击 打孔 ▾ 按钮，选择 □ 除料 命令。

（2）定义特征的截面草图。在系统 单击平的面或参考平面。 的提示下，选取图 6.24 所示的模型表面为草图平面，绘制图 6.25 所示的截面草图，单击"主页"功能选项卡中的"关闭草图"按钮 ✓，退出草绘环境。

（3）定义除料特征属性。在"除料"工具条中单击 ⊗ 按钮定义延伸深度，在该工具条中单击"贯通"按钮 ◼◼，并定义除料方向如图 6.24 所示。

（4）单击 完成 按钮，完成特征的创建。

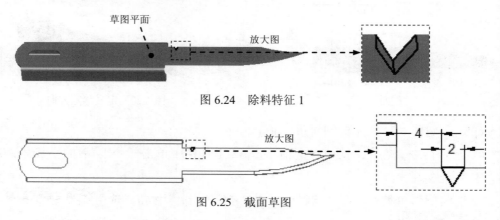

图 6.24　除料特征 1

图 6.25　截面草图

Step10. 创建图 6.26 所示的倒斜角特征 2。

（1）选择命令。在 主页 功能选项卡的 钣金 工具栏中单击 □ 倒角 ▾ 后的小三角，选择 ▱ 倒斜角 命令。

（2）定义倒斜角类型。在"倒斜角"工具条中单击 ▤ 按钮，选中 ◉ 角度和深度(A) 单选项，单击 确定 按钮。

（3）定义倒斜角边线的参考面。单击"选择面"按钮 ▣，选取图 6.27 所示的平面为参考面，右击。

（4）定义倒斜角参照。选取图 6.28 所示的四条边线为倒斜角参照边。

（5）定义倒角属性。在 深度: 文本框中输入值 0.5，在 角度: 文本框中输入值 65，右击。

（6）单击 完成 按钮，完成特征的创建。

图 6.26　倒斜角特征 2

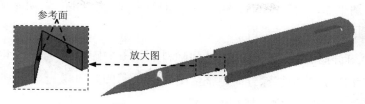

图 6.27　定义参考面

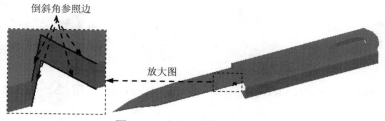

图 6.28　定义倒斜角参照边线

Step11. 创建图 6.29 所示的阵列特征 1。

（1）选取要阵列的特征。选取 Step9 和 Step10 所创建的特征为阵列特征。

（2）选择命令。单击 主页 功能选项卡 阵列 工具栏中的 阵列 按钮。

（3）定义要阵列草图平面。选取图 6.29 所示的模型表面为阵列草图平面。

（4）绘制矩形阵列轮廓。单击 特征 区域中的 按钮，绘制图 6.30 所示的矩形。在"阵列"工具条的 翻转 下拉列表中选择 固定 选项，在"阵列"工具条的 X: 文本框中输入阵列个数为 20，输入间距值为 2；在"阵列"工具条的 Y: 文本框中输入阵列个数为 1，右击确定，单击 按钮，退出草绘环境。

（5）单击 完成 按钮，完成特征的创建。

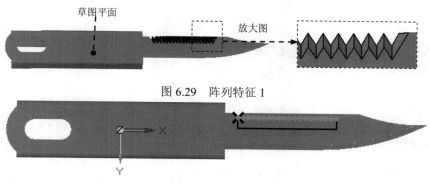

图 6.29　阵列特征 1

图 6.30　绘制矩形阵列轮廓

Step12. 创建图 6.31 所示的法向除料特征 2。

（1）选择命令。在 主页 功能选项卡的 钣金 工具栏中单击 打孔 按钮，选择 法向除料 命令。

（2）定义特征的截面草图。在系统 单击平的面或参考平面。 的提示下，选取图 6.32 所示的模型表面为草图平面，绘制图 6.33 所示的截面草图，单击"主页"功能选项卡中的"关闭草图"按钮，退出草绘环境。

（3）定义法向除料特征属性。在"法向除料"工具条中单击"厚度剪切"按钮和"穿过下一个"按钮，并将移除方向调整至图 6.34 所示的方向。

（4）单击 完成 按钮，完成特征的创建。

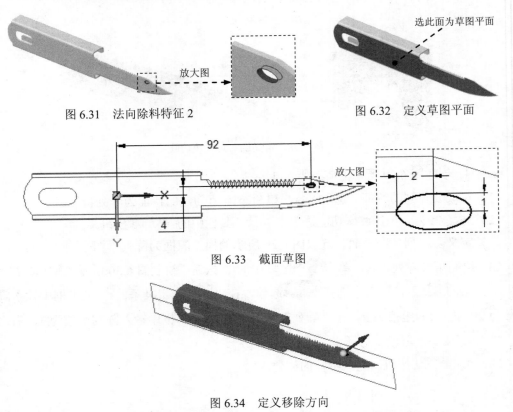

图 6.31　法向除料特征 2　　　　　图 6.32　定义草图平面

图 6.33　截面草图

图 6.34　定义移除方向

Step13. 创建图 6.35 所示的法向除料特征 3。

（1）选择命令。在 主页 功能选项卡的 钣金 工具栏中单击 打孔 按钮，选择 法向除料 命令。

（2）定义特征的截面草图。选取草图平面。在系统 单击平的面或参考平面。 的提示下，选取图 6.36 所示的模型表面为草图平面，绘制图 6.37 所示的截面草图，单击"主页"功能选项卡中的"关闭草图"按钮，退出草绘环境。

图 6.35　法向除料特征 3

图 6.36　定义草图平面

（3）定义法向除料特征属性。在"法向除料"工具条中单击"厚度剪切"按钮 ✏️ 和"穿过下一个"按钮 ▣，并将移除方向调整至图 6.38 所示的方向。

（4）单击 完成 按钮，完成特征的创建。

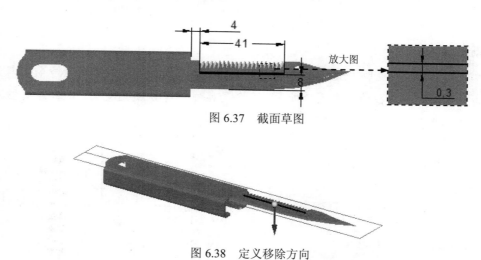

图 6.37　截面草图

图 6.38　定义移除方向

Step14. 后面的详细操作过程请参见学习资源中 video\ch06\reference\文件下的语音视频讲解文件 knife-r01.exe。

**学习拓展**：扫码学习更多视频讲解。

**讲解内容**：钣金设计实例精选，包含二十多个常见钣金件的设计全过程讲解，并对设计操作步骤作了详细的演示。

# 实例 7　电脑 USB 接口

**实例概述：**

本实例介绍的是电脑 USB 接口的创建过程，主要应用了弯边及凹坑等命令，需要读者注意的是创建弯边特征的顺序及"折弯"命令的操作创建方法及过程。钣金件模型及模型树如图 7.1 所示。

图 7.1　钣金件模型及模型树

Step1. 新建文件。选择下拉菜单  —→ 新建 —→ GB 公制钣金 命令。

Step2. 切换至零件环境。单击"工具"功能选项卡"变换"工具栏中的 切换到 按钮，进入零件环境。

Step3. 创建图 7.2 所示的拉伸特征 1。

（1）选择命令。单击 主页 功能选项卡 实体 区域中的"拉伸"按钮。

（2）定义特征的截面草图。在系统 单击平的面或参考平面。 的提示下，选取前视图（XZ）平面作为草图平面，绘制图 7.3 所示的截面草图，单击"主页"功能选项卡中的"关闭草图"按钮，退出草绘环境。

图 7.2　拉伸特征 1

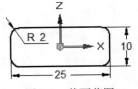

图 7.3　截面草图

（3）定义拉伸属性。在"拉伸"工具条中单击 按钮定义拉伸深度，在 距离: 文本框中输入值 35，并按 Enter 键，单击"对称延伸"按钮。

（4）单击 完成 按钮，完成特征的创建。

Step4. 创建图 7.4b 所示的薄壁特征 1。

（1）选择命令。单击 主页 功能选项卡 实体 区域中的"薄壁"按钮 。

（2）定义薄壁厚度。在"薄壁"工具条的 同一厚度 文本框中输入值 0.5，并按 Enter 键。

（3）定义移除面。在系统提示下，选择图 7.4a 所示的模型表面为要移除的面，单击 按钮。

（4）在工具条中单击 预览 按钮显示其结果，并单击 完成 按钮，完成特征的创建。

a）薄壁前　　　　　　　　　　　　　　b）薄壁后

图 7.4 薄壁特征 1

Step5. 创建图 7.5 所示的除料特征 1。

（1）选择命令。单击 主页 功能选项卡 实体 区域中的"除料"按钮 。

（2）定义特征的截面草图。在系统 单击平的面或参考平面。 的提示下，选取图 7.5 所示的模型表面为草图平面，绘制图 7.6 所示的截面草图，单击"主页"功能选项卡中的"关闭草图"按钮 ，退出草绘环境。

（3）定义除料特征属性。在"除料"工具条中单击 按钮定义除料深度，在该工具条中单击"穿过下一个"按钮 ，并定义除料方向如图 7.7 所示。

（4）单击 完成 按钮，完成特征的创建。

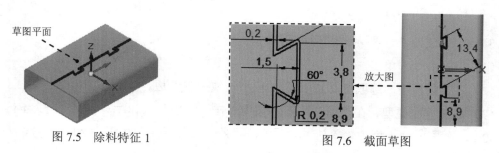

图 7.5 除料特征 1　　　　　　　　图 7.6 截面草图

Step6. 切换至钣金环境。单击"工具"功能选项卡"变换"工具栏中的 切换到 按钮，进入钣金环境。

Step7. 将实体转换为钣金。

（1）选择命令。单击"工具"功能选项卡"变换"工具栏中的"薄壁零件变化为钣金"按钮 。

（2）定义基本面。选取图 7.8 所示的模型表面为基本面。

（3）单击 完成 按钮，完成将实体转换为钣金的操作。

图 7.7　定义除料方向

选取此面为基本面

图 7.8　定义转换的基本面

Step8. 创建图 7.9 所示的弯边特征 1。

（1）选择命令。单击 主页 功能选项卡 钣金 工具栏中的"弯边"按钮 。

（2）定义附着边。选取图 7.10 所示的模型边线为附着边。

（3）定义弯边类型。在"弯边"工具条中单击"全宽"按钮 ；在 距离: 文本框中输入值 2.0，在 角度: 文本框中输入值 105，单击"外部尺寸标注"按钮 和"折弯在外"按钮 ，调整弯边侧方向向外，如图 7.9 所示。

（4）定义弯边属性及参数。单击"弯边选项"按钮 ，取消选中 使用默认值* 复选框，在 折弯半径(B): 文本框中输入数值 0.2，单击 确定 按钮。

（5）单击 完成 按钮，完成特征的创建。

图 7.9　弯边特征 1

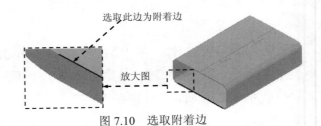

选取此边为附着边

放大图

图 7.10　选取附着边

Step9. 创建图 7.11 所示的弯边特征 2。

（1）选择命令。单击 主页 功能选项卡 钣金 工具栏中的"弯边"按钮 。

（2）定义附着边。选取图 7.12 所示的模型边线为附着边。

（3）定义弯边类型。在"弯边"工具条中单击"全宽"按钮 ；在 距离: 文本框中输入值 2.0，在 角度: 文本框中输入值 105，单击"外部尺寸标注"按钮 和"折弯在外"按钮 ，调整弯边侧方向向外，如图 7.11 所示。

图 7.11　弯边特征 2

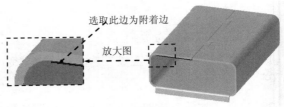

选取此边为附着边

放大图

图 7.12　选取附着边

（4）定义弯边属性及参数。单击"弯边选项"按钮 ▤，取消选中 ☐ 使用默认值* 复选框，在 折弯半径(B): 文本框中输入数值 0.2，单击 确定 按钮。

（5）单击 完成 按钮，完成特征的创建。

Step10. 创建图 7.13 所示的弯边特征 3。

（1）选择命令。单击 主页 功能选项卡 钣金 工具栏中的"弯边"按钮 ▽。

（2）定义附着边。选取图 7.14 所示的模型边线为附着边。

（3）定义弯边类型。在"弯边"工具条中单击"全宽"按钮 ▭；在 距离: 文本框中输入值 2.0，在 角度: 文本框中输入值 105，单击"外部尺寸标注"按钮 ⬜ 和"折弯在外"按钮 ▯，调整弯边侧方向向外，如图 7.13 所示。

（4）定义弯边属性及参数。单击"弯边选项"按钮 ▤，取消选中 ☐ 使用默认值* 复选框，在 折弯半径(B): 文本框中输入数值 0.2，单击 确定 按钮。

（5）单击 完成 按钮，完成特征的创建。

图 7.13　弯边特征 3

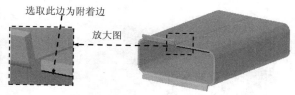

图 7.14　选取附着边

Step11. 创建图 7.15 所示的弯边特征 4。

（1）选择命令。单击 主页 功能选项卡 钣金 工具栏中的"弯边"按钮 ▽。

（2）定义附着边。选取图 7.16 所示的模型边线为附着边。

图 7.15　弯边特征 4

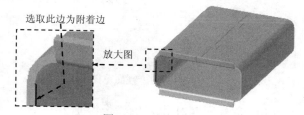

图 7.16　选取附着边

（3）定义弯边类型。在"弯边"工具条中单击"全宽"按钮 ▭；在 距离: 文本框中输入值 2.0，在 角度: 文本框中输入值 105，单击"外部尺寸标注"按钮 ⬜ 和"折弯在外"按钮 ▯，调整弯边侧方向向外，如图 7.15 所示。

（4）定义弯边属性及参数。单击"弯边选项"按钮 ▤，取消选中 ☐ 使用默认值* 复选框，在其 折弯半径(B): 文本框中输入数值 0.2，单击 确定 按钮。

（5）单击 完成 按钮，完成特征的创建。

Step12. 创建图 7.17 所示的镜像特征 1。

（1）选取要镜像的特征。选取 Step11 所创建的弯边特征 4 为镜像源。

（2）选择命令。单击 主页 功能选项卡 阵列 工具栏中的 镜像 按钮，按下工具条中的"智能"按钮 。

（3）定义镜像平面。选择右视图（YZ）平面为镜像平面。

（4）单击 完成 按钮，完成特征的创建。

Step13. 创建图 7.18 所示的法向除料特征 1。

（1）选择命令。在 主页 功能选项卡的 钣金 工具栏中单击 打孔 按钮，选择 法向除料 命令。

（2）定义特征的截面草图。在系统 单击平的面或参考平面。 的提示下，选取图 7.18 所示的模型表面为草图平面，绘制图 7.19 所示的截面草图，单击"主页"功能选项卡中的"关闭草图"按钮 ，退出草绘环境。

（3）定义法向除料特征属性。在"法向除料"工具条中单击"厚度剪切"按钮 和"贯通"按钮 ，并将移除方向调整至图 7.20 所示的方向。

（4）单击 完成 按钮，完成特征的创建。

图 7.17　镜像特征 1

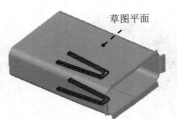

图 7.18　法向除料特征 1

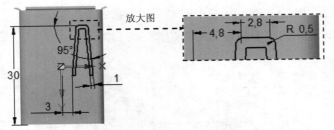

图 7.19　截面草图

图 7.20　定义移除方向

Step14. 创建图 7.21 所示的镜像特征 2。

（1）选取要镜像的特征。选取上一步所创建的法向除料特征 1 为镜像源。

（2）选择命令。单击 主页 功能选项卡 阵列 工具栏中的 镜像 按钮。

（3）定义镜像平面。选择右视图（YZ）平面为镜像平面。

（4）单击 完成 按钮，完成特征的创建。

Step15. 创建图 7.22 所示的法向除料特征 2。

（1）选择命令。在 主页 功能选项卡的 钣金 工具栏中单击 打孔 按钮，选择 法向除料 命令。

（2）定义特征的截面草图。在系统 单击平的面或参考平面。 的提示下，选取图 7.22 所示的模型表面为草图平面，绘制图 7.23 所示的截面草图，单击"主页"功能选项卡中的"关闭草图"按钮 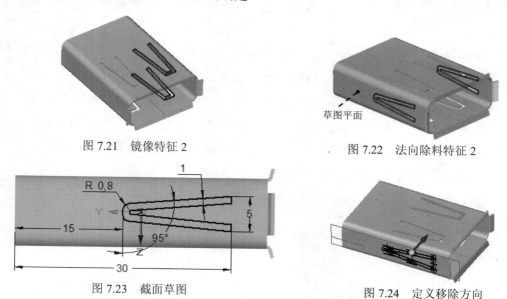，退出草绘环境。

（3）定义法向除料特征属性。在"法向除料"工具条中单击"厚度剪切"按钮 和"贯通"按钮 ，并将移除方向调整至图7.24所示的方向。

（4）单击 完成 按钮，完成特征的创建。

图 7.21　镜像特征 2

图 7.22　法向除料特征 2

图 7.23　截面草图

图 7.24　定义移除方向

Step16. 创建图 7.25 所示的折弯特征 1。

（1）选择命令。单击 主页 功能选项卡 钣金 工具栏中的 折弯 按钮。

（2）绘制折弯线。选取图 7.26 所示的模型表面为草图平面，绘制图 7.27 所示的折弯线。

（3）定义折弯属性及参数。在"折弯"工具条中单击"折弯位置"按钮 ，在 折弯半径 文本框中输入值 0.5，在 角度 文本框中输入值 90；单击"从轮廓起"按钮 ，并定义折弯的位置如图 7.28 所示的位置后单击；单击"移动侧"按钮 ，并将方向调整至图 7.29 所示的方向；单击"折弯方向"按钮 ，并将方向调整至图 7.30 所示的方向。

（4）单击 完成 按钮，完成特征的创建。

图 7.25　折弯特征 1　　　　图 7.26　定义草图平面　　　　图 7.27　绘制折弯线

Step17. 创建图 7.31 所示的折弯特征 2。

（1）选择命令。单击 主页 功能选项卡 钣金 工具栏中的 折弯 按钮。

（2）绘制折弯线。选取图 7.31 所示的模型表面为草图平面，绘制图 7.32 所示的折弯线。

图 7.28　定义折弯位置

图 7.29　定义移动侧方向

图 7.30　定义折弯方向

（3）定义折弯属性及参数。在"折弯"工具条中单击"折弯位置"按钮，在 **折弯半径:** 文本框中输入值 1.0，在 **角度:** 文本框中输入值 135；单击"从轮廓起"按钮，并定义折弯的位置如图 7.33 所示的位置后单击；单击"移动侧"按钮，并将方向调整至图 7.34 所示的方向；单击"折弯方向"按钮，并将方向调整至图 7.35 所示的方向。

（4）单击 完成 按钮，完成特征的创建。

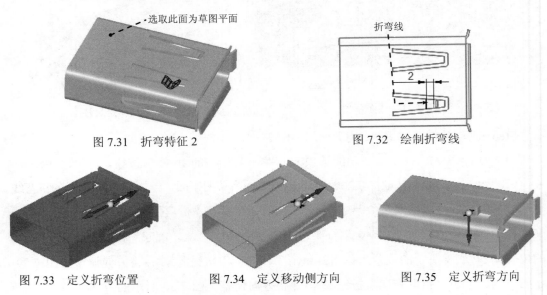

图 7.31　折弯特征 2

图 7.32　绘制折弯线

图 7.33　定义折弯位置　　　　图 7.34　定义移动侧方向　　　　图 7.35　定义折弯方向

Step18. 创建图 7.36 所示的折弯特征 3。

（1）选择命令。单击 主页 功能选项卡 钣金 工具栏中的 折弯 按钮。

（2）绘制折弯线。选取图 7.36 所示的模型表面为草图平面，绘制图 7.37 所示的折弯线。

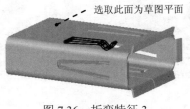

选取此面为草图平面

图 7.36　折弯特征 3

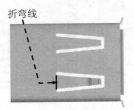

折弯线

图 7.37　绘制折弯线

（3）定义折弯属性及参数。在"折弯"工具条中单击"折弯位置"按钮，在 **折弯半径:**

文本框中输入值 10，在 角度: 文本框中输入值 177；单击"从轮廓起"按钮 📖，并定义折弯的位置如图 7.38 所示的位置后单击；单击"移动侧"按钮 🗗，并将方向调整至图 7.39 所示的方向；单击"折弯方向"按钮 ⊞，并将方向调整至图 7.40 所示的方向。

（4）单击 完成 按钮，完成特征的创建。

图 7.38　定义折弯位置　　　　图 7.39　定义移动侧方向　　　　图 7.40　定义折弯方向

Step19. 创建图 7.41 所示的镜像特征 3。

（1）选取要镜像的特征。选取 Step16~Step18 所创建的折弯特征为镜像源。

（2）选择命令。单击 主页 功能选项卡 阵列 工具栏中的 ⊄◑ 镜像 按钮。

（3）定义镜像平面。选择右视图（YZ）平面为镜像平面。

（4）单击 完成 按钮，完成特征的创建。

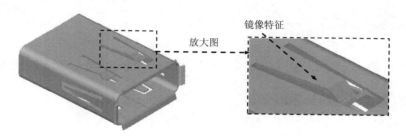

图 7.41　镜像特征 3

Step20. 创建图 7.42 所示的镜像特征 4。

（1）选取要镜像的特征。选取 Step16~Step19 所创建的特征为镜像源。

（2）选择命令。单击 主页 功能选项卡 阵列 工具栏中的 ⊄◑ 镜像 按钮。

（3）定义镜像平面。选择俯视图（XY）平面为镜像平面。

（4）单击 完成 按钮，完成特征的创建。

Step21. 创建图 7.43 所示的折弯特征 4。

（1）选择命令。单击 主页 功能选项卡 钣金 工具栏中的 ◈ 折弯 按钮。

（2）绘制折弯线。选取图 7.43 所示的模型表面为草图平面，绘制图 7.44 所示的折弯线。

（3）定义折弯属性及参数。在"折弯"工具条中单击"折弯位置"按钮 ⊞，在 折弯半径: 文本框中输入值 0.5，在 角度: 文本框中输入值 90；单击"从轮廓起"按钮 📖，并定义折弯的位置如图 7.45 所示的位置后单击；单击"移动侧"按钮 🗗，并将方向调整至图 7.46 所示的方向；单击"折弯方向"按钮 ⊞，并将方向调整至图 7.47 所示的方向。

（4）单击 完成 按钮，完成特征的创建。

镜像特征

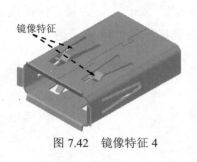

图 7.42　镜像特征 4

选取此面为草图平面

图 7.43　折弯特征 4

折弯线

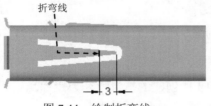

3

图 7.44　绘制折弯线

图 7.45　定义折弯位置

图 7.46　定义移动侧方向

图 7.47　定义折弯方向

Step22. 创建图 7.48 所示的折弯特征 5。

（1）选择命令。单击 主页 功能选项卡 钣金 工具栏中的 折弯 按钮。

（2）绘制折弯线。选取图 7.48 所示的模型表面为草图平面，绘制图 7.49 所示的折弯线。

（3）定义折弯属性及参数。在"折弯"工具条中单击"折弯位置"按钮，在 折弯半径：文本框中输入值 1.0，在 角度：文本框中输入值 135；单击"从轮廓起"按钮，并定义折弯的位置如图 7.50 所示的位置后单击；单击"移动侧"按钮，并将方向调整至图 7.51 所示的方向；单击"折弯方向"按钮，并将方向调整至图 7.52 所示的方向。

选取此面为草图平面

图 7.48　折弯特征 5

折弯线

2

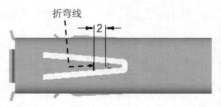

图 7.49　绘制折弯线

（4）单击 完成 按钮，完成特征的创建。

图 7.50 定义折弯位置

图 7.51 定义移动侧方向

Step23. 创建图 7.53 所示的折弯特征 6。

（1）选择命令。单击 主页 功能选项卡 钣金 工具栏中的 折弯 按钮。

（2）绘制折弯线。选取图 7.53 所示的模型表面为草图平面，绘制图 7.54 所示的折弯线。

（3）定义折弯属性及参数。在"折弯"工具条中单击"折弯位置"按钮，在 折弯半径: 文本框中输入值 10，在 角度: 文本框中输入值 177；单击"从轮廓起"按钮，并定义折弯的位置如图 7.55 所示的位置后单击；单击"移动侧"按钮，并将方向调整至图 7.56 所示的方向；单击"折弯方向"按钮，并将方向调整至图 7.57 所示的方向。

（4）单击 完成 按钮，完成特征的创建。

图 7.52 定义折弯方向

选取此面为草图平面

图 7.53 折弯特征 6

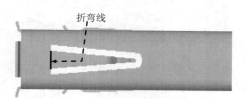

折弯线

图 7.54 绘制折弯线

图 7.55 定义折弯位置

图 7.56 定义移动侧方向

图 7.57 定义折弯方向

Step24. 创建图 7.58 所示的镜像特征 5。选取 Step21~Step23 所创建的折弯特征为镜像源；单击 主页 功能选项卡 阵列 工具栏中的 镜像 按钮；选择右视图（YZ）平面为镜像平面；单击 完成 按钮，完成特征的创建。

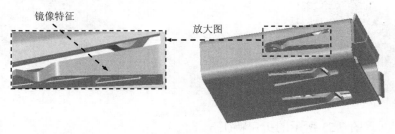

图 7.58　镜像特征 5

Step25. 创建图 7.59 所示的凹坑特征 1。

（1）选择命令。单击 主页 功能选项卡 钣金 工具栏中的"凹坑"按钮 ▢ 。

（2）绘制凹坑截面。选取图 7.59 所示的模型表面为草图平面，绘制图 7.60 所示的截面草图。

（3）定义凹坑属性。在"凹坑"工具条中单击 按钮，单击"偏置尺寸"按钮 ，在 距离 文本框中输入值 1.2，单击 按钮，在 拔模角(T): 文本框中输入值 5，在 倒圆 区域选中 ☑ 包括倒圆(I) 复选框，在 凸模半径 文本框中输入值 0.5；在 凹模半径 文本框中输入值 0；并选中 ☑ 包含凸模侧拐角半径(A) 复选框，在 半径(R): 文本框中输入值 0.5，单击 确定 按钮；定义其冲压方向朝模型内部，单击"轮廓代表凸模"按钮 。

（4）单击工具条中的 完成 按钮，完成特征的创建。

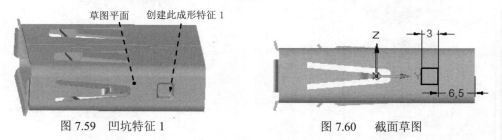

图 7.59　凹坑特征 1　　　　　　　图 7.60　截面草图

Step26. 创建图 7.61 所示的镜像特征 6。选取上步所创建的凹坑特征 1 为镜像源；单击 主页 功能选项卡 阵列 工具栏中的 镜像 按钮；选择右视图（YZ）平面为镜像平面；单击 完成 按钮，完成特征的创建。

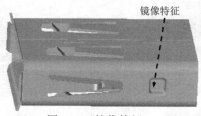

图 7.61　镜像特征 6

Step27. 创建图 7.62 所示法向除料特征 3。在 主页 功能选项卡的 钣金 工具栏中单击 打孔按钮，选择 法向除料 命令；在系统 单击平的面或参考平面。 的提示下，选取图 7.62 所示的模型表面为草图平面，绘制图 7.63 所示的截面草图，单击"主页"功能选项卡中的"关闭草图"按钮 ，退出草绘环境；在"法向除料"工具条中单击"厚度剪切"按钮 和"穿过下一个"按钮 ，并将移除方向调整至图 7.64 所示的方向；单击工具条中的 完成 按钮，完成特征的创建。

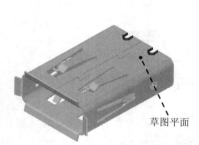

图 7.62 法向除料特征 3

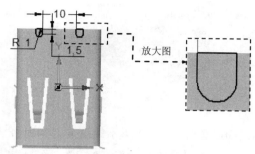

图 7.63 截面草图

**Step28.** 创建图 7.65 所示的除料特征 2。

（1）选择命令。在 主页 功能选项卡的 钣金 工具栏中单击 打孔 按钮，选择 除料 命令。

图 7.64 定义除料方向

图 7.65 除料特征 2

（2）定义特征的截面草图。在系统 单击平的面或参考平面。 的提示下，选取图 7.66 所示的模型表面为草图平面，绘制图 7.67 所示的截面草图，单击"主页"功能选项卡中的"关闭草图"按钮 ，退出草绘环境。

图 7.66 选取草图平面

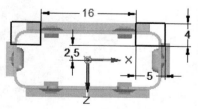

图 7.67 截面草图

（3）定义除料特征属性。在"除料"工具条中单击"有限范围"按钮 ，并单击"对称延伸"按钮 ，将其调整为弹起状态，在 距离 文本框中输入值 3.5，定义移除方向朝模型内部（图 7.65）。

（4）单击工具条中的 完成 按钮，完成特征的创建。

Step29. 创建图 7.68 所示的平板特征 1。单击 主页 功能选项卡 钣金 工具栏中的"平板"按钮 ；在系统 单击平的面或参考平面。 的提示下，选取图 7.68 所示的模型表面为草图平面，绘制图 7.69 所示的截面草图，单击"主页"功能选项卡中的"关闭草图"按钮 ，退出草绘环境；单击工具条中的 完成 按钮，完成特征的创建。

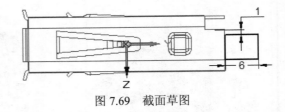

图 7.68　平板特征 1　　　　　　　　　图 7.69　截面草图

Step30. 创建图 7.70 所示的法向除料特征 4。在 主页 功能选项卡的 钣金 工具栏中单击 打孔 按钮，选择 法向除料 命令；在系统 单击平的面或参考平面。 的提示下，选取图 7.70 所示的模型表面为草图平面，绘制图 7.71 所示的截面草图，单击"主页"功能选项卡中的"关闭草图"按钮 ，退出草绘环境；在"除料"工具条中单击"厚度剪切"按钮 和"穿过下一个"按钮 ，并将移除方向调整至图 7.72 所示的方向；单击工具条中的 完成 按钮，完成特征的创建。

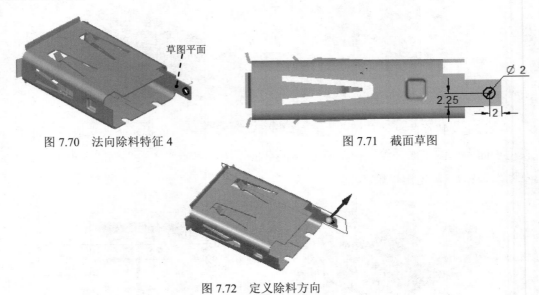

图 7.70　法向除料特征 4　　　　　　　　　图 7.71　截面草图

图 7.72　定义除料方向

Step31. 保存钣金件模型文件，并命名为 USB_SOCKET。

**学习拓展：** 扫码学习更多视频讲解。

**讲解内容：** 工程图设计实例精选。讲解了一些典型的工程图设计案例，包括工程图设计中视图创建、尺寸、基准和几何公差标注的操作技巧等内容。

# 实例8 指甲钳手柄

**实例概述：**

本实例详细讲解了指甲钳手柄的设计过程，主要应用了折弯、除料、加强筋等命令，需要读者注意的是"除料"命令操作的创建方法及过程。钣金件模型及模型树如图 8.1 所示。

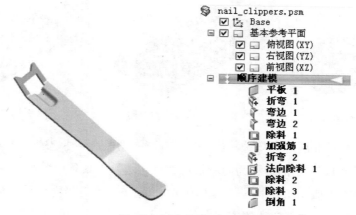

图 8.1 钣金件模型及模型树

**Step1.** 新建文件。选择下拉菜单 📁 ➡️ 新建 ➡️ **GB 公制钣金** 命令。

**Step2.** 创建图 8.2 所示的平板特征 1。单击 主页 功能选项卡 钣金 工具栏中的"平板"按钮 ▢；在系统 单击平的面或参考平面。 的提示下，选取俯视图（XY）平面作为草图平面，绘制图 8.3 所示的截面草图；在"平板"工具条中单击"厚度步骤"按钮 ▣ 定义材料厚度，在 厚度： 文本框中输入值 1.5，并将材料加厚方向调整至图 8.4 所示的方向；单击工具条中的 完成 按钮，完成平板特征 1 的创建。

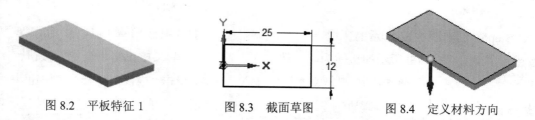

图 8.2 平板特征 1　　图 8.3 截面草图　　图 8.4 定义材料方向

**Step3.** 创建图 8.5 所示的折弯特征 1。单击 主页 功能选项卡 钣金 工具栏中的 ✚ 折弯 按钮；选取图 8.5 所示的模型表面为草图平面，绘制图 8.6 所示的折弯线；在"折弯"工具条中单击"折弯位置"按钮 ▣，在 折弯半径： 文本框中输入值 35，在 角度： 文本框中输入值 150；单击"从轮廓起"按钮 ▣，并定义折弯的位置如图 8.7 所示的位置后单击；单击"移动侧"

按钮 ![icon]，并将方向调整至图 8.8 所示的方向；单击 "折弯方向" 按钮 ![icon]，并将方向调整至图 8.9 所示的方向；单击 完成 按钮，完成折弯特征 1 的创建。

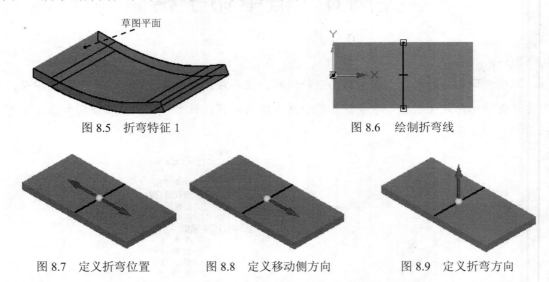

图 8.5　折弯特征 1　　　　　　　　　　　图 8.6　绘制折弯线

图 8.7　定义折弯位置　　　　图 8.8　定义移动侧方向　　　　图 8.9　定义折弯方向

　　Step4. 创建图 8.10 所示的弯边特征 1。单击 主页 功能选项卡 钣金 工具栏中的 "弯边" 按钮 ![icon]；选取图 8.11 所示的边线为附着边；在 "弯边" 工具条中单击 "全宽" 按钮 ![icon]；在 距离: 文本框中输入值 10，在 角度: 文本框中输入值 165，单击 "内部尺寸标注" 按钮 ![icon] 和 "折弯在外" 按钮 ![icon]；调整弯边侧方向向外，如图 8.10 所示；单击 "弯边选项" 按钮 ![icon]，取消选中 □ 使用默认值* 复选框，在 折弯半径 (B): 文本框中输入数值 2.0，单击 确定 按钮；单击 完成 按钮，完成弯边特征 1 的创建。

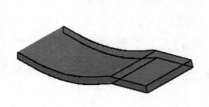

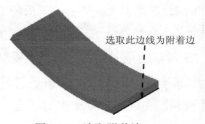

选取此边线为附着边

图 8.10　弯边特征 1　　　　　　　　　　图 8.11　选取附着边

　　Step5. 创建图 8.12 所示的弯边特征 2。单击 主页 功能选项卡 钣金 工具栏中的 "弯边" 按钮 ![icon]；选取图 8.13 所示的边线为附着边；在 "弯边" 工具条中单击 "全宽" 按钮 ![icon]；在 距离: 文本框中输入值 50，在 角度: 文本框中输入值 165，单击 "内部尺寸标注" 按钮 ![icon] 和 "折弯在外" 按钮 ![icon]；调整弯边侧方向向外，如图 8.12 所示；单击 "弯边选项" 按钮 ![icon]，取消选中 □ 使用默认值* 复选框，在 折弯半径 (B): 文本框中输入数值 2.0，单击 确定 按钮；单击 完成 按钮，完成弯边特征 2 的创建。

　　Step6. 创建图 8.14 所示的除料特征 1。在 主页 功能选项卡的 钣金 工具栏中单击 打孔 · 按钮，选择 ![icon] 除料 命令；在系统 单击平的面或参考平面。 的提示下，选取图 8.14 所示的平面为草图平面，绘制图 8.15 所示的截面草图，单击"主页"功能选项卡中的"关闭草图"按钮 ☑，退出草绘环境；在"除料"工具条中单击 ⑧ 按钮定义延伸深度，在该工具条中单击"贯通"按钮 ⚌，并定义移除方向如图 8.16 所示；单击 完成 按钮，完成除料特征 1 的创建。

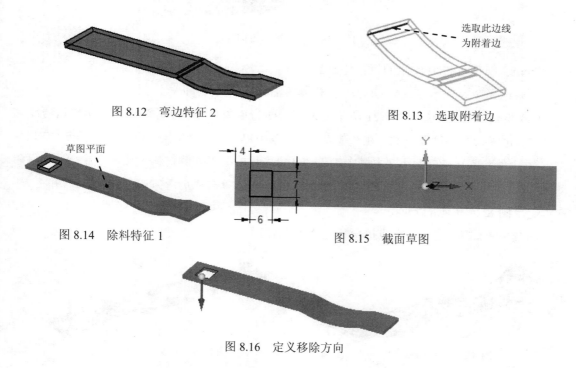

图 8.12 弯边特征 2

图 8.13 选取附着边

图 8.14 除料特征 1

图 8.15 截面草图

图 8.16 定义移除方向

Step7. 创建图 8.17 所示的加强筋特征 1。

（1）选择命令。在 主页 功能选项卡的 钣金 工具栏中单击 凹坑 按钮，选择 ⌐ 加强筋 命令。

（2）绘制加强筋截面草图。选取图 8.17 所示的模型表面为草图平面，绘制图 8.18 所示的截面草图。

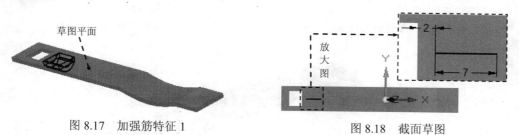

图 8.17 加强筋特征 1

图 8.18 截面草图

（3）定义筋属性。在"加强筋"工具条中单击"选择方向步骤"按钮 ⬚，定义冲压方向如图 8.19 所示，单击；单击 ▤ 按钮，在 横截面 区域中选中 ⊙ 圆形(C) 单选项，在 高度(E): 文本框中输入值 2.0，在 半径(R): 文本框中输入值 2.0；在 倒圆 区域中选中 ☑ 包括倒圆(I) 复选框，在 凹模半径(D): 文本框中输入值 0.5；在 端点条件 区域中选中 ⊙ 开口的(L) 单选项；单击 确定 按钮。

（4）单击 完成 按钮，完成加强筋特征 1 的创建。

图 8.19　定义冲压方向

Step8. 创建图 8.20 所示的折弯特征 2。

（1）选择命令。单击 主页 功能选项卡 钣金 工具栏中的 折弯 按钮。

（2）绘制折弯线。选取图 8.21 所示的模型表面为草图平面，绘制图 8.22 所示的折弯线。

（3）定义折弯属性及参数。在"弯边"工具条中单击"折弯位置"按钮，在 折弯半径: 文本框中输入值 1，在 角度: 文本框中输入值 140，并单击"外侧材料"按钮；单击"移动侧"按钮，并将方向调整至图 8.23 所示的方向；单击"折弯方向"按钮，并将方向调整至图 8.24 所示的方向。

（4）单击 完成 按钮，完成折弯特征 2 的创建。

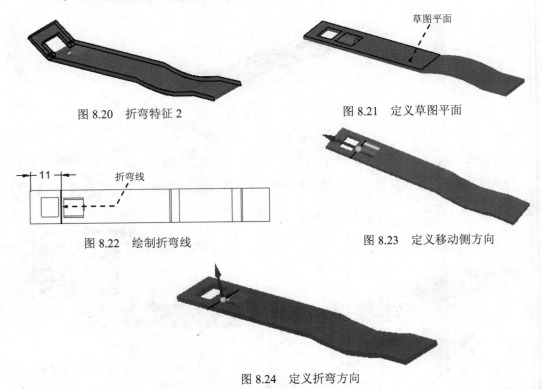

图 8.20　折弯特征 2　　　　　　　　图 8.21　定义草图平面

图 8.22　绘制折弯线　　　　　　　图 8.23　定义移动侧方向

图 8.24　定义折弯方向

Step9. 创建图 8.25 所示的法向除料特征 1。在 主页 功能选项卡的 钣金 工具栏中单击 打孔 按钮，选择 法向除料 命令；在系统 单击平的面或参考平面。 的提示下，选取图 8.25 所示的模型表面为草图平面，绘制图 8.26 所示的截面草图，单击"主页"功能选项卡中的"关闭草图"按钮，退出草绘环境；在"法向除料"工具条中单击"厚度剪切"按钮和"穿过下一个"按钮 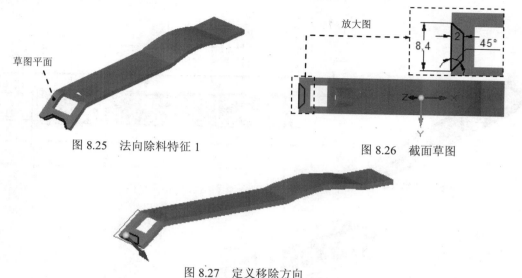，并将移除方向调整至图 8.27 所示的方向；单击 完成 按钮，完成法向除料特征 1 的创建。

图 8.25 法向除料特征 1

图 8.26 截面草图

图 8.27 定义移除方向

Step10. 创建图 8.28 所示的除料特征 2。在 主页 功能选项卡的 钣金 工具栏中单击 打孔 ▾ 按钮，选择 除料 命令；在系统 单击平的面或参考平面。 的提示下，选取图 8.29 所示的平面为草图平面，绘制图 8.30 所示的截面草图，单击"主页"功能选项卡中的"关闭草图"按钮 ✓，退出草绘环境；在"除料"工具条中单击 按钮定义延伸深度，在该工具条中单击"贯通"按钮 ，并定义移除方向如图 8.31 所示；单击 完成 按钮，完成除料特征 2 的创建。

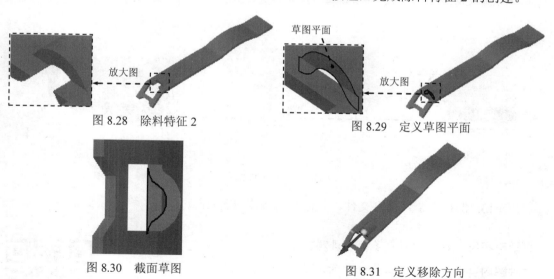

图 8.28 除料特征 2

图 8.29 定义草图平面

图 8.30 截面草图

图 8.31 定义移除方向

Step11. 创建图 8.32 所示的除料特征 3。在 主页 功能选项卡的 钣金 工具栏中单击 打孔 ▾ 按钮，选择 除料 命令；在系统 单击平的面或参考平面。 的提示下，选取图 8.32 所示的平面为草图平面，绘制图 8.33 所示的截面草图，单击"主页"功能选项卡中的"关闭草图"按钮

✅，退出草绘环境；在"除料"工具条中单击 🔽 按钮定义延伸深度，在该工具条中单击"贯通"按钮 🔲，并定义移除方向如图 8.34 所示；单击 [完成] 按钮，完成除料特征 3 的创建。

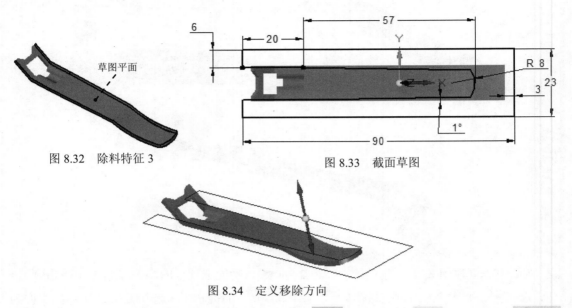

图 8.32　除料特征 3

图 8.33　截面草图

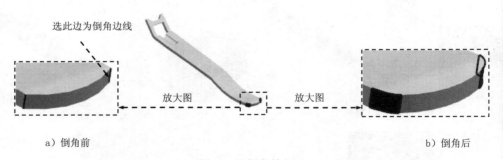

图 8.34　定义移除方向

Step12. 创建图 8.35b 所示的倒角特征 1。单击 [主页] 功能选项卡 [钣金] 工具栏中的 [📄 倒角] 按钮；选取图 8.35a 所示的边线为倒角的边线；在"倒角"工具条中单击 🔼 按钮，在 [裂口] 文本框中输入值 1.5，右击；单击 [完成] 按钮，完成倒角特征 1 的创建。

选此边为倒角边线

放大图　　　　　　　放大图

a）倒角前　　　　　　　　　　　　　　　　b）倒角后

图 8.35　倒角特征 1

Step13. 保存钣金件模型文件，并命名为 nail_clippers。

**学习拓展**：扫码学习更多视频讲解。

**讲解内容**：主要包含结构分析的基础理论、结构分析的类型、结构分析的一般流程、典型产品的结构分析案例等。结构分析是产品研发中的重要阶段，学习本部分内容，读者可以了解在钣金产品开发中结构分析的应用。

# 实例9 文 具 夹

**实例概述：**

    本实例介绍的是常用的一种办公用品文具夹的创建过程。这里采用了两种不同的方法：第一种方法是从整体出发，运用平板、卷边、法向除料、折弯等命令完成模型的创建；第二种方法是将夹子分成三部分分别创建，然后再进行合并，主要运用了平板、卷边、法向除料、轮廓弯边等命令，零件模型如图9.1所示。

本例中只做夹子的金属（钣金）部分

a）视图1          b）视图2

图9.1   零件模型

## 9.1   创建方法一

    钣金件模型及模型树如图9.1.1所示。

  SHEETMETAL_CLIP_01.psm
  ☑ Base
  ☑ 基本参考平面
    ☑ 俯视图(XY)
    ☑ 右视图(YZ)
    ☑ 前视图(XZ)
  顺序建模
    平板 1
    卷边 1
    镜像 1
    伸直 1
    除料 1
    镜像 2
    重新折弯 1
    折弯 1
    镜像 3
    折弯 2

图9.1.1   钣金件模型及模型树

Step1. 新建文件。选择下拉菜单 ▼ ➡ 新建 ➡ GB 公制钣金 命令。

Step2. 创建图9.1.2所示的平板特征1。

（1）选择命令。单击 主页 功能选项卡 钣金 工具栏中的"平板"按钮 □。

（2）定义特征的截面草图。在系统 单击平的面或参考平面。 的提示下，选取俯视图（XY）平面作为草图平面，绘制图9.1.3所示的截面草图，单击"主页"功能选项卡中的"关闭草图"按钮 ，退出草绘环境。

（3）定义材料厚度及方向。在"平板"工具条中单击"厚度步骤"按钮 定义材料厚度，在 厚度: 文本框中输入值 0.3，并将材料加厚方向调整至图 9.1.4 所示的方向。

（4）单击工具条中的 完成 按钮，完成平板特征 1 的创建。

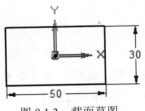

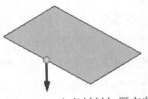

图 9.1.2　平板特征 1　　　　　图 9.1.3　截面草图　　　　　图 9.1.4　定义材料加厚方向

Step3. 创建图 9.1.5 所示的卷边特征 1。在 主页 功能选项卡的 钣金 工具栏中单击 轮廓弯边 按钮，选择 卷边 命令；选取图 9.1.6 所示的模型边线为折弯的附着边；在"卷边"工具条中单击"外侧折弯"按钮 ，单击"卷边选项"按钮 ，在 卷边轮廓 区域的 卷边类型 (T): 下拉列表中选择 开环 选项；在 (1) 折弯半径 1: 文本框中输入值 0.8，在 (5) 扫掠角度: 文本框中输入值 320；单击 确定 按钮；按 Enter 键，完成卷边特征 1 的创建。

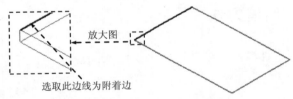

图 9.1.5　卷边特征 1　　　　　　　图 9.1.6　定义附着边

Step4. 创建图 9.1.7 所示的镜像特征 1。选取 Step3 所创建的卷边特征 1 为镜像源；单击 主页 功能选项卡 阵列 工具栏中的 镜像 按钮；选取右视图（YZ）平面作为镜像平面；单击 完成 按钮，完成镜像特征 1 的创建。

Step5. 创建图 9.1.8 所示的伸直特征 1。

图 9.1.7　镜像特征 1　　　　　　　图 9.1.8　伸直特征 1

（1）选择命令。在 主页 功能选项卡的 钣金 工具栏中单击 折弯 后的小三角，选择 伸直 命令。

（2）定义固定面。选取图 9.1.9 所示的表面为固定面。

（3）选取折弯特征。选取图 9.1.10 所示的折弯特征，单击右键两次。

（4）单击工具条中的 完成 按钮，完成伸直特征 1 的创建。

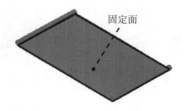

图 9.1.9　定义固定面

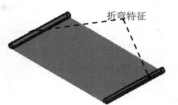

图 9.1.10　选取折弯特征

Step6. 创建图 9.1.11 所示的除料特征 1。

图 9.1.11　除料特征 1

（1）选择命令。在 主页 功能选项卡的 钣金 工具栏中单击 打孔 按钮，选择 除料 命令。

（2）定义特征的截面草图。在系统 单击平的面或参考平面。 的提示下，选取图 9.1.11 所示的模型表面为草图平面，绘制图 9.1.12 所示的截面草图，单击 主页 功能选项卡中的"关闭草图"按钮 ，退出草绘环境。

（3）定义除料特征属性。在"除料"工具条中单击 按钮定义延伸深度，在该工具条中单击"贯通"按钮 ，并定义移除方向如图 9.1.13 所示。

（4）单击 完成 按钮，完成除料特征 1 的创建。

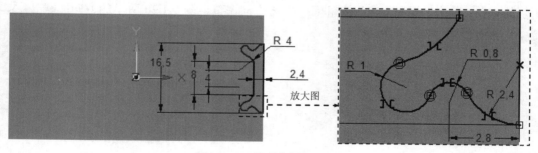

图 9.1.12　截面草图

Step7. 创建图 9.1.14b 所示的镜像特征 2。选取上一步所创建的除料特征 1 为镜像源；单击 主页 功能选项卡 阵列 工具栏中的 镜像 按钮；选取右视图（YZ）平面作为镜像平面；单击 完成 按钮，完成镜像特征 2 的创建。

Step8. 创建图 9.1.15 所示的重新折弯特征 1。在 主页 功能选项卡的 钣金 工具栏中单击 折弯 后的小三角，选择 重新折弯 命令；选取图 9.1.16 所示的折弯特征，右击两次；

单击工具条中的 完成 按钮，完成重新折弯特征 1 的创建。

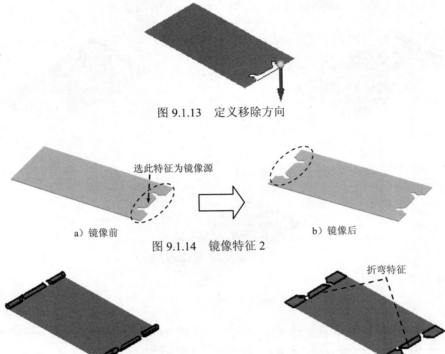

图 9.1.13　定义移除方向

选此特征为镜像源

a）镜像前　　　　　　　　　　　　　　b）镜像后

图 9.1.14　镜像特征 2

折弯特征

图 9.1.15　重新折弯特征 1　　　　　　　　图 9.1.16　选取折弯特征

Step9. 创建图 9.1.17 所示的折弯特征 1。单击 主页 功能选项卡 钣金 工具栏中的 折弯 按钮；选取图 9.1.17 所示的模型表面为草图平面，绘制图 9.1.18 所示的折弯线；在"折弯"工具条中单击"折弯位置"按钮 ，在 折弯半径: 文本框中输入值 2.0，在 角度: 文本框中输入值 55，并单击"外侧材料"按钮 ；单击"移动侧"按钮 ，并将方向调整至图 9.1.19 所示的方向；单击"折弯方向"按钮 ，并将方向调整至图 9.1.20 所示的方向；单击 完成 按钮，完成折弯特征 1 的创建。

草图平面

创建此折弯特征

图 9.1.17　折弯特征 1　　　　　　　　图 9.1.18　绘制折弯线

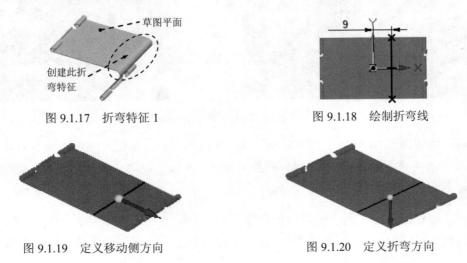

图 9.1.19　定义移动侧方向　　　　　　　图 9.1.20　定义折弯方向

Step10. 创建图 9.1.21 所示的镜像特征 3。选取 Step9 所创建折弯特征 1 为镜像源；单击 主页 功能选项卡 阵列 工具栏中的 ◑ 镜像 按钮；选取右视图（YZ）平面作为镜像平面；单击 完成 按钮，完成镜像特征 3 的创建。

Step11. 创建图 9.1.22 所示的折弯特征 2。

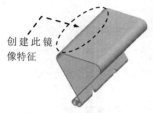

创建此镜像特征

图 9.1.21 镜像特征 3

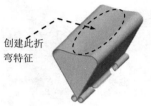

创建此折弯特征

图 9.1.22 折弯特征 2

（1）选择命令。单击 主页 功能选项卡 钣金 工具栏中的 ☌ 折弯 按钮。

（2）绘制折弯线。选取图 9.1.23 所示的模型表面为草图平面，绘制图 9.1.24 所示的折弯线。

（3）定义折弯属性及参数。在"折弯"工具条中单击"折弯位置"按钮 ⊞，在 折弯半径: 文本框中输入值 20，在 角度: 文本框中输入值 163，单击"从轮廓起"按钮 ⊓，并定义折弯的位置如图 9.1.25 所示的位置后单击；单击"移动侧"按钮 ⇅，并将方向调整至图 9.1.26 所示的方向；单击"折弯方向"按钮 ⊩，并将方向调整至图 9.1.27 所示的方向。

（4）单击 完成 按钮，完成折弯特征 2 的创建。

此薄板表面为草图平面

图 9.1.23 定义草图平面

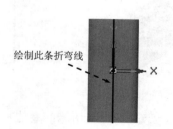

绘制此条折弯线

图 9.1.24 绘制折弯线

Step12. 保存钣金件模型文件，并命名为 SHEETMETAL_CLIP_01。

图 9.1.25 定义折弯位置

图 9.1.26 定义移动侧方向

图 9.1.27 定义折弯方向

## 9.2 创建方法二

钣金件模型及模型树如图9.2.1所示。

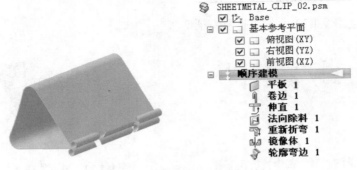

图9.2.1　钣金件模型及模型树

Step1. 新建文件。选择下拉菜单 ▼ ➡ 新建 ➡ GB 公制钣金 命令。

Step2. 创建图9.2.2所示的平板特征1。单击 主页 功能选项卡 钣金 工具栏中的"平板"按钮 ；在系统 单击平的面或参考平面。 的提示下，选取俯视图（XY）平面作为草图平面，绘制图9.2.3所示的截面草图，单击 主页 功能选项卡中的"关闭草图"按钮 ，退出草绘环境；在"平板"工具条中单击"厚度步骤"按钮 定义材料厚度，在 厚度: 文本框中输入值0.3，并将材料加厚方向调整至图9.2.4所示的方向；单击工具条中的 完成 按钮，完成平板特征1的创建。

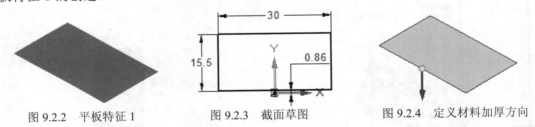

图9.2.2　平板特征1　　　　图9.2.3　截面草图　　　　图9.2.4　定义材料加厚方向

Step3. 创建图9.2.5所示的卷边特征1。在 主页 功能选项卡的 钣金 工具栏中单击 轮廓弯边 按钮，选择 卷边 命令；选取图9.2.6所示的模型边线为折弯的附着边；在"卷边"工具条中单击"外侧折弯"按钮 ，单击"卷边选项"按钮 ，在 卷边轮廓 区域的 卷边类型(T): 下拉列表中选择 开环 选项；在 (1) 折弯半径 1: 文本框中输入值0.8，在 (5) 扫掠角度: 文本框中输入值320；单击 确定 按钮，并按单击鼠标右键；单击 完成 按钮，完成卷边特征1的创建。

图9.2.5　卷边特征1

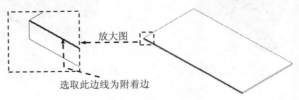

图9.2.6　定义附着边

Step4. 创建图 9.2.7 所示的伸直特征 1。在 主页 功能选项卡的 钣金 工具栏中单击 折弯 后的小三角，选择 伸直 命令；选取图 9.2.8 所示的表面为固定面；选取图 9.2.9 所示的折弯特征，右击两次；单击工具条中的 完成 按钮，完成伸直特征 1 的创建。

图 9.2.7 伸直特征 1

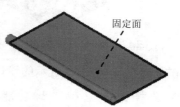

图 9.2.8 定义固定面

Step5. 创建图 9.2.10 所示的法向除料特征 1。

图 9.2.9 选取折弯特征

图 9.2.10 法向除料特征 1

（1）选择命令。在 主页 功能选项卡的 钣金 工具栏中单击 打孔 按钮，选择 法向除料 命令。

（2）定义特征的截面草图。在系统 单击平的面或参考平面。 的提示下，选取图 9.2.10 所示的模型表面为草图平面，绘制图 9.2.11 所示的截面草图，单击 主页 功能选项卡中的"关闭草图"按钮，退出草绘环境。

（3）定义法向除料特征属性。在"法向除料"工具条中单击"厚度剪切"按钮 和"穿过下一个"按钮，并将移除方向调整至图 9.2.12 所示的方向。

（4）单击 完成 按钮，完成法向除料特征 1 的创建。

Step6. 创建图 9.2.13 所示的重新折弯特征 1。在 主页 功能选项卡的 钣金 工具栏中单击 折弯 后的小三角，选择 重新折弯 命令；选取图 9.2.14 所示的折弯特征，右击两次；单击工具条中的 完成 按钮，完成重新折弯特征 1 的创建。

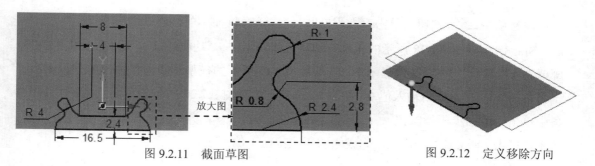

图 9.2.11 截面草图

图 9.2.12 定义移除方向

图 9.2.13　重新折弯特征 1　　　　　　　　　图 9.2.14　选取折弯特征

**Step7.** 创建图 9.2.15b 所示的镜像体特征 1。

（1）选择命令。在 主页 功能选项卡的 阵列 工具栏中单击 镜像 按钮，选择 镜像复制零件 命令。

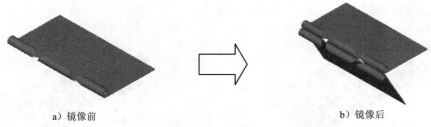

a）镜像前　　　　　　　　　　　　　b）镜像后

图 9.2.15　镜像体特征 1

（2）定义镜像体。选取绘图区中的模型实体为镜像体。

（3）定义镜像平面。在"镜像"工具条的"创建起源"选项下拉列表中选择 成角平面 选项，选取俯视图（XY）平面作为参考平面，并选取前视图（XZ）平面，在图 9.2.16 所示的轴向末端任意处单击，在 角度(A): 文本框中输入值 27，并按 Enter 键确认，定义其平面的旋转侧位置如图 9.2.17 所示并单击。

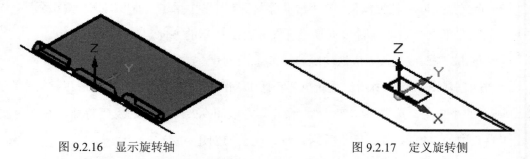

图 9.2.16　显示旋转轴　　　　　　　　　图 9.2.17　定义旋转侧

（4）单击 完成 按钮，单击 取消 按钮，完成镜像特征 1 的创建。

**Step8.** 创建图 9.2.18 所示的轮廓弯边特征 1。单击 主页 功能选项卡 钣金 工具栏中的"轮廓弯边"按钮 ；在系统的提示下，选取图 9.2.19 所示的模型边线为路径，在"轮廓弯边"工具条的 位置: 文本框中输入值 0，并按 Enter 键，绘制图 9.2.20 所示的截面草图；在该工具条中单击"范围步骤"按钮 ；单击"到末端"按钮 ，并定义其延伸方向如图 9.2.21 所示，单击；单击 完成 按钮，完成轮廓弯边特征 1 的创建。

图 9.2.18 轮廓弯边特征 1

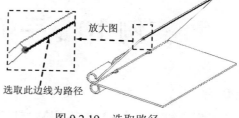

放大图

选取此边线为路径

图 9.2.19 选取路径

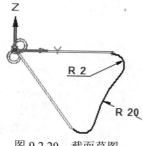

图 9.2.20 截面草图

图 9.2.21 定义延伸方向

Step9. 保存钣金件模型文件，并命名为 SHEETMETAL_CLIP_02。

**学习拓展：** 扫码学习更多视频讲解。

**讲解内容：** 主要包含钣金加工工艺的背景知识、冲压成形理论、冲压模具结构详解等内容。作为钣金设计技术人员，了解钣金工艺和冲压模具的基本知识非常必要。

**学习拓展：** 扫码学习更多视频讲解。

**讲解内容：** 结构分析实例精选。讲解了一些典型的结构分析实例，并对操作步骤作了详细的演示。

# 实例 10　手机 SIM 卡固定架

**实例概述:**

　　本实例详细讲解了一款手机 SIM 卡固定架的设计过程。该设计过程较为复杂，特征较多，需要读者特别注意细小特征的创建，尤其是选取倒角特征的参照边。钣金件模型及模型树如图 10.1 所示。

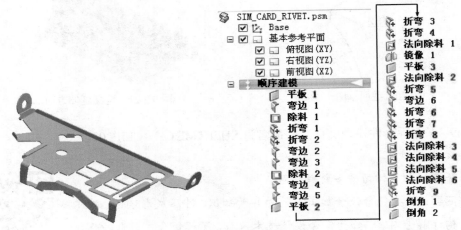

图 10.1　钣金件模型及模型树

Step1. 新建文件。选择下拉菜单 ▼ ➡ 新建 ➡ GB 公制钣金 命令。

Step2. 创建图 10.2 所示的平板特征 1。

　　（1）选择命令。单击 主页 功能选项卡 钣金 工具栏中的"平板"按钮 □。

　　（2）定义特征的截面草图。在系统 单击平的面或参考平面。 的提示下，选取俯视图（XY）平面作为草图平面，绘制图 10.3 所示的截面草图，单击"主页"功能选项卡中的"关闭草图"按钮 ✔，退出草绘环境。

　　（3）定义材料厚度及方向。在"平板"工具条中单击"厚度步骤"按钮 ⬚ 定义材料厚度，在 厚度: 文本框中输入值 0.2，并将材料加厚方向调整至如图 10.4 所示。

　　（4）单击工具条中的 完成 按钮，完成平板特征 1 的创建。

Step3. 创建图 10.5 所示的弯边特征 1。

　　（1）选择命令。单击 主页 功能选项卡 钣金 工具栏中的"弯边"按钮 ⌐。

　　（2）定义附着边。选取图 10.6 所示的模型边线为附着边。

　　（3）定义弯边类型。在"弯边"工具条中单击"全宽"按钮 □；在 距离: 文本框中输入值 1.0，在 角度: 文本框中输入值 90，单击"外部尺寸标注"按钮 ⬚ 和"折弯在外"按钮，调整弯边侧方向向上，如图10.5所示。

（4）定义弯边属性及参数。单击"弯边选项"按钮 ，取消选中 □ 使用默认值* 复选框，在折弯半径(B):文本框中输入数值0.1，单击 确定 按钮。

（5）单击 完成 按钮，完成弯边特征1的创建。

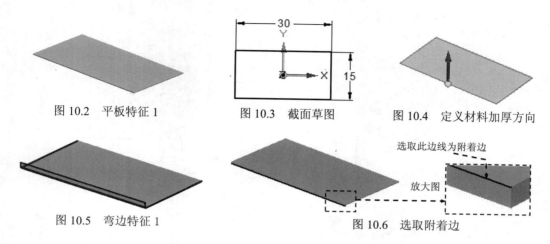

图10.2　平板特征1　　　　图10.3　截面草图　　　　图10.4　定义材料加厚方向

图10.5　弯边特征1　　　　　　　　图10.6　选取附着边

Step4. 创建图10.7所示的除料特征1。

（1）选择命令。在 主页 功能选项卡的 钣金 工具栏中单击 打孔 按钮，选择 除料 命令。

（2）定义特征的截面草图。在系统 单击平的面或参考平面。 的提示下，选取图10.7所示的模型表面为草图平面，绘制图10.8所示的截面草图，单击"主页"功能选项卡中的"关闭草图"按钮 ✓，退出草绘环境。

（3）定义除料特征属性。在"除料"工具条中单击  按钮定义延伸深度，在该工具条中单击"贯通"按钮 ，并定义除料方向如图10.9所示。

（4）单击 完成 按钮，完成除料特征1的创建。

Step5. 创建图10.10所示的折弯特征1。

（1）选择命令。单击 主页 功能选项卡 钣金 工具栏中的 折弯 按钮。

（2）绘制折弯线。选取图10.10所示的模型表面为草图平面，绘制图10.11所示的折弯线。

（3）定义折弯属性及参数。在"折弯"工具条中单击"折弯位置"按钮 ，在 折弯半径: 文本框中输入值0.2，在 角度: 文本框中输入值175；单击"从轮廓起"按钮 ，并定义折弯的位置如图10.12所示后单击；单击"移动侧"按钮 ，并将移动侧方向调整至如图10.13所示；单击"折弯方向"按钮 ，并将折弯方向调整至如图10.14所示。

（4）单击 完成 按钮，完成折弯特征1的创建。

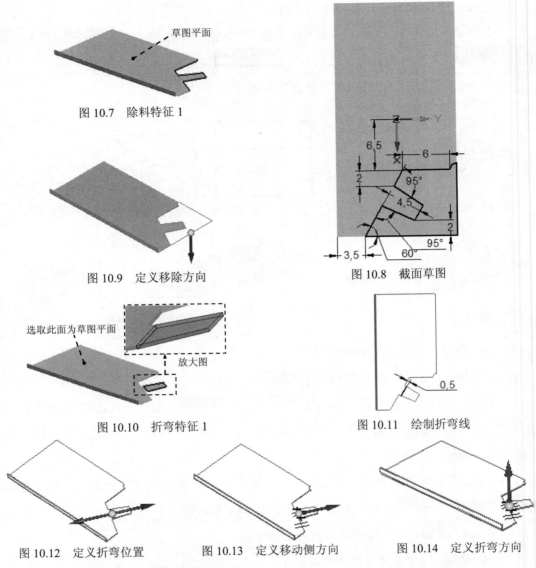

图 10.7　除料特征 1

图 10.8　截面草图

图 10.9　定义移除方向

图 10.10　折弯特征 1

图 10.11　绘制折弯线

图 10.12　定义折弯位置　　　图 10.13　定义移动侧方向　　　图 10.14　定义折弯方向

**Step6.** 创建图 10.15 所示的折弯特征 2。

（1）选择命令。单击 主页 功能选项卡 钣金 工具栏中的 折弯 按钮。

（2）绘制折弯线。选取图 10.15 所示的模型表面为草图平面，绘制图 10.16 所示的折弯线。

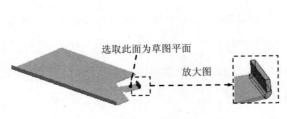

图 10.15　折弯特征 2

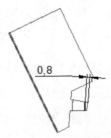

图 10.16　绘制折弯线

（3）定义折弯属性及参数。在"折弯"工具条中单击"折弯位置"按钮 ⊞，在 折弯半径: 文本框中输入值 0.1，在 角度: 文本框中输入值 90；单击"从轮廓起"按钮 ⊡，并定义折弯的位置如图 10.17 所示后单击；单击"移动侧"按钮 ⟋，并将移动侧方向调整至如图 10.18 所示；单击"折弯方向"按钮 ↔，并将折弯方向调整至如图 10.19 所示。

（4）单击 完成 按钮，完成折弯特征 2 的创建。

图 10.17　定义折弯位置　　　图 10.18　定义移动侧方向　　　图 10.19　定义折弯方向

Step7. 创建图 10.20 所示的弯边特征 2。

（1）选择命令。单击 主页 功能选项卡 钣金 工具栏中的"弯边"按钮 ⬦。

（2）定义附着边。选取图 10.21 所示的模型边线为附着边。

（3）定义弯边类型。在"弯边"工具条中单击"全宽"按钮 ▭；在 距离: 文本框中输入值 1.0，在 角度: 文本框中输入值 90，单击"外部尺寸标注"按钮 ⫩ 和"折弯在外"按钮 ⬦，调整弯边侧方向向上，如图 10.20 所示。

（4）定义弯边属性及参数。单击"弯边选项"按钮 ▤，取消选中 ☐ 使用默认值* 复选框，在其 折弯半径(B): 文本框中输入数值 0.1，单击 确定 按钮。

（5）单击 完成 按钮，完成弯边特征 2 的创建。

图 10.20　弯边特征 2　　　　　　　　图 10.21　定义附着边

Step8. 创建图 10.22 所示的弯边特征 3。

（1）选择命令。单击 主页 功能选项卡 钣金 工具栏中的"弯边"按钮 ⬦。

（2）定义附着边。选取图 10.23 所示的模型边线为附着边。

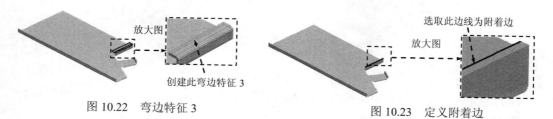

图 10.22　弯边特征 3　　　　　　　　图 10.23　定义附着边

（3）定义弯边类型。在"弯边"工具条中单击"全宽"按钮 ⬜；在 **距离:** 文本框中输入值 1.0，在 **角度:** 文本框中输入值 90，单击"外部尺寸标注"按钮 ⬜ 和"折弯在外"按钮 ⬜，调整弯边侧方向向内，如图 10.22 所示。

（4）定义弯边属性及参数。单击"弯边选项"按钮 ⬛，取消选中 ☐ **使用默认值\*** 复选框，在 **折弯半径⑧:** 文本框中输入数值 0.1，单击 **确定** 按钮。

（5）单击 **完成** 按钮，完成弯边特征 3 的创建。

Step9. 创建图 10.24 所示的除料特征 2。

（1）选择命令。在 **主页** 功能选项卡的 **钣金** 工具栏中单击 **打孔** 按钮，选择 🔲 除料 命令。

（2）定义特征的截面草图。在系统 **单击平的面或参考平面。** 的提示下，选取图 10.24 所示的模型表面为草图平面，绘制图 10.25 所示的截面草图，单击 **主页** 功能选项卡中的"关闭草图"按钮 ✅，退出草绘环境。

（3）定义除料特征属性。在"除料"工具条中单击 ⬇ 按钮定义延伸深度，在该工具条中单击"贯通"按钮 ⬛，并定义移出方向如图 10.26 所示。

（4）单击 **完成** 按钮，完成除料特征 2 的创建。

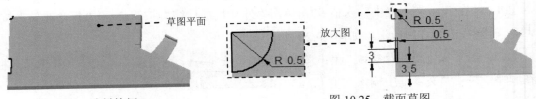

图 10.24　除料特征 2　　　　　　图 10.25　截面草图

Step10. 创建图 10.27 所示的弯边特征 4。

（1）选择命令。单击 **主页** 功能选项卡 **钣金** 工具栏中的"弯边"按钮 ⬛。

（2）定义附着边。选取图 10.28 所示的模型边线为附着边。

（3）定义弯边类型。在"弯边"工具条中单击"全宽"按钮 ⬜；在 **距离:** 文本框中输入值 1.0，在 **角度:** 文本框中输入值 90，单击"外部尺寸标注"按钮 ⬜ 和"折弯在外"按钮 ⬜，调整弯边侧方向向上，如图 10.27 所示。

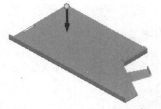
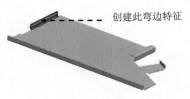

图 10.26　定义移除方向　　　　　　图 10.27　弯边特征 4

（4）定义弯边属性及参数。单击"弯边选项"按钮 ⬛，取消选中 ☐ **使用默认值\*** 复选框，在 **折弯半径⑧:** 文本框中输入数值 0.1，单击 **确定** 按钮。

（5）单击 **完成** 按钮，完成弯边特征 4 的创建。

Step11. 创建图 10.29 所示的弯边特征 5。

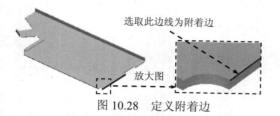

图 10.28　定义附着边

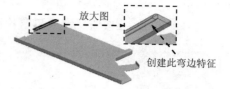

图 10.29　弯边特征 5

（1）选择命令。单击 主页 功能选项卡 钣金 工具栏中的"弯边"按钮 🦅。

（2）定义附着边。选取图 10.30 所示的模型边线为附着边。

（3）定义弯边类型。在"弯边"工具条中单击"全宽"按钮 □ ；在 距离: 文本框中输入值 1.0，在 角度: 文本框中输入值 90，单击"外部尺寸标注"按钮 和"折弯在外"按钮 🦅，调整弯边侧方向向内，如图 10.29 所示。

（4）定义弯边属性及参数。单击"弯边选项"按钮 🔲，取消选中 □ 使用默认值* 复选框，在 折弯半径(B): 文本框中输入数值 0.1，单击 确定 按钮。

（5）单击 完成 按钮，完成弯边特征 5 的创建。

Step12. 创建图 10.31 所示的平板特征 2。

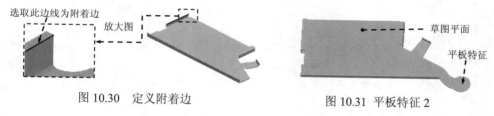

图 10.30　定义附着边　　　　图 10.31　平板特征 2

（1）选择命令。单击 主页 功能选项卡 钣金 工具栏中的"平板"按钮 □。

（2）定义特征的截面草图。在系统 单击平的面或参考平面 的提示下，选取图 10.31 所示的模型表面为草图平面，绘制图 10.32 所示的截面草图，单击 主页 功能选项卡中的"关闭草图"按钮 ✅，退出草绘环境。

（3）单击工具条中的 完成 按钮，完成平板特征 2 的创建。

说明：因在图 10.32 所示的截面草图中部分图元应用到了样条曲线，所以只需绘制大体轮廓即可。

Step13. 创建图 10.33 所示的折弯特征 3。

（1）选择命令。单击 主页 功能选项卡 钣金 工具栏中的 折弯 按钮。

（2）绘制折弯线。选取图 10.33 所示的模型表面为草图平面，绘制图 10.34 所示的折弯线。

（3）定义折弯属性及参数。在"折弯"工具条中单击"折弯位置"按钮 ，在 折弯半径: 文本框中输入值 0.5，在 角度: 文本框中输入值 150；单击"从轮廓起"按钮 🦅，并定义折弯的位置如图 10.35 所示后单击；单击"移动侧"按钮 ⯒，并将移动侧方向调整至如图 10.36 所示；单击"折弯方向"按钮 ⯈⯇，并将折弯方向调整至如图 10.37 所示。

（4）单击 完成 按钮，完成折弯特征 3 的创建。

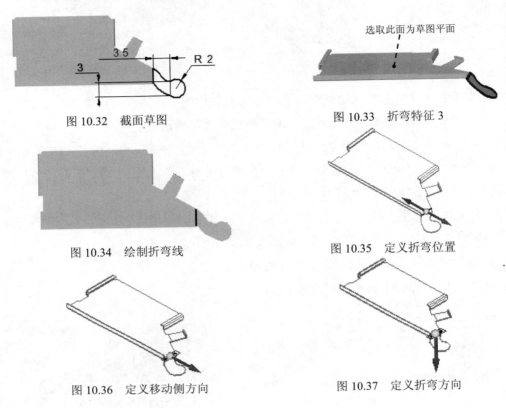

图 10.32  截面草图

图 10.33  折弯特征 3

图 10.34  绘制折弯线

图 10.35  定义折弯位置

图 10.36  定义移动侧方向

图 10.37  定义折弯方向

Step14. 创建图 10.38 所示的折弯特征 4。

（1）选择命令。单击 主页 功能选项卡 钣金 工具栏中的 折弯 按钮。

（2）绘制折弯线。选取图 10.38 所示的模型表面为草图平面，绘制图 10.39 所示的折弯线。

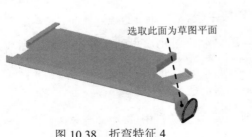

图 10.38  折弯特征 4

图 10.39  绘制折弯线

（3）定义折弯属性及参数。在"折弯"工具条中单击"折弯位置"按钮 ⯊，在 折弯半径: 文本框中输入值 0.1，在 角度: 文本框中输入值 70；单击"从轮廓起"按钮 ⯃，并定义折弯的位置如图 10.40 所示后单击；单击"移动侧"按钮 ⯒，并将移动侧方向调整至如图 10.41

所示；单击"折弯方向"按钮 ，并将折弯方向调整至如图 10.42 所示。

（4）单击 完成 按钮，完成折弯特征 4 的创建。

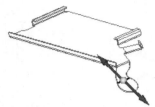
图 10.40 定义折弯位置

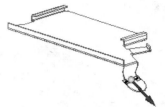
图 10.41 定义移动侧方向

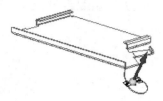
图 10.42 定义折弯方向

Step15. 创建图 10.43 所示的法向除料特征 1。

（1）选择命令。在 主页 功能选项卡的 钣金 工具栏中单击 打孔 按钮，选择 法向除料 命令。

（2）定义特征的截面草图。在系统 单击平的面或参考平面。 的提示下，选取图 10.43 所示的模型表面为草图平面，绘制图 10.44 所示的截面草图，单击 主页 功能选项卡中的"关闭草图"按钮 ，退出草绘环境。

（3）定义法向除料特征属性。在"法向除料"工具条中单击"厚度剪切"按钮 和"穿过下一个"按钮 ，并将移除方向调整至如图 10.45 所示。

（4）单击 完成 按钮，完成法向除料特征 1 的创建。

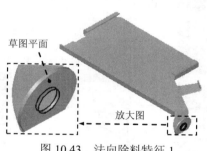
图 10.43 法向除料特征 1

图 10.44 截面草图

Step16. 创建图 10.46 所示的镜像特征 1。

图 10.45 定义移除方向

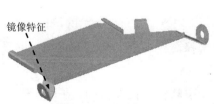
图 10.46 镜像特征 1

（1）选取要镜像的特征。选取 Step12~Step15 所创建的折弯特征为镜像源。

（2）选择命令。单击 主页 功能选项卡 阵列 工具栏中的 镜像 按钮。

（3）定义镜像平面。在"镜像"工具条的"创建起源"选项下拉列表中选择 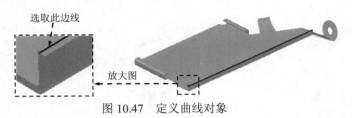选项，选取图 10.47 所示的边线；并在 位置: 文本框中输入值 0.5，并按 Enter 键。

（4）单击 完成 按钮，完成镜像特征 1 的创建。

选取此边线

放大图

图 10.47　定义曲线对象

Step17. 创建图 10.48 所示的平板特征 3。

（1）选择命令。单击 主页 功能选项卡 钣金 工具栏中的"平板"按钮 。

（2）定义特征的截面草图。在系统 单击平的面或参考平面。 的提示下，选取图 10.48 所示的模型表面为草图平面，绘制图 10.49 所示的截面草图，单击 主页 功能选项卡中的"关闭草图"按钮 ，退出草绘环境。

（3）单击工具条中的 完成 按钮，完成平板特征 3 的创建。

平板特征

草图平面

图 10.48　平板特征 3

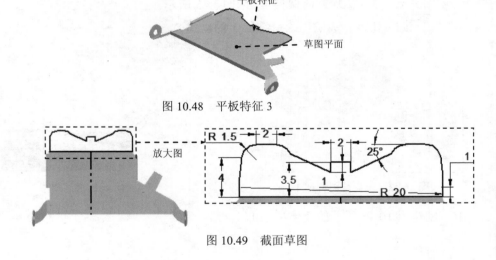

放大图

R 1.5　2

2　25°

4　3.5　1　1

R 20

图 10.49　截面草图

Step18. 创建图 10.50 所示的法向除料特征 2。

（1）选择命令。在 主页 功能选项卡的 钣金 工具栏中单击 打孔 按钮，选择 法向除料 命令。

（2）定义特征的截面草图。在系统 单击平的面或参考平面。 的提示下，选取图 10.50 所示的模型表面为草图平面，绘制图 10.51 所示的截面草图，单击 主页 功能选项卡中的"关闭草图"按钮 ，退出草绘环境。

（3）定义法向除料特征属性。在"法向除料"工具条中单击"厚度剪切"按钮 和"贯通"按钮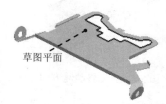，并将移除方向调整至如图 10.52 所示。

（4）单击 完成 按钮，完成法向除料特征 2 的创建。

图 10.50 法向除料特征 2

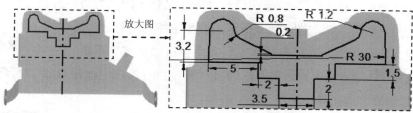

图 10.51 截面草图

图 10.52 定义移除方向

Step19. 创建图 10.53 所示的折弯特征 5。

（1）选择命令。单击 主页 功能选项卡 钣金 工具栏中的 折弯 按钮。

（2）绘制折弯线。选取图 10.53 所示的模型表面为草图平面，绘制图 10.54 所示的折弯线。

图 10.53 折弯特征 5

图 10.54 绘制折弯线

（3）定义折弯属性及参数。在"折弯"工具条中单击"折弯位置"按钮，在 折弯半径: 文本框中输入值 0.4，在 角度: 文本框中输入值 90；单击"从轮廓起"按钮，并定义折弯的位置如图 10.55 所示后单击；单击"移动侧"按钮，并将移动侧方向调整至如图 10.56 所示；单击"折弯方向"按钮，并将折弯方向调整至如图 10.57 所示。

（4）单击 完成 按钮，完成折弯特征 5 的创建。

图 10.55　定义折弯位置　　　图 10.56　定义移动侧方向　　　图 10.57　定义折弯方向

Step20. 创建图 10.58 所示的弯边特征 6。

（1）选择命令。单击 主页 功能选项卡 钣金 工具栏中的"弯边"按钮 。

（2）定义附着边。选取图 10.59 所示的模型边线为附着边。

（3）定义弯边类型。在"弯边"工具条中单击"全宽"按钮 ；在 距离: 文本框中输入值 1.5，在 角度: 文本框中输入值 90，单击"外部尺寸标注"按钮 和"折弯在外"按钮 ，调整弯边侧方向向外，如图 10.58 所示。

（4）定义弯边属性及参数。单击"弯边选项"按钮 ，取消选中 使用默认值* 复选框，在 折弯半径(B): 文本框中输入数值 0.1，单击 确定 按钮。

（5）单击 完成 按钮，完成弯边特征 6 的创建。

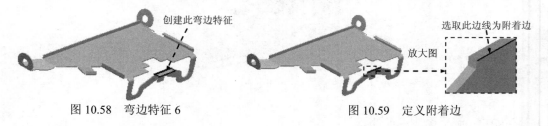

图 10.58　弯边特征 6　　　　　　　图 10.59　定义附着边

Step21. 创建图 10.60 所示的折弯特征 6。

（1）选择命令。单击 主页 功能选项卡 钣金 工具栏中的 折弯 按钮。

（2）绘制折弯线。选取图 10.60 所示的模型表面为草图平面，绘制图 10.61 所示的折弯线。

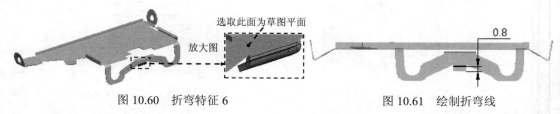

图 10.60　折弯特征 6　　　　　　　图 10.61　绘制折弯线

（3）定义折弯属性及参数。在"折弯"工具条中单击"折弯位置"按钮 ，在 折弯半径: 文本框中输入值 0.2，在 角度: 文本框中输入值 120；单击"从轮廓起"按钮 ，并定义折弯的位置如图 10.62 所示后单击；单击"移动侧"按钮 ，并将移动侧方向调整至如图 10.63 所示；单击"折弯方向"按钮 ，并将折弯方向调整至如图 10.64 所示。

（4）单击 完成 按钮，完成折弯特征 6 的创建。

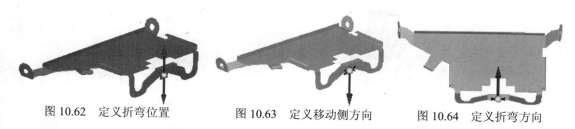

图 10.62　定义折弯位置　　　　图 10.63　定义移动侧方向　　　　图 10.64　定义折弯方向

Step22. 创建图 10.65 所示的折弯特征 7。

（1）选择命令。单击 主页 功能选项卡 钣金 工具栏中的 折弯 按钮。

（2）绘制折弯线。选取图 10.65 所示的模型表面为草图平面，绘制图 10.66 所示的折弯线。

（3）定义折弯属性及参数。在"折弯"工具条中单击"折弯位置"按钮，在 折弯半径: 文本框中输入值 0.1，在 角度: 文本框中输入值 90；单击"从轮廓起"按钮，并定义折弯的位置如图 10.67 所示后单击；单击"移动侧"按钮，并将移动侧方向调整至如图 10.68 所示；单击"折弯方向"按钮，并将折弯方向调整至如图 10.69 所示。

（4）单击 完成 按钮，完成折弯特征 7 的创建。

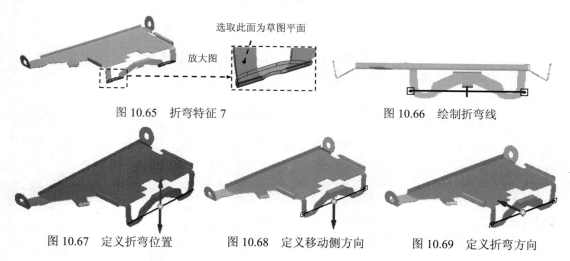

图 10.65　折弯特征 7　　　　　　　　　　图 10.66　绘制折弯线

图 10.67　定义折弯位置　　　　图 10.68　定义移动侧方向　　　　图 10.69　定义折弯方向

Step23. 创建图 10.70 所示的折弯特征 8。

（1）选择命令。单击 主页 功能选项卡 钣金 工具栏中的 折弯 按钮。

（2）绘制折弯线。选取图 10.71 所示的模型表面为草图平面，绘制图 10.72 所示的折弯线。

（3）定义折弯属性及参数。在"折弯"工具条中单击"折弯位置"按钮，在 折弯半径: 文本框中输入值 0.2，在 角度: 文本框中输入值 170；单击"从轮廓起"按钮，并定义折弯的位置如图 10.73 所示后单击；单击"移动侧"按钮，并将移动侧方向调整至如图 10.74 所示；单击"折弯方向"按钮，并将折弯方向调整至如图 10.75 所示。

（4）单击 完成 按钮，完成折弯特征 8 的创建。

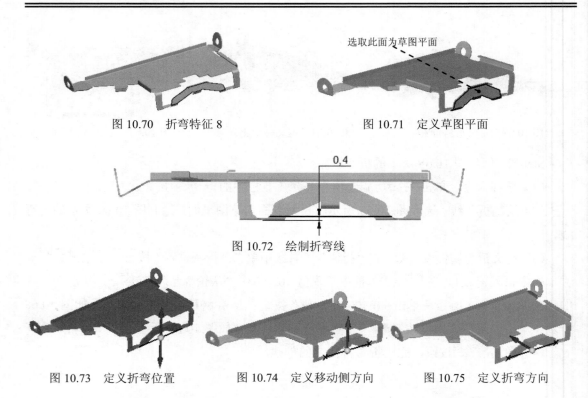

图 10.70　折弯特征 8　　　　　　　　　图 10.71　定义草图平面

图 10.72　绘制折弯线

图 10.73　定义折弯位置　　　　图 10.74　定义移动侧方向　　　　图 10.75　定义折弯方向

Step24. 创建图 10.76 所示的法向除料特征 3。

（1）选择命令。在 主页 功能选项卡的 钣金 工具栏中单击 打孔 按钮，选择 法向除料 命令。

（2）定义特征的截面草图。在系统 单击平的面或参考平面。 的提示下，选取图 10.76 所示的模型表面为草图平面，绘制图 10.77 所示的截面草图，单击 主页 功能选项卡中的"关闭草图"按钮，退出草绘环境。

（3）定义法向除料特征属性。在"法向除料"工具条中单击"厚度剪切"按钮 和"贯通"按钮，并将移除方向调整至如图 10.78 所示。

（4）单击 完成 按钮，完成法向除料特征 3 的创建。

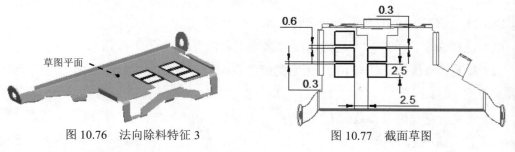

图 10.76　法向除料特征 3　　　　　　　图 10.77　截面草图

Step25. 创建图 10.79 所示的法向除料特征 4。

（1）选择命令。在 主页 功能选项卡的 钣金 工具栏中单击 打孔 按钮，选择 法向除料 命令。

（2）定义特征的截面草图。在系统 单击平的面或参考平面。 的提示下，选取图 10.79 所示的模型表面为草图平面，绘制图 10.80 所示的截面草图，单击 主页 功能选项卡中的"关闭草图"按钮 ✓ ，退出草绘环境。

（3）定义法向除料特征属性。在"法向除料"工具条中单击"厚度剪切"按钮 ✎ 和"穿过下一个"按钮 ▣ ，并将移除方向调整至如图 10.81 所示。

（4）单击 完成 按钮，完成法向除料特征 4 的创建。

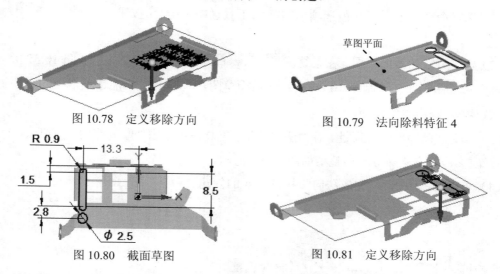

图 10.78 定义移除方向 　　　　　图 10.79 法向除料特征 4

图 10.80 截面草图 　　　　　图 10.81 定义移除方向

Step26. 创建图 10.82 所示的法向除料特征 5。

（1）选择命令。在 主页 功能选项卡的 钣金 工具栏中单击 打孔 ▾ 按钮，选择 ▣ 法向除料 命令。

（2）定义特征的截面草图。在系统 单击平的面或参考平面。 的提示下，选取图 10.82 所示的模型表面为草图平面，绘制图 10.83 所示的截面草图，单击 主页 功能选项卡中的"关闭草图"按钮 ✓ ，退出草绘环境。

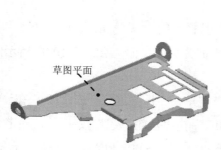

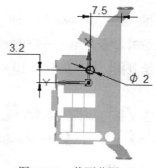

图 10.82 法向除料特征 5 　　　　　图 10.83 截面草图

（3）定义法向除料特征属性。在"法向除料"工具条中单击"厚度剪切"按钮 ✎ 和"贯通"按钮 ▣ ，并将移除方向调整至如图 10.84 所示。

（4）单击 完成 按钮，完成法向除料特征 5 的创建。

Step27. 创建图 10.85 所示的法向除料特征 6。

图 10.84　定义移除方向　　　　　　图 10.85　法向除料特征 6

（1）选择命令。在 主页 功能选项卡的 钣金 工具栏中单击 打孔 按钮，选择 法向除料 命令。

（2）定义特征的截面草图。在系统 单击平的面或参考平面。 的提示下，选取图 10.85 所示的模型表面为草图平面，绘制图 10.86 所示的截面草图，单击 主页 功能选项卡中的"关闭草图"按钮 ，退出草绘环境。

（3）定义法向除料特征属性。在"法向除料"工具条中单击"厚度剪切"按钮 和"贯通"按钮 ，并将移除方向调整至如图 10.87 所示。

（4）单击 完成 按钮，完成法向除料特征 6 的创建。

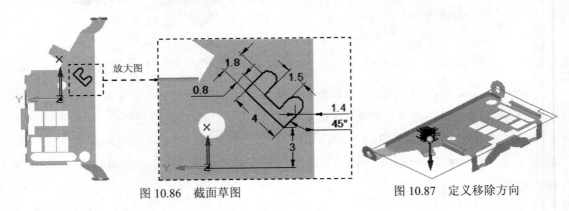

图 10.86　截面草图　　　　　　　　图 10.87　定义移除方向

Step28. 创建图 10.88 所示的折弯特征 9。

（1）选择命令。单击 主页 功能选项卡 钣金 工具栏中的 折弯 按钮。

（2）绘制折弯线。选取图 10.88 所示的模型表面为草图平面，绘制图 10.89 所示的折弯线。

（3）定义折弯属性及参数。在"折弯"工具条中单击"折弯位置"按钮 ，在 折弯半径 文本框中输入值 0.1，在 角度 文本框中输入值 90；单击"从轮廓起"按钮 ，并定义折弯的位置如图 10.90 所示后单击；单击"移动侧"按钮 ，并将移动侧方向调整至如图 10.91 所示；单击"折弯方向"按钮 ，并将折弯方向调整至如图 10.92 所示。

（4）单击 完成 按钮，完成折弯特征 9 的创建。

Step29. 创建图 10.93b 所示的倒角特征 1。单击 主页 功能选项卡 钣金 工具栏中的 倒角 按钮；选取图 10.93a 所示的四条边线为倒角的边线；在"倒角"工具条中单击 按钮，在 裂口 文本框中输入值 0.2，单击右键；单击 完成 按钮，完成倒角特征 1 的创建。

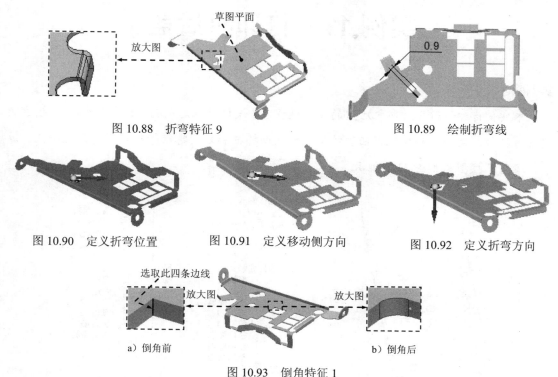

图 10.88　折弯特征 9 　　　　　　　　　　　　　　　图 10.89　绘制折弯线

图 10.90　定义折弯位置　　　　图 10.91　定义移动侧方向　　　　图 10.92　定义折弯方向

图 10.93　倒角特征 1

Step30. 创建其他类似 Step29 中特征的边线圆角，参见学习资源的视频录像。

Step31. 保存钣金件模型文件，命名为 SIM_CARD_RIVET。

**学习拓展：**扫码学习更多视频讲解。

**讲解内容：**主要包含产品设计基础、曲面设计的基本概念、常用的曲面设计方法及流程、曲面转实体的常用方法、典型曲面设计案例等。某些钣金件（如汽车车身覆盖件）无法使用专用钣金模块进行设计，必须使用曲面设计的方式来完成。

**学习拓展：**扫码学习更多视频讲解。

**讲解内容：**曲面设计实例精选。本部分首先对常用的曲面设计思路和方法进行了系统的总结，然后讲解了数十个典型曲面产品设计的全过程，并对每个产品的设计要点都进行了深入剖析。

# 实例 11　打印机后盖

**实例概述:**

　　本实例详细讲解了打印机后盖的设计过程,该设计过程是先创建钣金"平板",然后使用弯边特征、法向除料特征、凹坑特征、加强筋特征和蚀刻特征等命令创建其他特征。钣金件模型及模型树如图 11.1 所示。

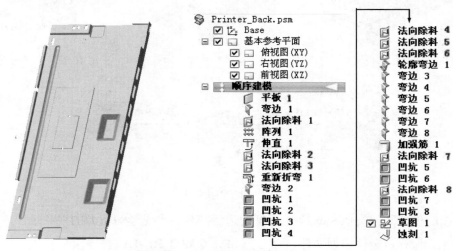

图 11.1　钣金件模型及模型树

Step1. 新建文件。选择下拉菜单 ▼ ➡ 新建 ➡ GB 公制钣金 命令。

Step2. 创建图 11.2 所示的平板特征 1。

(1) 选择命令。单击 主页 功能选项卡 钣金 工具栏中的"平板"按钮 ▢。

(2) 定义特征的截面草图。在系统 单击平的面或参考平面。 的提示下,选取俯视图(XY)平面作为草图平面,绘制图 11.3 所示的截面草图,单击 主页 功能选项卡中的"关闭草图"按钮 ✓,退出草绘环境。

图 11.2　平板特征 1

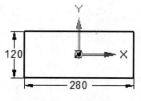

图 11.3　截面草图

（3）定义材料厚度及方向。在"平板"工具条中单击"厚度步骤"按钮 定义材料厚度，在 厚度: 文本框中输入值 0.5，并将材料加厚方向调整至如图 11.4 所示后单击。

（4）单击工具条中的 完成 按钮，完成平板特征 1 的创建。

Step3. 创建图 11.5 所示的弯边特征 1。

图 11.4　定义材料加厚方向

图 11.5　弯边特征 1

（1）选择命令。单击 主页 功能选项卡 钣金 工具栏中的"弯边"按钮 。

（2）定义附着边。选取图 11.6 所示的模型边线为附着边。

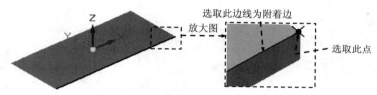

图 11.6　定义附着边

（3）定义弯边类型。在"弯边"工具条中单击"在末端"按钮 ，选取图 11.6 所示指定点为端点，在 距离: 文本框中输入值 7，在 角度: 文本框中输入值 90，单击"内部尺寸标注"按钮 和"折弯在外"按钮 ；调整弯边侧方向向上并单击，如图 11.5 所示。

（4）定义弯边尺寸。单击"轮廓步骤"按钮 ，编辑草图尺寸如图 11.7 所示，单击 按钮，退出草绘环境。

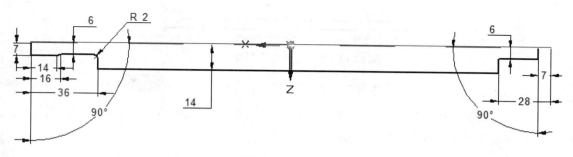

图 11.7　编辑草图

（5）定义折弯半径及止裂槽参数。单击"弯边选项"按钮 ，取消选中 □ 使用默认值* 复选框，在 折弯半径(B): 文本框中输入数值 0.5，单击 确定 按钮。

（6）单击 完成 按钮，完成弯边特征 1 的创建。

Step4. 创建图 11.8 所示的法向除料特征 1。在 主页 功能选项卡的 钣金 工具栏中单击 打孔按钮，选择 法向除料 命令；在系统 单击平的面或参考平面。 的提示下，选取图 11.8 所示的模型表面为草图平面，绘制图 11.9 所示的截面草图，单击 主页 功能选项卡中的"关闭草图"按钮 ✓ ，退出草绘环境；在"法向除料"工具条中单击"厚度剪切"按钮 ✐ 和"贯通"按钮 ■ ，并将移除方向调整至如图 11.10 所示；单击 完成 按钮，完成法向除料特征 1 的创建。

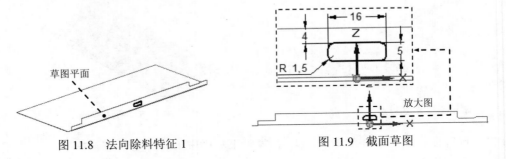

图 11.8　法向除料特征 1　　　　　　　　图 11.9　截面草图

Step5. 创建图 11.11 所示的特征——阵列特征 1。

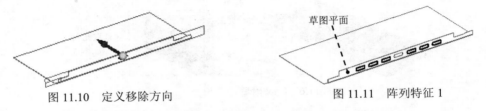

图 11.10　定义移除方向　　　　　　　图 11.11　阵列特征 1

（1）选取要阵列的特征。选取 Step4 所创建的法向除料特征 1 为阵列特征。

（2）选择命令。单击 主页 功能选项卡 阵列 工具栏中的 ▨ 阵列 按钮。

（3）定义要阵列草图平面。选取图 11.11 所示的模型表面为阵列草图平面。

（4）绘制矩形阵列轮廓。单击 特征 区域中的 ▨ 按钮，绘制图 11.12 所示的矩形阵列轮廓。

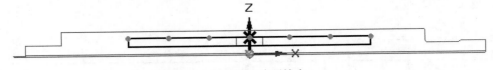

图 11.12　绘制矩形阵列轮廓

① 定义阵列类型。在"阵列"工具条的 翻转 下拉列表中选择 固定 选项。

② 定义阵列参数。在"阵列"工具条的 X: 文本框中输入阵列个数为 7，输入间距值为 25；在"阵列"工具条的 Y: 文本框中输入阵列个数为 1。

③ 定义参考点。在"阵列"工具条中单击"参考点"按钮 ▦ ，选取图 11.12 所示的示例（中央处第四个）为参考点，单击右键确定。

④ 单击 ✓ 按钮，退出草绘环境。

（5）单击 完成 按钮，完成阵列特征 1 的创建。

Step6. 创建图 11.13b 所示的伸直特征 1。在 主页 功能选项卡的 钣金 工具栏中单击

![folded] **折弯** 按钮，选择 ![straighten] 伸直 命令；选取图 11.13a 所示的内表面为固定面；选取图 11.13a 所示的折弯特征，单击右键两次；单击 ![完成] 按钮，完成伸直特征 1 的创建。

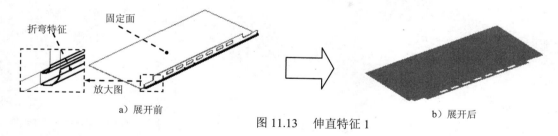

a）展开前

图 11.13 伸直特征 1

b）展开后

Step7. 创建图 11.14 所示的法向除料特征 2。

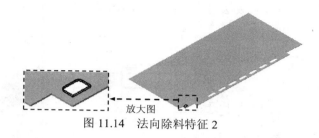

放大图

图 11.14 法向除料特征 2

（1）选择命令。在 ![主页] 功能选项卡的 ![钣金] 工具栏中单击 ![打孔] 按钮，选择 ![法向除料] 法向除料 命令。

（2）定义特征的截面草图。在系统 ![单击平的面或参考平面。] 的提示下，选取俯视图（XY）平面作为草图平面，绘制图 11.15 所示的截面草图，单击 ![主页] 功能选项卡中的"关闭草图"按钮![✔]，退出草绘环境。

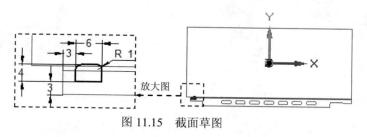

放大图

图 11.15 截面草图

（3）定义法向除料特征属性。在"法向除料"工具条中单击"厚度剪切"按钮![✎]和"贯通"按钮![⬛]，并将移除方向调整至如图 11.16 所示。

（4）单击 ![完成] 按钮，完成法向除料特征 2 的创建。

Step8. 创建图 11.17 所示的法向除料特征 3。

（1）选择命令。在 ![主页] 功能选项卡的 ![钣金] 工具栏中单击 ![打孔] 按钮，选择 ![法向除料] 法向除料 命令。

（2）定义特征的截面草图。在系统 ![单击平的面或参考平面。] 的提示下，选取俯视图（XY）平面作为草图平面，绘制图 11.18 所示的截面草图，单击 ![主页] 功能选项卡中的"关闭草图"

按钮，退出草绘环境。

图 11.16　定义移除方向　　　　　图 11.17　法向除料特征 3

（3）定义法向除料特征属性。在"法向除料"工具条中单击"厚度剪切"按钮✍和"贯通"按钮█，并将移除方向调整至图 11.19 所示的方向。

（4）单击 完成 按钮，完成法向除料特征 3 的创建。

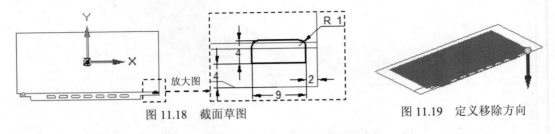

图 11.18　截面草图　　　　　图 11.19　定义移除方向

Step9. 创建图 11.20b 所示的重新折弯特征 1。

（1）选择命令。在 主页 功能选项卡的 钣金 工具栏中单击 ▾ 折弯 ▾ 按钮，选择 🗇 重新折弯 命令。

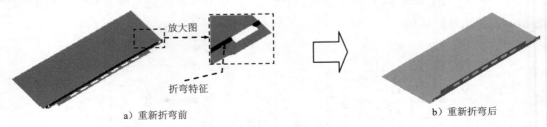

a）重新折弯前　　　　　　　　　　　　　b）重新折弯后

图 11.20　重新折弯特征 1

（2）选取折弯特征。在系统的提示下，选取图 11.20a 所示的折弯特征，右击两次。

（3）单击 完成 按钮，完成重新折弯特征 1 的创建。

Step10. 创建图 11.21 所示的弯边特征 2。

（1）选择命令。单击 主页 功能选项卡 钣金 工具栏中的"弯边"按钮 🗇。

（2）定义附着边。选取图 11.22 所示的模型边线为附着边。

（3）定义弯边类型。在"弯边"工具条中单击"从两端"按钮Ⅱ；在 距离: 文本框中输入值 5，在 角度: 文本框中输入值 90，单击"内部尺寸标注"按钮Ⅲ和"折弯在外"按钮🗈；调整弯边侧方向向上并单击，如图 11.21 所示。

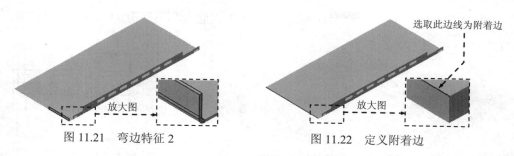

图 11.21 弯边特征 2　　　　　　　　图 11.22 定义附着边

（4）定义弯边尺寸。单击"轮廓步骤"按钮，编辑草图尺寸如图 11.23 所示，单击按钮，退出草绘环境。

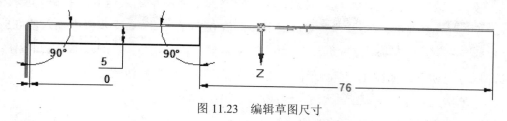

图 11.23 编辑草图尺寸

（5）定义折弯半径及止裂槽参数。单击"弯边选项"按钮，取消选中 □ 使用默认值* 复选框，在 折弯半径(B): 文本框中输入数值 0.5，单击 确定 按钮。

（6）单击 完成 按钮，完成弯边特征 2 的创建。

Step11. 创建图 11.24 所示的凹坑特征 1。

（1）选择命令。单击 主页 功能选项卡 钣金 工具栏中的"凹坑"按钮 □。

（2）绘制截面草图。选取图 11.24 所示的模型表面为草图平面，绘制图 11.25 所示的凹坑截面草图。

（3）定义凹坑属性。在"凹坑"工具条中单击 按钮，单击"偏置尺寸"按钮，在 距离: 文本框中输入值 1，单击 按钮，在 拔模角(T): 文本框中输入值 60，在 倒圆 区域中选中 ☑ 包括倒圆(I) 复选框，在 凸模半径 文本框中输入值 0.5；在 凹模半径 文本框中输入值 0.5；并选中 ☑ 包含凸模侧拐角半径(A) 复选框，在 半径(R): 文本框中输入值 1，单击 确定 按钮；定义其冲压方向朝下，如图 11.24 所示；单击"轮廓代表凸模"按钮。

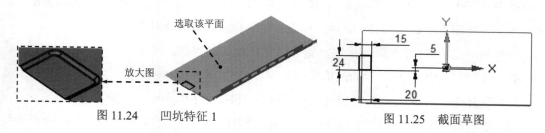

图 11.24 凹坑特征 1　　　　　　　图 11.25 截面草图

（4）单击工具条中的 完成 按钮，完成凹坑特征 1 的创建。

Step12. 创建图 11.26 所示的凹坑特征 2。

（1）选择命令。单击 主页 功能选项卡 钣金 工具栏中的"凹坑"按钮 □。

（2）绘制截面草图。选取图 11.26 所示的模型表面为草图平面，绘制图 11.27 所示的截面草图。

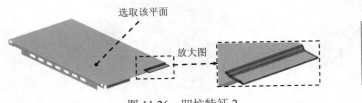

图 11.26　凹坑特征 2　　　　　　　　　图 11.27　截面草图

（3）定义凹坑属性。在"凹坑"工具条中单击 按钮，单击"偏置尺寸"按钮 ，在 距离: 文本框中输入值 2，单击 按钮，在 拔模角(T): 文本框中输入值 60，在 倒圆 区域中选中 ☑ 包括倒圆(I) 复选框，在 凸模半径 文本框中输入值 0.5；在 凹模半径 文本框中输入值 0.5；并选中 ☑ 包含凸模侧拐角半径(A) 复选框，在 半径(R): 文本框中输入值 0，单击 确定 按钮；定义其冲压方向朝下，如图 11.26 所示；单击"轮廓代表凹模"按钮 。

（4）单击工具条中的 完成 按钮，完成凹坑特征 2 的创建。

Step13. 创建图 11.28 所示的凹坑特征 3。

（1）选择命令。单击 主页 功能选项卡 钣金 工具栏中的"凹坑"按钮 。

（2）绘制截面草图。选取图 11.28 所示的模型表面为草图平面，绘制图 11.29 所示的截面草图。

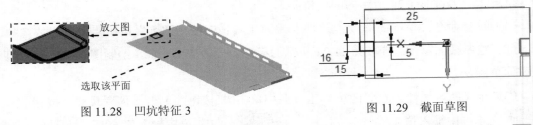

图 11.28　凹坑特征 3　　　　　　　　　图 11.29　截面草图

（3）定义凹坑属性。在"凹坑"工具条中单击 按钮，单击"偏置尺寸"按钮 ，在 距离: 文本框中输入值 1，单击 按钮，在 拔模角(T): 文本框中输入值 60，在 倒圆 区域中选中 ☑ 包括倒圆(I) 复选框，在 凸模半径 文本框中输入值 0.5；在 凹模半径 文本框中输入值 0.5；并选中 ☑ 包含凸模侧拐角半径(A) 复选框，在 半径(R): 文本框中输入值 1，单击 确定 按钮；定义其冲压方向朝下，如图 11.28 所示；单击"轮廓代表凸模"按钮 。

（4）单击工具条中的 完成 按钮，完成凹坑特征 3 的创建。

Step14. 创建图 11.30 所示的凹坑特征 4。

（1）选择命令。单击 主页 功能选项卡 钣金 工具栏中的"凹坑"按钮 。

（2）绘制截面草图。选取图 11.30 所示的模型表面为草图平面，绘制图 11.31 所示的截面草图。

（3）定义凹坑属性。在"凹坑"工具条中单击 按钮，单击"偏置尺寸"按钮 ，在 距离: 文本框中输入值 2，单击 按钮，在 拔模角(T): 文本框中输入值 60，在 倒圆 区域中选中☑ 包括倒圆(I) 复选框，在 凸模半径 文本框中输入值 0.5；在 凹模半径 文本框中输入值 0.5；并选中 ☑ 包含凸模侧拐角半径(A) 复选框，在 半径(R): 文本框中输入值 0，单击 确定 按钮；定义其冲压方向朝下，如图 11.30 所示；单击"轮廓代表凹模"按钮 。

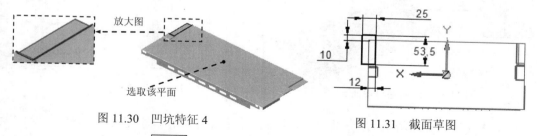

图 11.30　凹坑特征 4　　　　　　图 11.31　截面草图

（4）单击工具条中的 完成 按钮，完成凹坑特征 4 的创建。

Step15. 创建图 11.32 所示的法向除料特征 4。

（1）选择命令。在 主页 功能选项卡的 钣金 工具栏中单击 打孔 按钮，选择 法向除料 命令。

（2）定义特征的截面草图。在系统 单击平的面或参考平面。 的提示下，选取俯视图（XY）平面作为草图平面，绘制图 11.33 所示的截面草图，单击 主页 功能选项卡中的"关闭草图"按钮 ，退出草绘环境。

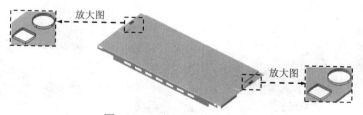

图 11.32　法向除料特征 4

（3）定义法向除料特征属性。在"法向除料"工具条中单击"厚度剪切"按钮 和"贯通"按钮 ，并将移除方向调整至如图 11.34 所示。

（4）单击 完成 按钮，完成法向除料特征 4 的创建。

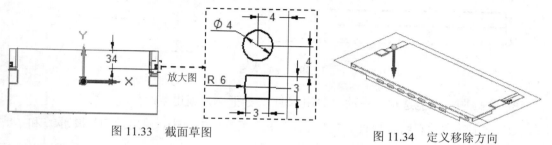

图 11.33　截面草图　　　　　　图 11.34　定义移除方向

Step16. 创建图 11.35 所示的法向除料特征 5。

（1）选择命令。在 主页 功能选项卡的 钣金 工具栏中单击 打孔 按钮，选择 法向除料 命令。

（2）定义特征的截面草图。在系统 单击平的面或参考平面。 的提示下，选取俯视图（XY）

平面作为草图平面，绘制图 11.36 所示的截面草图，单击 主页 功能选项卡中的"关闭草图"按钮 ，退出草绘环境。

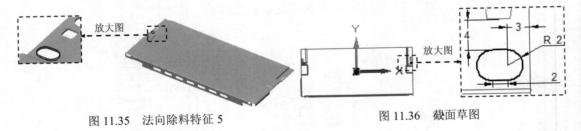

图 11.35　法向除料特征 5　　　　　　　图 11.36　截面草图

（3）定义法向除料特征属性。在"法向除料"工具条中单击"厚度剪切"按钮 和"贯通"按钮 ，并将移除方向调整至如图 11.37 所示。

（4）单击 完成 按钮，完成法向除料特征 5 的创建。

Step17. 创建图 11.38 所示的法向除料特征 6。

（1）选择命令。在 主页 功能选项卡的 钣金 工具栏中单击 打孔 按钮，选择 法向除料 命令。

（2）定义特征的截面草图。

① 选取草图平面。在系统 单击平面的面或参考平面。 的提示下，选取俯视图（XY）平面作为草图平面。

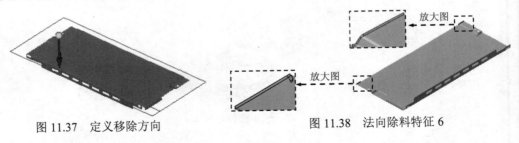

图 11.37　定义移除方向　　　　　　　图 11.38　法向除料特征 6

② 绘制图 11.39 所示的截面草图。

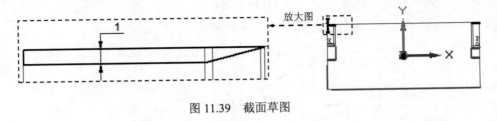

图 11.39　截面草图

③ 单击 主页 功能选项卡中的"关闭草图"按钮 ，退出草绘环境。

（3）定义法向除料特征属性。在"法向除料"工具条中单击"厚度剪切"按钮 和"贯通"按钮 ，并将移除方向调整至如图 11.40 所示。

（4）单击 完成 按钮，完成法向除料特征 6 的创建。

Step18. 创建图 11.41 所示的轮廓弯边特征 1。

（1）选择命令。单击 主页 功能选项卡 钣金 工具栏中的"轮廓弯边"按钮 。

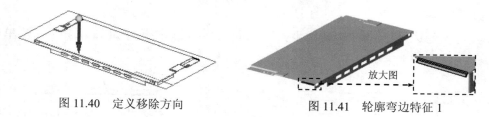

图 11.40 定义移除方向　　　　图 11.41 轮廓弯边特征 1

（2）定义特征的截面草图。在系统的提示下，选取图 11.42 所示的模型边线为路径，在"轮廓弯边"工具条的 位置: 文本框中输入值 0，并按 Enter 键，绘制图 11.43 所示的截面草图。

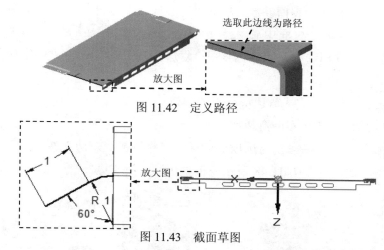

图 11.42 定义路径

图 11.43 截面草图

（3）定义轮廓弯边的延伸量及方向。在"轮廓弯边"工具条中单击"延伸步骤"按钮 ；并单击"有限范围"按钮 ，在 距离: 文本框中输入值 22，定义延伸方向向内，如图 11.41 所示，并单击。

（4）单击 完成 按钮，完成轮廓弯边特征 1 的创建。

Step19. 创建图 11.44 所示的弯边特征 3。

（1）选择命令。单击 主页 功能选项卡 钣金 工具栏中的"弯边"按钮 。

（2）定义附着边。选取图 11.45 所示的模型边线为附着边。

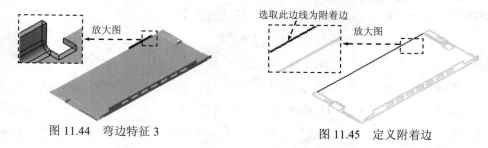

图 11.44 弯边特征 3　　　　图 11.45 定义附着边

（3）定义弯边类型。在"弯边"工具条中单击"从两端"按钮 ，在 距离: 文本框中输入值 3，在 角度: 文本框中输入值 90，单击"内部尺寸标注"按钮 ⊔ 和"材料在外"按钮 ⬆；调整弯边侧方向向上并单击，如图 11.44 所示。

（4）定义弯边尺寸。单击"轮廓步骤"按钮 ✐，编辑草图尺寸如图 11.46 所示，单击 ✓ 按钮，退出草绘环境。

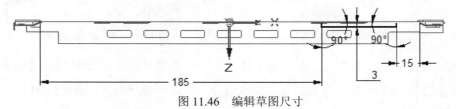

图 11.46　编辑草图尺寸

（5）定义折弯半径及止裂槽参数。单击"弯边选项"按钮 📋，取消选中 ☐ 使用默认值* 复选框，在 折弯半径(B): 文本框中输入数值 0.5，选中 ☑ 折弯止裂口(R) 复选框，并选中 ⦿ 正方形(S) 单选项，取消选中 ☐ 使用默认值(T)* 复选框，在 深度(D): 文本框中输入值 0.5；单击 确定 按钮。

（6）单击 完成 按钮，完成弯边特征 3 的创建。

Step20. 创建图 11.47 所示的弯边特征 4。

（1）选择命令。单击 主页 功能选项卡 钣金 工具栏中的"弯边"按钮 ⬆。

（2）定义附着边。选取图 11.48 所示的模型边线为附着边。

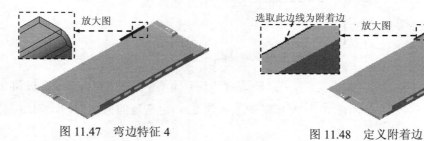

图 11.47　弯边特征 4　　　　　图 11.48　定义附着边

（3）定义弯边类型。在"弯边"工具条中单击"全宽"按钮 ▭；在 距离: 文本框中输入值 3，在 角度: 文本框中输入值 90，单击"内部尺寸标注"按钮 ⊔ 和"折弯在外"按钮 ⬆；调整弯边侧方向向上，如图 11.47 所示。

（4）定义弯边属性及参数。单击"弯边选项"按钮 📋，取消选中 ☐ 使用默认值* 复选框，在其 折弯半径(B): 文本框中输入数值 0.5，单击 确定 按钮。

（5）单击 完成 按钮，完成弯边特征 4 的创建。

Step21. 创建图 11.49 所示的弯边特征 5。

（1）选择命令。单击 主页 功能选项卡 钣金 工具栏中的"弯边"按钮 ⬆。

（2）定义附着边。选取图 11.50 所示的模型边线为附着边。

（3）定义弯边类型。在"弯边"工具条中单击"全宽"按钮 ▭；在 距离: 文本框中输入值 2，在 角度: 文本框中输入值 90，单击"内部尺寸标注"按钮 ⊔ 和"折弯在外"按钮 ⬆；

调整弯边侧方向向下，如图 11.49 所示。

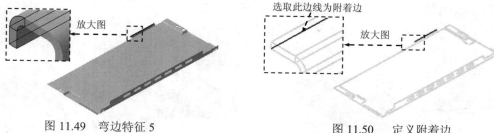

图 11.49　弯边特征 5　　　　　　　　图 11.50　　定义附着边

（4）定义弯边属性及参数。单击"弯边选项"按钮 ▤ ，取消选中 □ 使用默认值* 复选框，在其 折弯半径(B): 文本框中输入数值 0.5，单击 确定 按钮。

（5）单击 完成 按钮，完成弯边特征 5 的创建。

Step22. 创建图 11.51 所示的弯边特征 6。

（1）选择命令。单击 主页 功能选项卡 钣金 工具栏中的"弯边"按钮 🗲 。

（2）定义附着边。选取图 11.52 所示的模型边线为附着边。

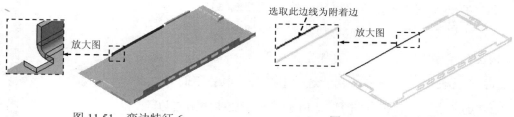

图 11.51　弯边特征 6　　　　　　　图 11.52　　定义附着边

（3）定义弯边类型。在"弯边"工具条中单击"从两端"按钮 Ⅱ ，在 距离: 文本框中输入值 3，在 角度: 文本框中输入值 90，单击"内部尺寸标注"按钮 Ⅱ 和"材料在外"按钮 🗋 ；调整弯边侧方向向上并单击，如图 11.51 所示。

（4）定义弯边尺寸。单击"轮廓步骤"按钮 ☑ ，编辑草图尺寸如图 11.53 所示，单击 ✓ 按钮，退出草绘环境。

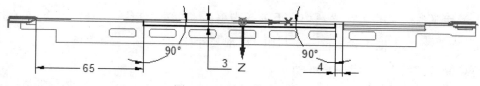

图 11.53　编辑草图尺寸

（5）定义折弯半径及止裂槽参数。单击"弯边选项"按钮 ▤ ，取消选中 □ 使用默认值* 复选框，在其 折弯半径(B): 文本框中输入数值 0.5，选中 ☑ 折弯止裂口(E) 复选框，并选中 ◉ 正方形(S) 单选项，取消选中 □ 使用默认值(T)* 复选框，在 深度(D): 文本框中输入值 0.5；单击 确定 按钮。

（6）单击 完成 按钮，完成弯边特征 6 的创建。

Step23. 创建图 11.54 所示的弯边特征 7。

（1）选择命令。单击 主页 功能选项卡 钣金 工具栏中的"弯边"按钮 。

（2）定义附着边。选取图 11.55 所示的模型边线为附着边。

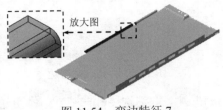

图 11.54  弯边特征 7

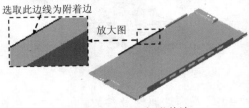

图 11.55  定义附着边

（3）定义弯边类型。在"弯边"工具条中单击"全宽"按钮 ；在 距离: 文本框中输入值 3，在 角度: 文本框中输入值 90，单击"内部尺寸标注"按钮 和"折弯在外"按钮 ；调整弯边侧方向向上，如图 11.54 所示。

（4）定义弯边属性及参数。单击"弯边选项"按钮 ，取消选中 使用默认值* 复选框，在 折弯半径(B): 文本框中输入数值 0.5，单击 确定 按钮。

（5）单击 完成 按钮，完成弯边特征 7 的创建。

Step24. 创建图 11.56 所示的弯边特征 8。

（1）选择命令。单击 主页 功能选项卡 钣金 工具栏中的"弯边"按钮 。

（2）定义附着边。选取图 11.57 所示的模型边线为附着边。

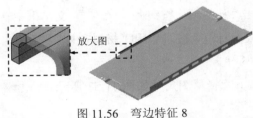

图 11.56  弯边特征 8

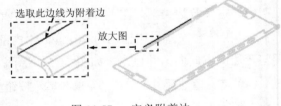

图 11.57  定义附着边

（3）定义弯边类型。在"弯边"工具条中单击"全宽"按钮 ；在 距离: 文本框中输入值 2，在 角度: 文本框中输入值 90，单击"内部尺寸标注"按钮 和"折弯在外"按钮 ；调整弯边侧方向向下，如图 11.56 所示。

（4）定义弯边属性及参数。单击"弯边选项"按钮 ，取消选中 使用默认值* 复选框，在 折弯半径(B): 文本框中输入数值 0.5，单击 确定 按钮。

（5）单击 完成 按钮，完成弯边特征 8 的创建。

Step25. 创建图 11.58 所示的加强筋特征 1。

（1）选择命令。在 主页 功能选项卡的 钣金 工具栏中单击 凹坑 按钮，选择 加强筋 命令。

（2）绘制加强筋截面草图。选取图 11.58 所示的模型表面为草图平面，绘制图 11.59 所示的截面草图。

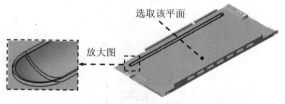

图 11.58 加强筋特征 1

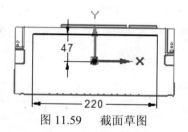

图 11.59 截面草图

（3）定义加强筋属性。在"加强筋"工具条中单击"选择方向步骤"按钮，定义冲压方向如图 11.60 所示，单击；单击 按钮，在 横截面 区域中选中 圆形(C) 单选项，在 高度(E): 文本框中输入值 1.5，在 半径(R): 文本框中输入值 4.0；在 倒圆 区域中选中 包括倒圆(I) 复选框，在 凹模半径(D): 文本框中输入值 0；在 端点条件 区域中选中 成形的(F) 单选项；单击 确定 按钮。

（4）单击 完成 按钮，完成加强筋特征 1 的创建。

Step26. 创建图 11.61 所示的法向除料特征 7。

（1）选择命令。在 主页 功能选项卡的 钣金 工具栏中单击 打孔 按钮，选择 法向除料 命令。

（2）定义特征的截面草图。

① 选取草图平面。在系统 单击平的面或参考平面。 的提示下，选取俯视图（XY）平面作为草图平面。

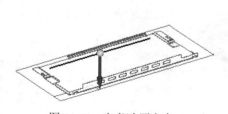

图 11.60 定义冲压方向

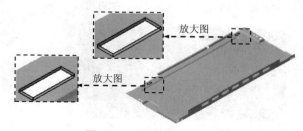

图 11.61 法向除料特征 7

② 绘制图 11.62 所示的截面草图。

③ 单击"主页"功能选项卡中的"关闭草图"按钮，退出草绘环境。

（3）定义法向除料特征属性。在"法向除料"工具条中单击"厚度剪切"按钮 和"贯通"按钮，并将移除方向调整至如图 11.63 所示。

（4）单击 完成 按钮，完成法向除料特征 7 的创建。

Step27. 创建图 11.64 所示的凹坑特征 5。单击 主页 功能选项卡 钣金 工具栏中的"凹坑"按钮；选取图 11.64 所示的模型表面为草图平面，绘制图 11.65 所示的凹坑截面草图；在"凹坑"工具条中单击 按钮，单击"偏置尺寸"按钮，在 距离: 文本框中输入值 0.5，单击 按钮，在 拔模角(T): 文本框中输入值 60，在 倒圆 区域中选中 包括倒圆(I) 复选框，在凸模半径文本框中输入值 0.1；在凹模半径文本框中输入值 0.1；并选中 ☑ 包含凸模侧拐角半径(A) 复选框，在半径(R):文本框中输入值 1.0，单击 确定 按钮；定义其冲压方向为模型内部，如图 11.64 所示，单击"轮廓代表凸模"按钮 ；单击工具条中的 完成 按钮，完成凹坑特征 5 的创建。

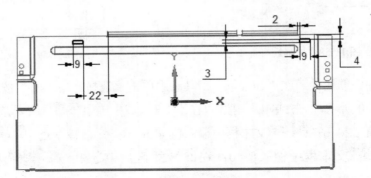

图 11.62 截面草图

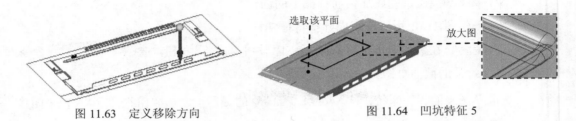

图 11.63 定义移除方向      图 11.64 凹坑特征 5

Step28. 创建图 11.66 所示的凹坑特征 6。

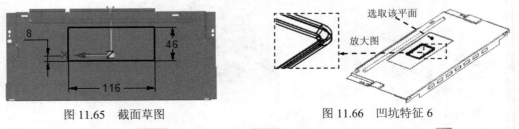

图 11.65 截面草图      图 11.66 凹坑特征 6

（1）选择命令。单击主页功能选项卡的钣金工具栏中的"凹坑"按钮 。

（2）绘制截面草图。选取图 11.66 所示的模型表面为草图平面，绘制图 11.67 所示的截面草图。

（3）定义凹坑属性。在"凹坑"工具条中单击 按钮，单击"偏置尺寸"按钮 ，在距离:文本框中输入值 0.5，单击 按钮，在拔模角(T):文本框中输入值 60，在倒圆区域中选中 ☑ 包括倒圆(I) 复选框，在凸模半径文本框中输入值 0.1；在凹模半径文本框中输入值 0.1；并选中 ☑ 包含凸模侧拐角半径(A) 复选框，在半径(R):文本框中输入值 1.0，单击 确定 按钮；定义其冲压方向为模型内部，如图 11.66 所示，单击"轮廓代表凸模"按钮 。

（4）单击工具条中的 完成 按钮，完成凹坑特征 6 的创建。

Step29. 创建图 11.68 所示的法向除料特征 8。

（1）选择命令。在 主页 功能选项卡的 钣金 工具栏中单击 打孔 按钮，选择 ⬚ 法向除料 命令。

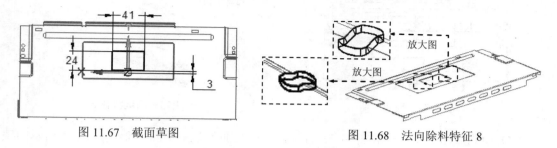

图 11.67　截面草图　　　　　　　　图 11.68　法向除料特征 8

（2）定义特征的截面草图。在系统 单击平的面或参考平面。 的提示下，选取俯视图（XY）平面作为草图平面，绘制图 11.69 所示的截面草图，单击 主页 功能选项卡中的"关闭草图"按钮 ✓，退出草绘环境。

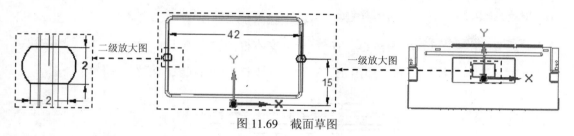

图 11.69　截面草图

（3）定义法向除料特征属性。在"法向除料"工具条中单击"厚度剪切"按钮 ✐ 和"贯通"按钮 ▣，并将移除方向调整至如图 11.70 所示。

（4）单击 完成 按钮，完成法向除料特征 8 的创建。

Step30. 创建图 11.71 所示的凹坑特征 7。单击 主页 功能选项卡 钣金 工具栏中的"凹坑"按钮 ▢；选取图 11.71 所示的模型表面为草图平面，绘制图 11.72 所示的截面草图；在"凹坑"工具条中单击 ⬚ 按钮，单击"偏置尺寸"按钮 ▦，在 距离 文本框中输入值 5.0，单击 ▤ 按钮，在 拔模角(T) 文本框中输入值 45，在 倒圆 区域中选中 ☑ 包括倒圆(I) 复选框，在 凸模半径 文本框中输入值 2；在 凹模半径 文本框中输入值 2；并选中 ☑ 包含凸模侧拐角半径(A) 复选框，在 半径(R): 文本框中输入值 1.0，单击 确定 按钮；定义其冲压方向为模型外部，如图 11.71 所示，单击"轮廓代表凸模"按钮 ⊔；单击工具条中的 完成 按钮，完成凹坑特征 7 的创建。

Step31. 创建图 11.73 所示的凹坑特征 8。

（1）选择命令。单击 主页 功能选项卡 钣金 工具栏中的"凹坑"按钮 ▢。

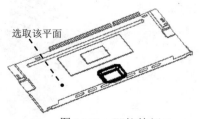

图 11.70　定义移除方向　　　　　　图 11.71　凹坑特征 7

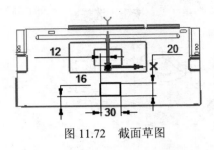

图 11.72　截面草图

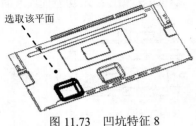

图 11.73　凹坑特征 8

（2）绘制截面草图。选取图 11.73 所示的模型表面为草图平面，绘制图 11.74 所示的截面草图。

（3）定义凹坑属性。在"凹坑"工具条中单击  按钮，单击"偏置尺寸"按钮 ，在 距离 文本框中输入值 5.0，单击  按钮，在 拔模角 (I): 文本框中输入值 45，在 倒圆 区域中选中 ☑ 包括倒圆 (I) 复选框，在 凸模半径 文本框中输入值 2；在 凹模半径 文本框中输入值 2；并选中 ☑ 包含凸模侧拐角半径 (A) 复选框，在 半径 (R): 文本框中输入值 1.0，单击 确定 按钮；定义其冲压方向为模型外部，如图 11.73 所示，单击"轮廓代表凸模"按钮  。

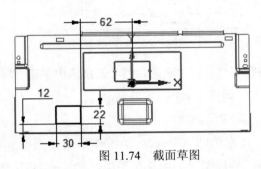

图 11.74　截面草图

（4）单击工具条中的 完成 按钮，完成凹坑特征 8 的创建。

Step32. 创建图 11.75 所示的草图特征 1。单击 主页 功能选项卡 草图 工具栏中的"草图"按钮  ；在系统 单击平的面或参考平面。 的提示下，选取图 11.75 所示的模型表面作为草图平面；绘制图 11.76 所示的截面草图；单击 主页 功能选项卡中的"关闭草图"按钮  ，退出草绘环境。

说明：图 11.76 所示的截面草图中的图形是通过参照两个构造圆（同心）进行创建的。

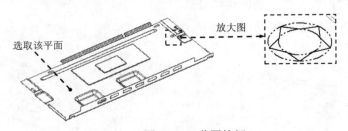

图 11.75　草图特征 1

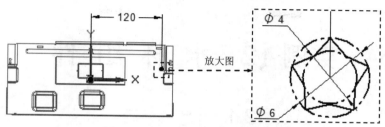

图 11.76 截面草图（草绘环境）

Step33. 创建图 11.77 所示的蚀刻特征 1。在 主页 功能选项卡的 钣金 工具栏中单击 凹坑 ▾ 按钮，选择 ⬇ 蚀刻 命令；选取模型上的草图 1 为蚀刻的轮廓；右击，完成蚀刻特征 1 的创建。

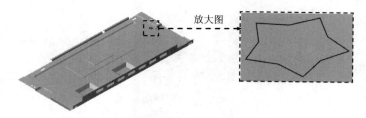

图 11.77 蚀刻特征 1

Step34. 保存钣金件模型文件，并命名为 Printer_Back。

**学习拓展**：扫码学习更多视频讲解。

**讲解内容**：主要包含渲染设计背景知识、渲染技术在各类产品的应用、渲染的方法及流程、典型产品案例的渲染操作流程等。并且以比较直观的方式来讲述渲染中的一些关于光线和布景的专业理论，让读者能快速理解软件中渲染参数的作用和设置方法。

# 实例 12　水　杯　组　件

## 12.1　概　　述

本实例讲解了一个完整水杯（图 12.1.1）的设计过程，其中包括水杯腔体及水杯手柄两个部分。水杯腔体是通过"旋转"曲面命令加厚后创建出主体部分，之后再进行细节设计。在设计水杯手柄时，应用"卷边"命令来创建手柄边部的弯边。这两处都应是读者需要注意的地方。

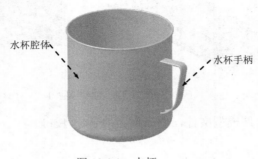

图 12.1.1　水杯

## 12.2　水　杯　腔　体

钣金件模型及模型树如图 12.2.1 所示。

图 12.2.1　钣金件模型及模型树

Step1. 新建文件。选择下拉菜单 ▼ ➡ 新建 ➡ GB 公制钣金 命令。

Step2. 创建图 12.2.2 所示的旋转曲面特征 1。单击 曲面处理 功能选项卡 曲面 区域中的 旋转 按钮；选取前视图（XZ）平面为草图平面，绘制图 12.2.3 所示的截面草图（定义 Z 轴作为旋转轴）；在"旋转曲面"工具条中单击 ◎ 按钮；单击 完成 按钮，完成旋转曲面特征 1 的创建。

图 12.2.2　旋转曲面特征 1

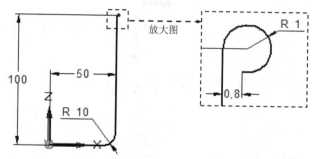

图 12.2.3　截面草图

Step3. 切换至零件环境。单击"工具"功能选项卡"变换"工具栏中的 ⊕ 切换到 按钮，进入零件环境。

Step4. 创建图 12.2.4 所示的加厚特征 1。单击 主页 功能选项卡 实体 区域 ⬆ 中的 ⬢ 加厚 命令；选取图 12.2.5 所示的整个模型曲面为加厚曲面；在"加厚"工具条的 距离: 文本框中输入值 0.2，并按 Enter 键；定义加厚方向如图 12.2.6 所示并单击；单击 完成 按钮，完成曲面加厚特征 1 的创建。

图 12.2.4　加厚特征 1

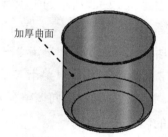

加厚曲面

图 12.2.5　定义加厚曲面

Step5. 切换至钣金环境。单击"工具"功能选项卡"变换"工具栏中的 ⊕ 切换到 按钮，进入钣金环境。

Step6. 将实体转换为钣金。单击"工具"功能选项卡"变换"工具栏中的"薄壁零件变化为钣金"按钮 ⬧ ，选取图 12.2.7 所示的模型表面为基本面；单击 完成 按钮，完成特征的创建。

Step7. 保存钣金件模型文件，并命名为 cup。

图 12.2.6　定义加厚方向

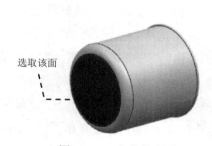

选取该面

图 12.2.7　定义基本面

# 12.3 水杯手柄

钣金件模型及模型树如图12.3.1所示。

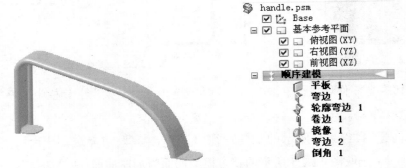

图12.3.1 钣金件模型及模型树

**Step1.** 新建文件。选择下拉菜单 ▼ ➡ 新建 ➡ GB 公制钣金 命令。

**Step2.** 创建图12.3.2所示的平板特征1。单击 主页 功能选项卡 钣金 工具栏中的"平板"按钮 ▢；在系统 单击平的面或参考平面。的提示下，选取俯视图（XY）平面作为草图平面，绘制图12.3.3所示的截面草图，单击"主页"功能选项卡中的"关闭草图"按钮 ✓，退出草绘环境；在"平板"工具条中单击"厚度步骤"按钮 ▨定义材料厚度，在 厚度：文本框中输入值0.4，并将材料加厚方向调整至如图12.3.4所示；单击工具条中的 完成 按钮，完成平板特征1的创建。

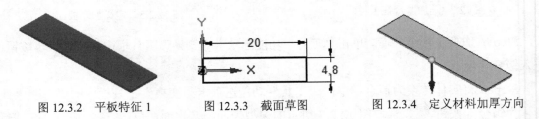

图12.3.2 平板特征1　　图12.3.3 截面草图　　图12.3.4 定义材料加厚方向

**Step3.** 创建图12.3.5所示的弯边特征1。单击 主页 功能选项卡 钣金 工具栏中的"弯边"按钮 ▯；选取图12.3.6所示的模型边线为附着边；在"弯边"工具条中单击"全宽"按钮 ▢，在 距离：文本框中输入值30，在 角度：文本框中输入值80，单击"内部尺寸标注"按钮 ▥ 和"材料在内"按钮 ▷；调整弯边侧方向向下，如图12.3.5所示；单击"弯边选项"按钮 ▤，取消选中 ☐ 使用默认值* 复选框，在其 折弯半径(B)：文本框中输入数值5，单击 确定 按钮；单击 完成 按钮，完成弯边特征1的创建。

**Step4.** 创建图12.3.7所示的轮廓弯边特征1。单击 主页 功能选项卡 钣金 工具栏中的"轮廓弯边"按钮 ◿；在系统的提示下，选取图12.3.8所示的模型边线为路径；在"轮廓弯边"工具条的 位置：文本框中输入值0，并按 Enter 键，绘制图12.3.9所示的截面草图；在"轮廓弯边"工具条中单击"范围步骤"按钮 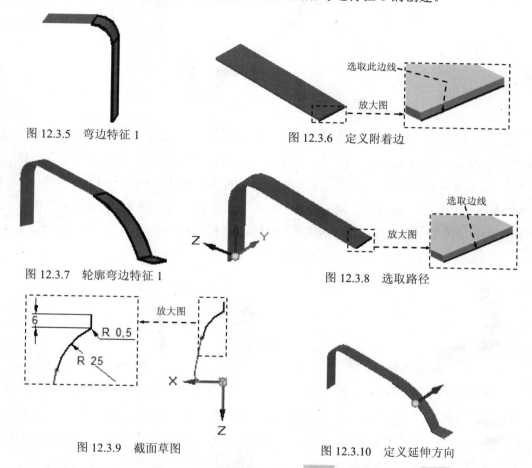；单击"到末端"按钮 □ ，并定义其延伸方向如图 12.3.10 所示，单击；单击 完成 按钮，完成轮廓弯边特征 1 的创建。

图 12.3.5 弯边特征 1

图 12.3.6 定义附着边

图 12.3.7 轮廓弯边特征 1

图 12.3.8 选取路径

图 12.3.9 截面草图

图 12.3.10 定义延伸方向

Step5. 创建图 12.3.11 所示的卷边特征 1。在 主页 功能选项卡的 钣金 工具栏中单击 轮廓弯边 按钮，选择 卷边 命令；选取图 12.3.12 所示的模型边线为折弯的线性边；在"卷边"工具条中单击"外侧折弯"按钮 ，单击"卷边选项"按钮 ，在 卷边轮廓 区域中的 卷边类型 (T): 下拉列表中选择 开环 选项；在 (1) 折弯半径 1: 文本框中输入值 0.4，在 (5) 扫掠角度: 文本框中输入值 270，单击 确定 按钮，并按 Enter 键；单击 完成 按钮，完成卷边特征 1 的创建。

图 12.3.11 卷边特征 1

图 12.3.12 定义线性边

Step6. 创建图 12.3.13 所示的镜像特征 1。选取 Step5 创建的卷边特征 1 为镜像源；单击 主页 功能选项卡 阵列 工具栏中的 镜像 按钮；选取前视图（XZ）平面为镜像平面；单

击 完成 按钮，完成镜像特征 1 的创建。

图 12.3.13　镜像特征 1

Step7. 创建图 12.3.14 所示的弯边特征 2。单击 主页 功能选项卡 钣金 工具栏中的"弯边"按钮 ；选取图 12.3.15 所示的边线为附着边；在"弯边"工具条中单击"全宽"按钮 ；在 距离: 文本框中输入值 6，在 角度: 文本框中输入值 90，单击"内部尺寸标注"按钮 和"材料在内"按钮 ；调整弯边侧方向向下，如图 12.3.14 所示；单击"弯边选项"按钮 ，取消选中□ 使用默认值* 复选框，在其 折弯半径(B): 文本框中输入数值 0.2，单击 确定 按钮；单击 完成 按钮，完成弯边特征 2 的创建。

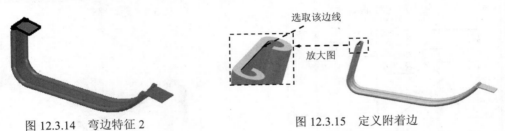

图 12.3.14　弯边特征 2　　　　　　图 12.3.15　定义附着边

Step8. 创建图 12.3.16b 所示的倒角特征 1。单击 主页 功能选项卡 钣金 工具栏中的 倒角 按钮；选取图 12.3.16a 所示的四条边线为倒角的边线；在"倒角"工具条中单击 按钮，在 裂口: 文本框中输入值 2，右击；单击 完成 按钮，完成倒角特征 1 的创建。

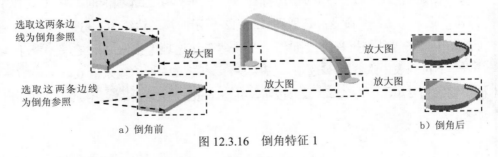

a）倒角前　　　　　　　　　　　　　　　b）倒角后

图 12.3.16　倒角特征 1

Step9. 保存钣金件模型文件，并命名为 handle。

# 实例 13  老鼠夹组件

## 13.1  实 例 概 述

本实例是生活中较为常见的一个钣金件——老鼠夹，其设计过程是通过在一个基础钣金"平板"特征上添加"法向除料""弯边""折弯""倒角"等特征以创建所需要的形状。在设计过程中合理安排特征的秩序是一个关键点，否则创建不出所需要的形状。

## 13.2  钣 金 件 1

钣金件模型及模型树如图 13.2.1 所示。

图 13.2.1  钣金件模型及模型树

Step1. 新建文件。选择下拉菜单 ▼ ➡ 新建 ➡ GB 公制钣金 命令。

Step2. 创建图 13.2.2 所示的平板特征 1。

（1）选择命令。单击 主页 功能选项卡 钣金 工具栏中的"平板"按钮 ▢ 。

（2）定义特征的截面草图。在系统 单击平的面或参考平面。 的提示下，选取俯视图（XY）平面作为草图平面，绘制图 13.2.3 所示的截面草图。

图 13.2.2  平板特征 1

图 13.2.3  截面草图

（3）定义材料厚度及方向。在"平板"工具条中单击"厚度步骤"按钮 ▨ 定义材料厚度，在 厚度: 文本框中输入值 0.2，并将材料加厚方向调整至如图 13.2.4 所示后单击。

（4）单击 完成 按钮，完成特征的创建。

Step3. 创建图 13.2.5 所示的法向除料特征 1。

图 13.2.4　定义材料加厚方向

图 13.2.5　法向除料特征 1

（1）选择命令。在 主页 功能选项卡的 钣金 工具栏中单击 打孔 ▾ 按钮，选择 法向除料 命令。

（2）定义特征的截面草图。在系统 单击平的面或参考平面。 的提示下，选取俯视图（XY）平面作为草图平面，绘制图 13.2.6 所示的截面草图。

（3）定义法向除料特征属性。在"法向除料"工具条中单击"厚度剪切"按钮 和"贯通"按钮 ，并将移除方向调整至如图 13.2.7 所示。

（4）单击 完成 按钮，完成特征的创建。

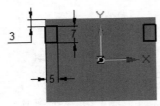

图 13.2.6　截面草图

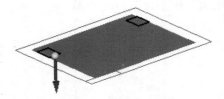

图 13.2.7　定义移除方向

Step4. 创建图 13.2.8 所示的法向除料特征 2。

（1）选择命令。在 主页 功能选项卡的 钣金 工具栏中单击 打孔 ▾ 按钮，选择 法向除料 命令。

（2）定义特征的截面草图。在系统 单击平的面或参考平面。 的提示下，选取俯视图（XY）平面作为草图平面，绘制图 13.2.9 所示的截面草图。

（3）定义法向除料特征属性。在"法向除料"工具条中单击"厚度剪切"按钮 和"贯通"按钮 ，并将移除方向调整至如图 13.2.10 所示。

（4）单击 完成 按钮，完成特征的创建。

图 13.2.8　法向除料特征 2

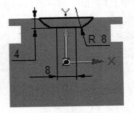

图 13.2.9　截面草图

Step5. 创建图 13.2.11 所示的法向除料特征 3。

（1）选择命令。在 主页 功能选项卡的 钣金 工具栏中单击 打孔 ▾ 按钮，选择 法向除料 命令。

（2）定义特征的截面草图。在系统 单击平的面或参考平面。 的提示下，选取俯视图（XY）

平面作为草图平面，绘制图 13.2.12 所示的截面草图。

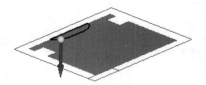

图 13.2.10 定义移除方向

图 13.2.11 法向除料特征 3

（3）定义法向除料特征属性。在"法向除料"工具条中单击"厚度剪切"按钮 和"贯通"按钮 ，并将移除方向调整至如图 13.2.13 所示。

（4）单击 完成 按钮，完成特征的创建。

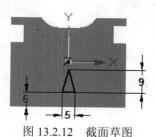

图 13.2.12 截面草图

图 13.2.13 定义移除方向

Step6. 创建图 13.2.14 所示的弯边特征 1。

（1）选择命令。单击 主页 功能选项卡 钣金 工具栏中的"弯边"按钮 。

（2）定义附着边。选取图 13.2.15 所示的模型边线为附着边。

（3）定义弯边类型。在"弯边"工具条中单击"全宽"按钮 ；在 距离: 文本框中输入值 8.5，在 角度: 文本框中输入值 168，单击"内部尺寸标注"按钮 和"折弯在外"按钮 ，调整弯边侧方向向上并单击，如图 13.2.14 所示。

图 13.2.14 弯边特征 1

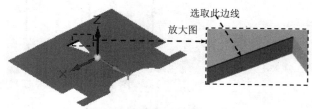

图 13.2.15 定义附着边

（4）定义弯边尺寸。单击"轮廓步骤"按钮 ，编辑草图尺寸如图 13.2.16 所示，单击 按钮，退出草绘环境。

（5）定义折弯半径及止裂槽参数。单击"弯边选项"按钮 ，取消选中 □ 使用默认值* 复选框，在 折弯半径 (B): 文本框中输入数值 0.1，单击 确定 按钮。

（6）单击 完成 按钮，完成特征的创建。

Step7. 创建图 13.2.17 所示的弯边特征 2。

（1）选择命令。单击 主页 功能选项卡 钣金 工具栏中的"弯边"按钮 。

（2）定义附着边。选取图 13.2.18 所示的模型边线为附着边。

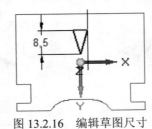

图 13.2.16　编辑草图尺寸

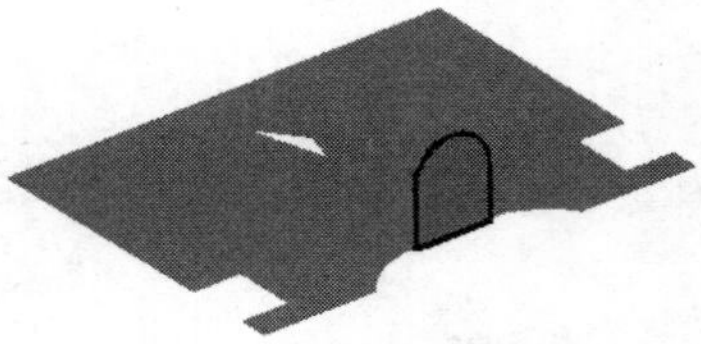

图 13.2.17　弯边特征 2

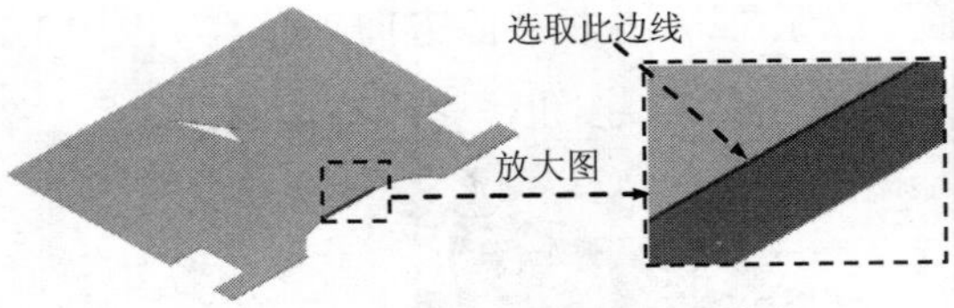

图 13.2.18　定义附着边

（3）定义弯边类型。在"弯边"工具条中单击"全宽"按钮 □；在 距离: 文本框中输入值 6，在 角度: 文本框中输入值 90，单击"外部尺寸标注"按钮 和"折弯在外"按钮 ，调整弯边侧方向向上并单击，如图 13.2.17 所示。

（4）定义弯边尺寸。单击"轮廓步骤"按钮 ，编辑草图尺寸如图 13.2.19 所示，单击 按钮，退出草绘环境。

（5）定义折弯半径及止裂槽参数。单击"弯边选项"按钮 ，取消选中 □ 使用默认值* 复选框，在 折弯半径 (B): 文本框中输入数值 0.1，单击 确定 按钮。

（6）单击 完成 按钮，完成特征的创建。

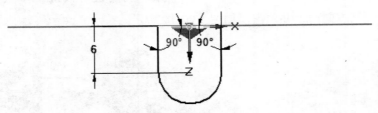

图 13.2.19　编辑草图尺寸

Step8. 创建图 13.2.20 所示的法向除料特征 4。

（1）选择命令。在 主页 功能选项卡的 钣金 工具栏中单击 打孔 按钮，选择 法向除料 命令。

（2）定义特征的截面草图。在系统 单击平的面或参考平面。 的提示下，选取图 13.2.21 所示的模型表面为草图平面，绘制图 13.2.22 所示的截面草图，单击"主页"功能选项卡中的"关闭草图"按钮 ，退出草绘环境。

（3）定义法向除料特征属性。在"法向除料"工具条中单击"厚度剪切"按钮 和"贯通"按钮 ，并将移除方向调整至如图 13.2.23 所示。

（4）单击 完成 按钮，完成特征的创建。

图 13.2.20　法向除料特征 4

图 13.2.21　定义草图平面

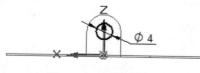

图 13.2.22　截面草图

图 13.2.23　定义移除方向

Step9. 创建图 13.2.24b 所示的倒角特征 1。

（1）选择命令。单击 主页 功能选项卡 钣金 工具栏中的 倒角 按钮。

（2）定义倒角边线。选取图 13.2.24a 所示的四条边线为倒角的边线。

（3）定义倒角属性。在"倒角"工具条中单击 按钮，在 裂口: 文本框中输入值 1.5，右击。

（4）单击 完成 按钮，完成特征的创建。

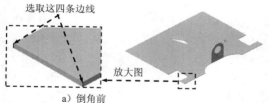

图 13.2.24　倒角特征 1

Step10. 创建图 13.2.25b 所示的倒角特征 2。

（1）选择命令。单击 主页 功能选项卡 钣金 工具栏中的 倒角 按钮。

（2）定义倒角边线。选取图 13.2.25a 所示的两条边线为倒角的边线。

（3）定义倒角属性。在"倒角"工具条中单击 按钮，在 裂口: 文本框中输入值 3.0，右击。

（4）单击 完成 按钮，完成特征的创建。

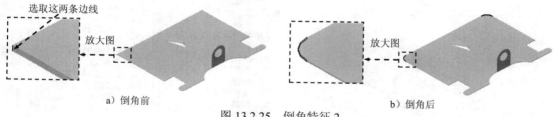

图 13.2.25　倒角特征 2

Step11. 创建图 13.2.26b 所示的倒角特征 3。单击 主页 功能选项卡 钣金 工具栏中的 倒角按钮；选取图 13.2.26a 所示的三条边线为倒角的边线；在"倒角"工具条中单击 ⌐⌐ 按钮，在 裂口: 文本框中输入值 1.0，右击；单击 完成 按钮，完成特征的创建。

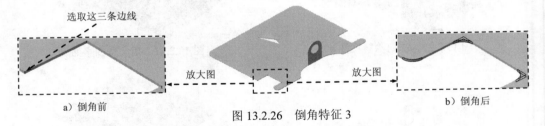

图 13.2.26　倒角特征 3

Step12. 创建图 13.2.27b 所示的倒角特征 4。

（1）选择命令。单击 主页 功能选项卡 钣金 工具栏中的 倒角 按钮。

（2）定义倒角边线。选取图 13.2.27a 所示的三条边线为倒角的边线。

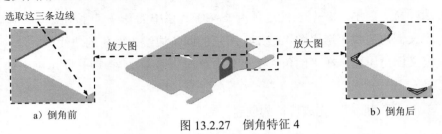

图 13.2.27　倒角特征 4

（3）定义倒角属性。在"倒角"工具条中单击 ⌐⌐ 按钮，在 裂口: 文本框中输入值 1.0，右击。

（4）单击 完成 按钮，完成特征的创建。

Step13. 保存钣金件模型文件，并命名为 rattrap_01。

# 13.3　钣　金　件　2

钣金件模型及模型树如图 13.3.1 所示。

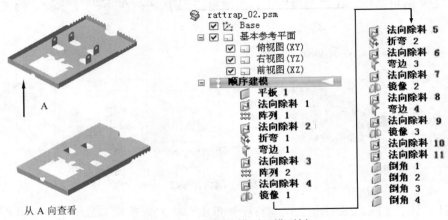

图 13.3.1　钣金件模型及模型树

Step1. 新建文件。选择下拉菜单  ➡ 新建 ➡ GB 公制钣金 命令。

Step2. 创建图 13.3.2 所示的平板特征 1。

（1）选择命令。单击 主页 功能选项卡 钣金 工具栏中的"平板"按钮 ▭ 。

（2）定义特征的截面草图。在系统 单击平的面或参考平面。 的提示下，选取俯视图（XY）平面作为草图平面，绘制图 13.3.3 所示的截面草图。

图 13.3.2　平板特征 1

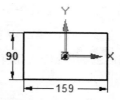

图 13.3.3　截面草图

（3）定义材料厚度及方向。在"平板"工具条中单击"厚度步骤"按钮 定义材料厚度，在 厚度: 文本框中输入值 0.2，并将材料加厚方向调整至如图 13.3.4 所示后单击。

（4）单击工具条中的 完成 按钮，完成特征的创建。

Step3. 创建图 13.3.5 所示的法向除料特征 1。

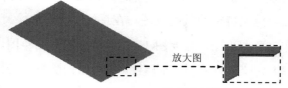

图 13.3.4　定义材料加厚方向　　　　图 13.3.5　法向除料特征 1

（1）选择命令。在 主页 功能选项卡 钣金 工具栏中单击 打孔 按钮，选择 法向除料 命令。

（2）定义特征的截面草图。在系统 单击平的面或参考平面。 的提示下，选取俯视图（XY）平面作为草图平面，绘制图 13.3.6 所示的截面草图。

（3）定义法向除料特征属性。在"法向除料"工具条中单击"厚度剪切"按钮 和"贯通"按钮 ，并将移除方向调整至如图 13.3.7 所示。

（4）单击 完成 按钮，完成特征的创建。

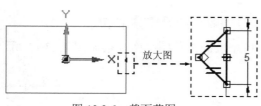

图 13.3.6　截面草图

图 13.3.7　定义移除方向

Step4. 创建图 13.3.8 所示的阵列特征 1。

（1）选取要阵列的特征。选取 Step3 所创建的法向除料特征 1 为阵列特征。

（2）选择命令。单击 主页 功能选项卡 阵列 工具栏中的 阵列 按钮。

（3）定义要阵列草图平面。选取俯视图（XY）平面为阵列草图平面。

（4）绘制矩形阵列轮廓。单击 特征 区域中的 按钮，绘制图 13.3.9 所示的矩形阵列轮廓。在"阵列"工具条的 翻转 下拉列表中选择 固定 ，在"阵列"工具条的 X: 文本框中输入阵列个数为 1；在"阵列"工具条的 Y: 文本框中输入阵列个数为 19，输入间距值为 5，右击确定，在"阵列"工具条中单击"参考点"按钮 ，选取图 13.3.9 所示的示例（中央处第 10 个）为参考点，单击 按钮，退出草绘环境。

（5）单击 完成 按钮，完成特征的创建。

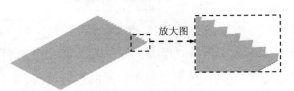

图 13.3.8　阵列特征 1

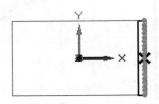

图 13.3.9　绘制矩形阵列轮廓

Step5. 创建图 13.3.10 所示的法向除料特征 2。

（1）选择命令。在 主页 功能选项卡的 钣金 工具栏中单击 打孔 按钮，选择 法向除料 命令。

（2）定义特征的截面草图。在系统 单击平的面或参考平面。 的提示下，选取俯视图（XY）平面作为草图平面，绘制图 13.3.11 所示的截面草图。

（3）定义法向除料特征属性。在"法向除料"工具条中单击"厚度剪切"按钮 和"贯通"按钮 。

（4）单击 完成 按钮，完成特征的创建。

图 13.3.10　法向除料特征 2

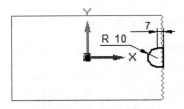

图 13.3.11　截面草图

Step6. 创建图 13.3.12 所示的折弯特征 1。

（1）选择命令。单击 主页 功能选项卡 钣金 工具栏中的 折弯 按钮。

（2）绘制折弯线。选取图 13.3.12 所示的模型表面为草图平面，绘制图 13.3.13 所示的折弯线。

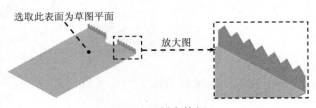

选取此表面为草图平面

放大图

图 13.3.12　折弯特征 1

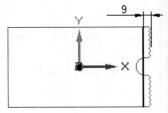

图 13.3.13　绘制折弯线

（3）定义折弯属性及参数。在"折弯"工具条中单击"折弯位置"按钮，在 折弯半径：文本框中输入值 0.1，在 角度：文本框中输入值 90；单击"从轮廓起"按钮，并定义折弯的位置如图 13.3.14 所示后单击；单击"移动侧"按钮，并将方向调整至如图 13.3.15 所示；单击"折弯方向"按钮，并将方向调整至如图 13.3.16 所示。

（4）单击 完成 按钮，完成特征的创建。

图 13.3.14　定义折弯位置　　　图 13.3.15　定义移动侧方向　　　图 13.3.16　定义折弯方向

Step7. 创建图 13.3.17 所示的弯边特征 1。

（1）选择命令。单击 主页 功能选项卡 钣金 工具栏中的"弯边"按钮。

（2）定义附着边。选取图 13.3.18 所示的模型边线为附着边。

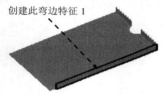
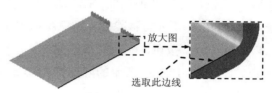

图 13.3.17　弯边特征 1　　　　　图 13.3.18　定义附着边

（3）定义弯边类型。在"弯边"工具条中单击"从两端"按钮，在 距离：文本框中输入值 8，在 角度：文本框中输入值 90，单击"内部尺寸标注"按钮和"折弯在外"按钮；调整弯边侧方向向上并单击，如图 13.3.17 所示。

（4）定义弯边尺寸。单击"轮廓步骤"按钮，编辑草图尺寸如图 13.3.19 所示，单击 按钮，退出草绘环境。

（5）定义折弯半径及止裂槽参数。单击"弯边选项"按钮，取消选中 使用默认值* 复选框，在 折弯半径(B)：文本框中输入数值 0.1，单击 确定 按钮。

（6）单击 完成 按钮，完成特征的创建。

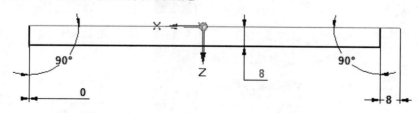

图 13.3.19　编辑草图

Step8. 创建图 13.3.20 所示的法向除料特征 3。

（1）选择命令。在 主页 功能选项卡的 钣金 工具栏中单击 按钮，选择 法向除料 命令。

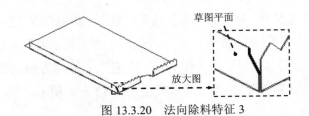

图 13.3.20　法向除料特征 3

（2）定义特征的截面草图。在系统 单击平的面或参考平面。 的提示下，选取图 13.3.20 所示的模型表面为草图平面，绘制图 13.3.21 所示的截面草图，单击"主页"功能选项卡中的"关闭草图"按钮 ，退出草绘环境。

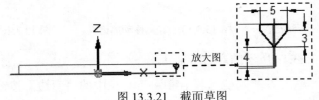

图 13.3.21　截面草图

（3）定义法向除料特征属性。在"法向除料"工具条中单击"厚度剪切"按钮 和"穿过下一个"按钮 ，并将移除方向调整至如图 13.3.22 所示。

（4）单击 完成 按钮，完成特征的创建。

Step9. 创建图 13.3.23 所示的阵列特征 2。

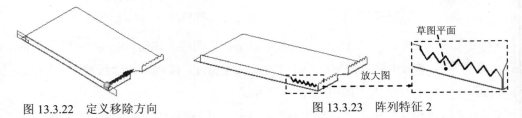

图 13.3.22　定义移除方向　　　　　图 13.3.23　阵列特征 2

（1）选取要阵列的特征。选取 Step8 所创建的法向除料特征 3 为阵列特征。

（2）选择命令。单击 主页 功能选项卡 阵列 工具栏中的 阵列 按钮。

（3）定义要阵列草图平面。选取图 13.3.23 所示的模型表面为阵列草图平面。

（4）绘制矩形阵列轮廓。单击 特征 区域中的 按钮，绘制图 13.3.24 所示的矩形阵列轮廓。在"阵列"工具条的 翻转 下拉列表中选择 固定 ，在"阵列"工具条的 X: 文本框中输入阵列个数为 7，输入间距值为 5；在"阵列"工具条的 Y: 文本框中输入阵列个数为 1，单击右键确定，单击 按钮，退出草绘环境。

（5）单击 完成 按钮，完成特征的创建。

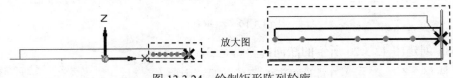

图 13.3.24　绘制矩形阵列轮廓

Step10. 创建图 13.3.25 所示的法向除料特征 4。

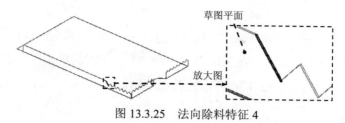

图 13.3.25 法向除料特征 4

（1）选择命令。在 主页 功能选项卡的 钣金 工具栏中单击 打孔 按钮，选择 法向除料 命令。

（2）定义特征的截面草图。在系统 单击平的面或参考平面。 的提示下，选取图 13.3.25 所示的模型表面为草图平面，绘制图 13.3.26 所示的截面草图，单击"主页"功能选项卡中的"关闭草图"按钮，退出草绘环境。

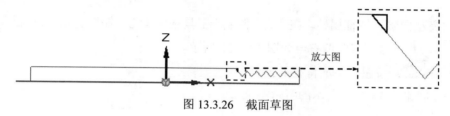

图 13.3.26 截面草图

（3）定义法向除料特征属性。在"法向除料"工具条中单击"厚度剪切"按钮和"穿过下一个"按钮，并将移除方向调整至如图 13.3.27 所示。

（4）单击 完成 按钮，完成特征的创建。

图 13.3.27 定义移除方向

Step11. 创建图 13.3.28b 所示的镜像特征 1。

a）镜像前　　　　　图 13.3.28 镜像特征 1　　　　　b）镜像后

（1）选取要镜像的特征。选取 Step7~Step10 所创建的特征为镜像源。

（2）选择命令。单击 主页 功能选项卡 阵列 工具栏中的 镜像 按钮。

（3）定义镜像平面。选取前视图（XZ）平面为镜像平面。

（4）单击 完成 按钮，完成特征的创建。

Step12. 创建图 13.3.29 所示的法向除料特征 5。

（1）选择命令。在 主页 功能选项卡的 钣金 工具栏中单击 打孔 按钮，选择 法向除料 命令。

（2）定义特征的截面草图。在系统 单击平的面或参考平面. 的提示下，选取俯视图（XY）平面作为草图平面，绘制图 13.3.30 所示的截面草图。

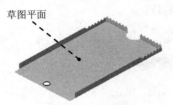

图 13.3.29　法向除料特征 5

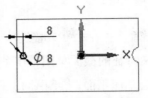

图 13.3.30　截面草图

（3）定义法向除料特征属性。在"法向除料"工具条中单击"厚度剪切"按钮 和"贯通"按钮 ，并将移除方向调整至如图 13.3.31 所示。

（4）单击 完成 按钮，完成特征的创建。

Step13. 创建图 13.3.32 所示的折弯特征 2。

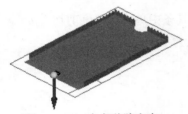

图 13.3.31　定义移除方向

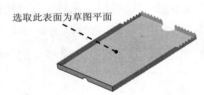

选取此表面为草图平面

图 13.3.32　折弯特征 2

（1）选择命令。单击 主页 功能选项卡 钣金 工具栏中的 折弯 按钮。

（2）绘制折弯线。选取图 13.3.32 所示的模型表面为草图平面，绘制图 13.3.33 所示的折弯线。

（3）定义折弯属性及参数。在"折弯"工具条中单击"折弯位置"按钮 ，在 折弯半径: 文本框中输入值 0.1，在 角度: 文本框中输入值 90；单击"从轮廓起"按钮 ，并定义折弯的位置如图 13.3.34 所示后单击；单击"移动侧"按钮 ，并将方向调整至如图 13.3.35 所示；单击"折弯方向"按钮 ，并将方向调整至如图 13.3.36 所示。

（4）单击 完成 按钮，完成特征的创建。

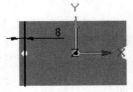

图 13.3.33　绘制折弯线

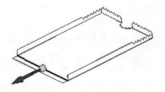

图 13.3.34　定义折弯位置

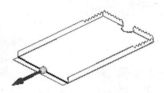

图 13.3.35 定义移动侧方向

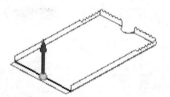

图 13.3.36 定义折弯方向

Step14. 创建图 13.3.37 所示的法向除料特征 6。

（1）选择命令。在 主页 功能选项卡的 钣金 工具栏中单击 打孔 ▾ 按钮，选择 ▣ 法向除料 命令。

（2）定义特征的截面草图。

① 选取草图平面。在系统 单击平的面或参考平面。 的提示下，选取俯视图（XY）平面作为草图平面。

② 绘制图 13.3.38 所示的截面草图。

（3）定义法向除料特征属性。在"法向除料"工具条中单击"厚度剪切"按钮 ✒ 和"贯通"按钮 ▬ ，并将移除方向调整至如图 13.3.39 所示。

（4）单击 完成 按钮，完成特征的创建。

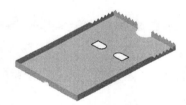

图 13.3.37 法向除料特征 6

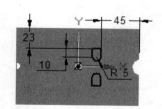

图 13.3.38 截面草图

Step15. 创建图 13.3.40 所示的弯边特征 3。

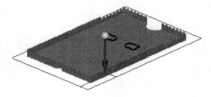

图 13.3.39 定义移除方向

图 13.3.40 弯边特征 3

（1）选择命令。单击 主页 功能选项卡 钣金 工具栏中的"弯边"按钮 ▢。

（2）定义附着边。选取图 13.3.41 所示的模型边线为附着边。

（3）定义弯边类型。在"弯边"工具条中单击"全宽"按钮 ▢ ；在 距离: 文本框中输入值 10，在 角度: 文本框中输入值 90，单击"外部尺寸标注"按钮 ▢ 和"折弯在外"按钮 ▢ ，调整弯边侧方向向上并单击，如图 13.3.40 所示。

（4）定义弯边尺寸。单击"轮廓步骤"按钮 ▢ ，编辑草图尺寸如图 13.3.42 所示，单击 ✓ 按钮，退出草绘环境。

（5）定义折弯半径及止裂槽参数。单击"弯边选项"按钮 ▤ ，取消选中 ☐ 使用默认值*

复选框，在 折弯半径⑧: 文本框中输入数值 0.1，单击 确定 按钮。

图 13.3.41　定义附着边　　　　　　　　图 13.3.42　编辑草图尺寸

（6）单击 完成 按钮，完成特征的创建。

Step16. 创建图 13.3.43 所示的法向除料特征 7。

（1）选择命令。在 主页 功能选项卡的 钣金 工具栏中单击 打孔 按钮，选择 法向除料 命令。

（2）定义特征的截面草图。在系统 单击平的面或参考平面。 的提示下，选取图 13.3.43 所示的模型表面为草图平面，绘制图 13.3.44 所示的截面草图。

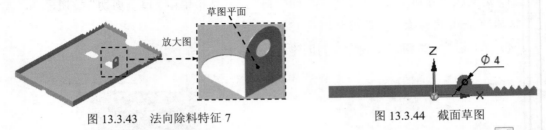

图 13.3.43　法向除料特征 7　　　　　　图 13.3.44　截面草图

（3）定义法向除料特征属性。在"法向除料"工具条中单击"厚度剪切"按钮 和"贯通"按钮 ，并将移除方向调整至如图 13.3.45 所示。

（4）单击 完成 按钮，完成特征的创建。

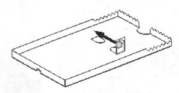

图 13.3.45　定义移除方向

Step17. 创建图 13.3.46b 所示的镜像特征 2。

（1）选取要镜像的特征。选取 Step15 和 Step16 所创建的特征为镜像源。

（2）选择命令。单击 主页 功能选项卡 阵列 工具栏中的 镜像 按钮。

（3）定义镜像平面。选取前视图（XZ）平面为镜像平面。

（4）单击 完成 按钮，完成特征的创建。

a）镜像前　　　　　　　　　　　　　　　b）镜像后

图 13.3.46　镜像特征 2

Step18. 创建图 13.3.47 所示的法向除料特征 8。

（1）选择命令。在 主页 功能选项卡的 钣金 工具栏中单击 打孔 按钮，选择 法向除料 命令。

（2）定义特征的截面草图。在系统 单击平的面或参考平面。 的提示下，选取俯视图（XY）平面作为草图平面，绘制图 13.3.48 所示的截面草图。

（3）定义法向除料特征属性。在"法向除料"工具条中单击"厚度剪切"按钮 和"贯通"按钮 ，并将移除方向调整至如图 13.3.49 所示。

（4）单击 完成 按钮，完成特征的创建。

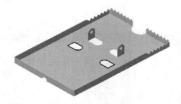

图 13.3.47　法向除料特征 8

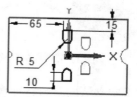

图 13.3.48　截面草图

Step19. 创建图 13.3.50 所示的弯边特征 4。

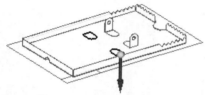

图 13.3.49　定义移除方向

图 13.3.50　弯边特征 4

（1）选择命令。单击 主页 功能选项卡 钣金 工具栏中的"弯边"按钮 。

（2）定义附着边。选取图 13.3.51 所示的模型边线为附着边。

（3）定义弯边类型。在"弯边"工具条中单击"全宽"按钮 ；在 距离: 文本框中输入值 10，在 角度: 文本框中输入值 90，单击"外部尺寸标注"按钮 和"折弯在外"按钮 ，调整弯边侧方向向上并单击，如图 13.3.50 所示。

（4）定义弯边尺寸。单击"轮廓步骤"按钮 ，编辑草图尺寸如图 13.3.52 所示，单击 按钮，退出草绘环境。

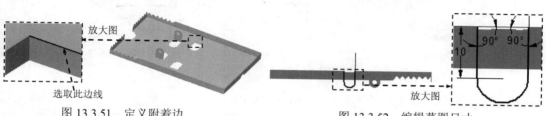

图 13.3.51　定义附着边　　　　　　　图 13.3.52　编辑草图尺寸

（5）定义折弯半径及止裂槽参数。单击"弯边选项"按钮 ，取消选中 使用默认值* 复选框，在 折弯半径(B): 文本框中输入数值 0.1，单击 确定 按钮。

（6）单击 完成 按钮，完成特征的创建。

Step20. 创建图 13.3.53 所示的法向除料特征 9。

（1）选择命令。在 主页 功能选项卡的 钣金 工具栏中单击 打孔 按钮，选择 法向除料 命令。

（2）定义特征的截面草图。在系统 单击平的面或参考平面。 的提示下，选取图 13.3.53 所示的模型表面为草图平面，绘制图 13.3.54 所示的截面草图。

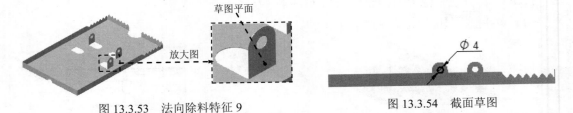

图 13.3.53　法向除料特征 9　　　　　　　图 13.3.54　截面草图

（3）定义法向除料特征属性。在"法向除料"工具条中单击"厚度剪切"按钮 和"贯通"按钮 ，并将移除方向调整至如图 13.3.55 所示。

（4）单击 完成 按钮，完成特征的创建。

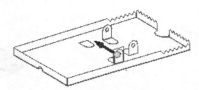

图 13.3.55　定义移除方向

Step21. 创建图 13.3.56b 所示的镜像特征 3。

（1）选取要镜像的特征。选取 Step19 和 Step20 所创建的特征为镜像源。

（2）选择命令。单击 主页 功能选项卡 阵列 工具栏中的 镜像 按钮。

（3）定义镜像平面。选取前视图（XZ）平面为镜像平面。

（4）单击 完成 按钮，完成特征的创建。

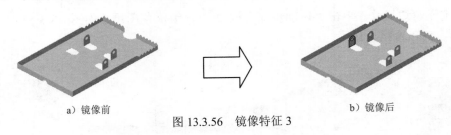

a）镜像前　　　　　　　　　　　　　　　　b）镜像后

图 13.3.56　镜像特征 3

Step22. 创建图 13.3.57 所示的法向除料特征 10。

（1）选择命令。在 主页 功能选项卡的 钣金 工具栏中单击 打孔 按钮，选择 法向除料 命令。

（2）定义特征的截面草图。在系统 单击平的面或参考平面。 的提示下，选取俯视图（XY）平面作为草图平面，绘制图 13.3.58 所示的截面草图。

（3）定义法向除料特征属性。在"除料"工具条中单击"厚度剪切"按钮 ✍ 和"贯通"按钮 ⬛⬛，并将移除方向调整至如图 13.3.59 所示。

（4）单击 完成 按钮，完成特征的创建。

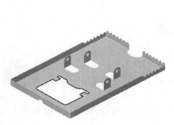

图 13.3.57 法向除料特征 10

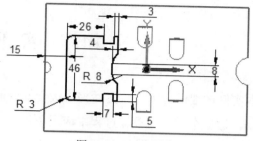

图 13.3.58 截面草图

Step23. 创建图 13.3.60 所示的法向除料特征 11。

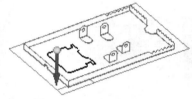

图 13.3.59 定义移除方向

图 13.3.60 法向除料特征 11

（1）选择命令。在 主页 功能选项卡的 钣金 工具栏中单击 打孔 按钮，选择 🗔 法向除料 命令。

（2）定义特征的截面草图。在系统 单击平的面或参考平面。 的提示下，选取俯视图（XY）平面作为草图平面，绘制图 13.3.61 所示的截面草图。

（3）定义法向除料特征属性。在"法向除料"工具条中单击"厚度剪切"按钮 ✍ 和"贯通"按钮 ⬛⬛，并将移除方向调整至如图 13.3.62 所示。

（4）单击 完成 按钮，完成特征的创建。

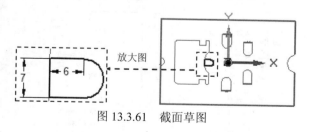

图 13.3.61 截面草图

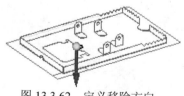

图 13.3.62 定义移除方向

Step24. 后面的详细操作过程请参见学习资源中 video\ch13\reference\文件下的语音视频讲解文件 rattrap_02-r01.exe。

# 实例 14　文件夹钣金组件

## 14.1　实 例 概 述

本实例详细讲解了一款文件夹中钣金部分的设计过程。该文件夹由三个零件组成（图 14.1.1），这三个零件在设计过程中应用了折弯、弯边、除料及成形等命令，设计的大概思路是先创建第一个平板钣金，之后再使用折弯、弯边等命令创建出最终模型。钣金件模型如图 14.1.1 所示。

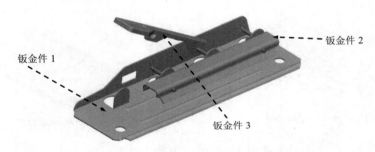

图 14.1.1　钣金件模型

## 14.2　钣 金 件 1

钣金件 1 模型及模型树如图 14.2.1 所示。

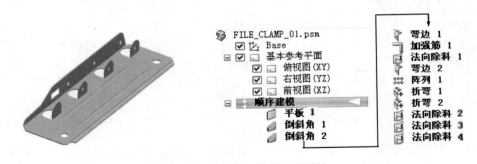

图 14.2.1　钣金件 1 模型及模型树

Step1. 新建文件。选择下拉菜单 ➡ 新建 ➡ GB 公制钣金 命令。

Step2. 创建图 14.2.2 所示的平板特征 1。

（1）选择命令。单击 主页 功能选项卡 钣金 工具栏中的"平板"按钮 。

（2）定义特征的截面草图。在系统 单击平的面或参考平面。 的提示下，选取俯视图（XY）平面作为草图平面，绘制图 14.2.3 所示的截面草图，单击"主页"功能选项卡中的"关闭草图"按钮 ，退出草绘环境。

（3）定义材料厚度及方向。在"平板"工具条中单击"厚度步骤"按钮 定义材料厚度，在 厚度: 文本框中输入值 0.5，并将材料加厚方向调整至如图 14.2.4 所示。

（4）单击工具条中的 完成 按钮，完成特征的创建。

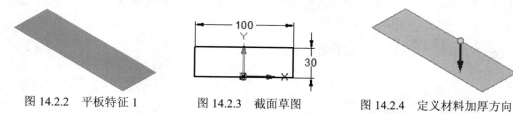

图 14.2.2 平板特征 1          图 14.2.3 截面草图          图 14.2.4 定义材料加厚方向

Step3. 创建图 14.2.5b 所示的倒斜角特征 1。在 主页 功能选项卡的 钣金 工具栏中单击 倒角 后的小三角，选择 倒斜角 命令；在"倒斜角"工具条中单击 按钮，选中 ⊙ 深度相等(E) 单选项，单击 确定 按钮；选取图 14.2.5a 所示的两条边线为倒斜角参照边；在 回切 文本框中输入值 3，单击 按钮；单击 完成 按钮，完成特征的创建。

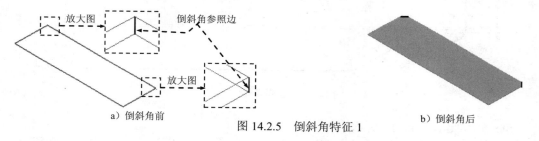

图 14.2.5 倒斜角特征 1

Step4. 创建图 14.2.6b 所示的倒斜角特征 2。在 主页 功能选项卡的 钣金 工具栏中单击 倒角 后的小三角，选择 倒斜角 命令；在"倒斜角"工具条中单击 按钮，选中 ⊙ 深度相等(E) 单选项，单击 确定 按钮；选取图 14.2.6a 所示的两条边线为倒斜角参照边；在 回切 文本框中输入值 5；单击 按钮，单击 完成 按钮，完成特征的创建。

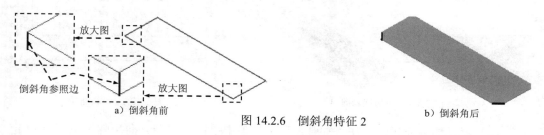

图 14.2.6 倒斜角特征 2

Step5. 创建图 14.2.7 所示的弯边特征 1。

（1）选择命令。单击 主页 功能选项卡 钣金 工具栏中的"弯边"按钮 。

（2）定义附着边。选取图 14.2.8 所示的模型边线为附着边。

（3）定义弯边类型。在"弯边"工具条中单击"全宽"按钮 □，在 距离: 文本框中输入值 10，在 角度: 文本框中输入值 90，单击"外部尺寸标注"按钮 和"材料在内"按钮，调整弯边侧方向向上，如图 14.2.7 所示。

（4）定义弯边尺寸。单击"轮廓步骤"按钮，编辑草图如图 14.2.9 所示，单击 按钮，退出草绘环境。

（5）定义折弯半径及止裂槽参数。单击"弯边选项"按钮，取消选中 □ 使用默认值* 复选框，在 折弯半径(B): 文本框中输入数值 0.2，其他选项采用系统默认设置，单击 确定 按钮。

（6）单击 完成 按钮，完成特征的创建。

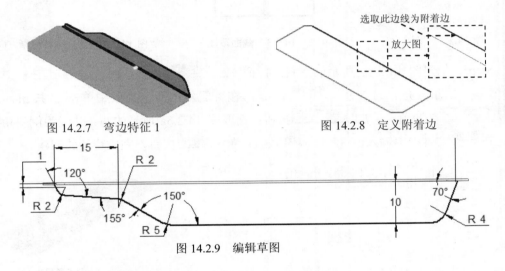

图 14.2.7　弯边特征 1　　　　　　　　　　图 14.2.8　定义附着边

图 14.2.9　编辑草图

Step6. 创建图 14.2.10 所示的加强筋特征 1。

（1）选择命令。在 主页 功能选项卡的 钣金 工具栏中单击 凹坑 按钮，选择 加强筋 命令。

（2）绘制加强筋截面草图。选取图 14.2.10 所示的模型表面为草图平面，绘制图 14.2.11 所示的截面草图。

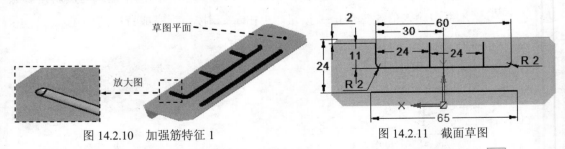

图 14.2.10　加强筋特征 1　　　　　　图 14.2.11　截面草图

（3）定义加强筋属性。在"加强筋"工具条中单击"选择方向步骤"按钮，定义冲压方向如图 14.2.12 所示，单击；单击 按钮，在 横截面 区域中选中 ⊙ 圆形(C) 单选项，在 高度(E): 文本框中输入值 0.3，在 半径(R): 文本框中输入值 0.8；在 倒圆 区域中取消选中 □ 包括倒圆(I) 复选框；在 端点条件 区域中选中 ⊙ 成形的(F) 单选项；单击 确定 按钮。

（4）单击 完成 按钮，完成特征的创建。

Step7. 创建图 14.2.13 所示的法向除料特征 1。

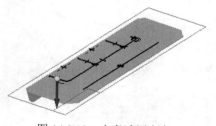

图 14.2.12 定义冲压方向

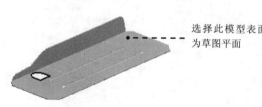

选择此模型表面
为草图平面

图 14.2.13 法向除料特征 1

（1）选择命令。在 主页 功能选项卡的 钣金 工具栏中单击 打孔 按钮，选择 法向除料 命令。

（2）定义特征的截面草图。在系统 单击平的面或参考平面。 的提示下，选取图 14.2.13 所示的模型表面为草图平面，绘制图 14.2.14 所示的截面草图，单击"主页"功能选项卡中的"关闭草图"按钮 ，退出草绘环境。

（3）定义除料特征属性。在"法向除料"工具条中单击"厚度剪切"按钮 和"贯通"按钮 ，并将移除方向调整至如图 14.2.15 所示。

（4）单击工具条中的 完成 按钮，完成特征的创建。

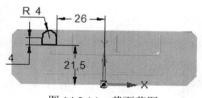

图 14.2.14 截面草图

图 14.2.15 定义移除方向

Step8. 创建图 14.2.16 所示的弯边特征 2。

（1）选择命令。单击 主页 功能选项卡 钣金 工具栏中的"弯边"按钮 。

（2）定义附着边。选取图 14.2.17 所示的模型边线为附着边。

（3）定义弯边类型。在"弯边"工具条中单击"全宽"按钮 ；在 距离：文本框中输入值 4，在 角度：文本框中输入值 90，单击"外部尺寸标注"按钮 和"折弯在外"按钮 ；调整弯边侧方向向上，如图 14.2.16 所示。

（4）定义弯边尺寸。单击"轮廓步骤"按钮 ，编辑草图尺寸如图 14.2.18 所示，单击 按钮，退出草绘环境。

（5）定义折弯半径及止裂槽参数。单击"弯边选项"按钮 ，取消选中 使用默认值* 复选框，在 折弯半径 (B)：文本框中输入数值 0.2，其他选项采用系统默认设置，单击 确定 按钮。

（6）单击 完成 按钮，完成特征的创建。

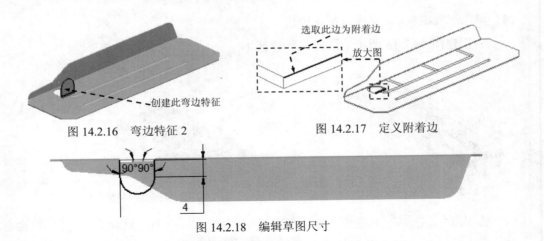

图 14.2.16　弯边特征 2　　　　　图 14.2.17　定义附着边

图 14.2.18　编辑草图尺寸

Step9. 创建图 14.2.19b 所示的阵列特征 1。

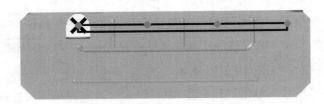

a）阵列前　　　　　　　　　　　　　　　b）阵列后

图 14.2.19　阵列特征 1

（1）选取要阵列的特征。选取 Step7 和 Step8 所创建的特征为要阵列的特征。

（2）选择命令。单击 主页 功能选项卡 阵列 工具栏中的 阵列 按钮。

（3）定义要阵列草图平面。选取图 14.2.19 所示的模型表面为阵列草图平面。

（4）绘制矩形阵列轮廓。单击 特征 区域中的 按钮，绘制图 14.2.20 所示的矩形阵列轮廓。在 "阵列" 工具条的 翻转 下拉列表中选择 固定 选项，在 "阵列" 工具条的 X: 文本框中输入阵列个数为 4，输入间距值为 24。在 "阵列" 工具条的 Y: 文本框中输入阵列个数为 1，右击确定，单击 按钮，退出草绘环境。

图 14.2.20　绘制矩形阵列轮廓

（5）单击 完成 按钮，完成特征的创建。

Step10. 创建图 14.2.21 所示的折弯特征 1。

（1）选择命令。单击 主页 功能选项卡 钣金 工具栏中的 折弯 按钮。

（2）绘制折弯线。选取图 14.2.21 所示的模型表面为草图平面，绘制图 14.2.22 所示的折弯线。

图 14.2.21 折弯特征 1                  图 14.2.22 绘制折弯线

（3）定义折弯属性及参数。在"折弯"工具条中单击"折弯位置"按钮，在 **折弯半径:** 文本框中输入值 0.2，在 **角度:** 文本框中输入值 120；单击"从轮廓起"按钮，并定义折弯的位置如图 14.2.23 所示后单击；单击"移动侧"按钮，并将方向调整至如图 14.2.24 所示；单击"折弯方向"按钮，并将方向调整至如图 14.2.25 所示。

（4）单击 **完成** 按钮，完成特征的创建。

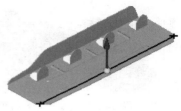

图 14.2.23 定义折弯位置     图 14.2.24 定义移动侧方向     图 14.2.25 定义折弯方向

Step11. 创建图 14.2.26 所示的折弯特征 2。

（1）选择命令。单击 **主页** 功能选项卡 **钣金** 工具栏中的 **折弯** 按钮。

（2）绘制折弯线。选取图 14.2.27 所示的模型表面为草图平面，绘制图 14.2.28 所示的折弯线。

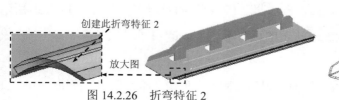

图 14.2.26 折弯特征 2                  图 14.2.27 定义草图平面

（3）定义折弯属性及参数。在"折弯"工具条中单击"折弯位置"按钮，在 **折弯半径:** 文本框中输入值 1.0，在 **角度:** 文本框中输入值 120；单击"从轮廓起"按钮，并定义折弯的位置如图 14.2.29 所示后单击；单击"移动侧"按钮，并将方向调整至如图 14.2.30 所示；单击"折弯方向"按钮，并将方向调整至如图 14.2.31 所示。

（4）单击 **完成** 按钮，完成特征的创建。

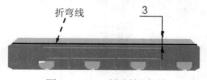

图 14.2.28 绘制折弯线                  图 14.2.29 定义折弯位置

图 14.2.30　定义移动侧方向　　　　　图 14.2.31　定义折弯方向

Step12. 创建图 14.2.32 所示的法向除料特征 2。

（1）选择命令。在 主页 功能选项卡的 钣金 工具栏中单击 打孔 ▾ 按钮，选择 🔲 法向除料 命令。

（2）定义特征的截面草图。在系统 单击平的面或参考平面。 的提示下，选取图 14.2.32 所示的模型表面为草图平面，绘制图 14.2.33 所示的截面草图，单击"主页"功能选项卡中的"关闭草图"按钮 ✅ ，退出草绘环境。

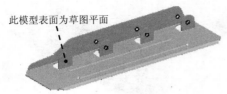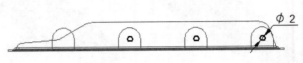

图 14.2.32　法向除料特征 2　　　　　图 14.2.33　截面草图

（3）定义法向除料特征属性。在"法向除料"工具条中单击"厚度剪切"按钮 ✐ 和"贯通"按钮 ⊟ ，并将移除方向调整至如图 14.2.34 所示。

（4）单击 完成 按钮，完成特征的创建。

Step13. 创建图 14.2.35 所示的法向除料特征 3。

（1）选择命令。在 主页 功能选项卡的 钣金 工具栏中单击 打孔 ▾ 按钮，选择 🔲 法向除料 命令。

（2）定义特征的截面草图。在系统 单击平的面或参考平面。 的提示下，选取图 14.2.35 所示的模型表面为草图平面，绘制图 14.2.36 所示的截面草图，单击"主页"功能选项卡中的"关闭草图"按钮 ✅ ，退出草绘环境。

（3）定义法向除料特征属性。在"法向除料"工具条中单击"厚度剪切"按钮 ✐ 和"贯通"按钮 ⊟ ，并将移除方向调整至如图 14.2.37 所示。

（4）单击 完成 按钮，完成特征的创建。

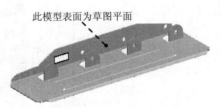

图 14.2.34　定义移除方向　　　　　图 14.2.35　法向除料特征 3

Step14. 创建图 14.2.38 所示的法向除料特征 4。

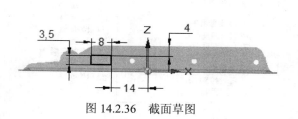

图 14.2.36 截面草图

图 14.2.37 定义移除方向

（1）选择命令。在 主页 功能选项卡的 钣金 工具栏中单击 打孔 按钮，选择 🔲 法向除料 命令。

（2）定义特征的截面草图。在系统 单击平的面或参考平面。 的提示下，选取图 14.2.38 所示的模型表面为草图平面，绘制图 14.2.39 所示的截面草图，单击"主页"功能选项卡中的"关闭草图"按钮 ✓，退出草绘环境。

图 14.2.38 法向除料特征 4

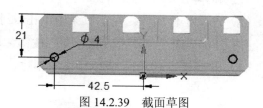

图 14.2.39 截面草图

（3）定义法向除料特征属性。在"法向除料"工具条中单击"厚度剪切"按钮 🖉 和"贯通"按钮 ▣▣，并将移除方向调整至如图 14.2.40 所示。

图 14.2.40 定义移除方向

（4）单击 完成 按钮，完成特征的创建。

Step15. 保存钣金件模型文件，命名为 FILE_CLAMP_01。

# 14.3 钣 金 件 2

钣金件 2 模型及模型树如图 14.3.1 所示。

Step1. 新建文件。选择下拉菜单 ▼ ➡ 新建 ➡ GB 公制钣金 命令。

Step2. 切换至零件环境。单击"工具"功能选项卡"变换"工具栏中的 🔧 切换到 按钮，进入零件环境。

Step3. 创建图 14.3.2 所示的拉伸特征 1。

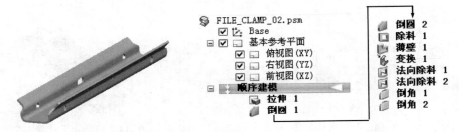

图 14.3.1 钣金件 2 模型及模型树

（1）选择命令。单击 主页 功能选项卡 实体 区域中的"拉伸"按钮 。

（2）定义特征的截面草图。在系统 单击平的面或参考平面。 的提示下，选取前视图（XZ）平面作为草图平面，绘制图 14.3.3 所示的截面草图，单击"主页"功能选项卡中的"关闭草图"按钮 ，退出草绘环境。

（3）定义拉伸属性。在工具条中单击 按钮定义拉伸深度，在 距离: 文本框中输入值65，并按 Enter 键，单击"对称延伸"按钮 。

（4）单击 完成 按钮，完成特征的创建。

图 14.3.2 拉伸特征 1

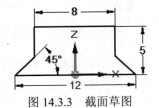

图 14.3.3 截面草图

Step4. 创建图 14.3.4b 所示的倒圆角特征 1。

（1）选择命令。单击 主页 功能选项卡 实体 区域中的"倒圆"按钮 。

（2）定义圆角对象。选取图 14.3.4a 所示的两条边线为要倒圆角的对象。

（3）定义圆角参数。在"倒圆"工具条的 半径: 文本框中输入值 1.0，并按 Enter 键，右击。

（4）单击工具条中的 完成 按钮，完成特征的创建。

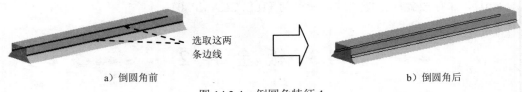

选取这两条边线

a）倒圆角前　　　　　　　　　　　　　　　　　　b）倒圆角后

图 14.3.4 倒圆角特征 1

Step5. 创建图 14.3.5b 所示的倒圆角特征 2。

（1）选择命令。单击 主页 功能选项卡 实体 区域中的"倒圆"按钮 。

（2）定义圆角对象。选取图 14.3.5a 所示的两条边线为要倒圆角的对象。

（3）定义圆角参数。在"倒圆"工具条的 半径: 文本框中输入值 1.5，并按 Enter 键，右击。

（4）单击工具条中的 完成 按钮，完成特征的创建。

a）倒圆角前　　　　　　　　　　　　　b）倒圆角后

图 14.3.5　倒圆角特征 2

Step6. 创建图 14.3.6 所示的除料特征 1。

图 14.3.6　除料特征 1

（1）选择命令。单击 主页 功能选项卡 实体 区域中的"除料"按钮 。

（2）定义特征的截面草图。在系统 单击平的面或参考平面。 的提示下，选取右视图（YZ）平面为草图平面，绘制图 14.3.7 所示的截面草图。

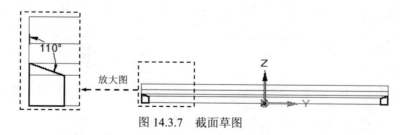

图 14.3.7　截面草图

（3）定义除料特征属性。在"除料"工具条中单击 按钮定义拉伸深度，在该工具条中单击"穿过下一个"按钮 ，并定义除料方向如图 14.3.8 所示。

（4）单击 完成 按钮，完成特征的创建。

图 14.3.8　定义除料方向

Step7. 创建图 14.3.9b 所示的薄壁特征 1。

（1）选择命令。单击 主页 功能选项卡 实体 区域中的"薄壁"按钮 。

（2）定义薄壁厚度。在"薄壁"工具条的 同一厚度: 文本框中输入值 0.5，并按 Enter 键。

（3）定义移除面。在系统提示下，选取图 14.3.10 所示的七个模型表面为壳体的移除面，右击。

　　a）薄壁前　　　　　　　　　　　　　　　　　　　　b）薄壁后

图 14.3.9　薄壁特征 1

（4）在工具条中单击 预览 按钮显示其结果，并单击 完成 按钮，完成特征的创建。

Step8. 切换至钣金环境。单击"工具"功能选项卡"变换"工具栏中的 切换到 按钮，进入钣金环境。

Step9. 将实体转换为钣金。

（1）选择命令。单击"工具"功能选项卡"变换"工具栏中的"薄壁零件变化为钣金"按钮。

（2）定义基本面。选取图 14.3.11 所示的模型表面为基本面。

（3）单击 完成 按钮，完成特征的创建。

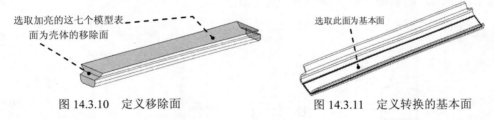

选取加亮的这七个模型表面为壳体的移除面　　　　　　　选取此面为基本面

图 14.3.10　定义移除面　　　　　　　　　图 14.3.11　定义转换的基本面

Step10. 创建图 14.3.12 所示的法向除料特征 1。

（1）选择命令。在 主页 功能选项卡的 钣金 工具栏中单击 打孔 按钮，选择 法向除料 命令。

（2）定义特征的截面草图。在系统 单击平的面或参考平面。 的提示下，选取右视图（YZ）平面为草图平面，绘制图 14.3.13 所示的截面草图，单击"主页"功能选项卡中的"关闭草图"按钮，退出草绘环境。

图 14.3.12　法向除料特征 1

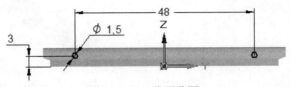

图 14.3.13　截面草图

（3）定义法向除料特征属性。在"法向除料"工具条中单击"厚度剪切"按钮 和"贯通"按钮，并将移除方向调整至如图 14.3.14 所示。

（4）单击 完成 按钮，完成特征的创建。

Step11. 创建图 14.3.15 所示的法向除料特征 2。

（1）选择命令。在 主页 功能选项卡的 板金 工具栏中单击 打孔 按钮，选择 法向除料 命令。

（2）定义特征的截面草图。

图 14.3.14　定义移除方向　　　　　　　图 14.3.15　法向除料特征 2

① 选取草图平面。在系统 单击平的面或参考平面。 的提示下，选取右视图（YZ）平面为草图平面。

② 绘制图 14.3.16 所示的截面草图。

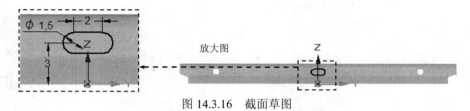

图 14.3.16　截面草图

③ 单击"主页"功能选项卡中的"关闭草图"按钮 ✔，退出草绘环境。

（3）定义法向除料特征属性。在"法向除料"工具条中单击"厚度剪切"按钮 和"贯通"按钮，并将移除方向调整至如图 14.3.17 所示。

（4）单击 完成 按钮，完成特征的创建。

图 14.3.17　定义移除方向

**Step12.** 创建倒角特征 1。

（1）选择命令。单击 主页 功能选项卡 板金 工具栏中的 倒角 按钮。

（2）定义倒角边线。选取图 14.3.18 所示的四条边线为倒角的边线。

（3）定义倒角属性。在"倒角"工具条中单击 按钮，在 裂口: 文本框中输入值 1，右击。

（4）单击 完成 按钮，完成特征的创建。

**Step13.** 创建倒角特征 2。选取图 14.3.19 所示的八条边线为倒角的边线；圆角半径值为0.5。

Step14. 保存钣金件模型文件，将其命名为 FILE_CLAMP_02。

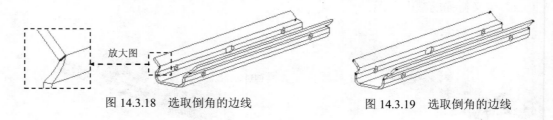

图 14.3.18　选取倒角的边线　　　　　图 14.3.19　选取倒角的边线

# 14.4　钣　金　件　3

钣金件 3 模型及模型树如图 14.4.1 所示。

图 14.4.1　钣金件 3 模型及模型树

Step1. 新建文件。选择下拉菜单 ▼ ➡ 新建 ➡ GB 公制钣金 命令。

Step2. 创建图 14.4.2 所示的平板特征 1。

（1）选择命令。单击 主页 功能选项卡 钣金 工具栏中的"平板"按钮 。

（2）定义特征的截面草图。在系统 单击平的面或参考平面。 的提示下，选取俯视图（XY）平面作为草图平面，绘制图 14.4.3 所示的截面草图，单击"主页"功能选项卡中的"关闭草图"按钮 ，退出草绘环境。

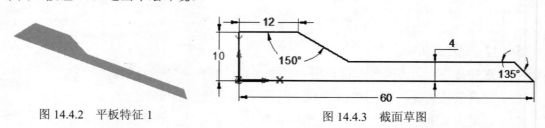

图 14.4.2　平板特征 1　　　　　　　　图 14.4.3　截面草图

（3）定义材料厚度及方向。在"平板"工具条中单击"厚度步骤"按钮 定义材料厚度，在 厚度: 文本框中输入值 0.3，并将材料加厚方向调整至如图 14.4.4 所示。

（4）单击工具条中的 完成 按钮，完成特征的创建。

Step3. 创建图 14.4.5b 所示的倒角特征 1。

（1）选择命令。单击 主页 功能选项卡 钣金 工具栏中的 ⬜ 倒角 按钮。

图 14.4.4　定义材料加厚方向

（2）定义倒角边线。选取图 14.4.5a 所示的四条边线为倒角的边线。

（3）定义倒角属性。在"倒角"工具条中单击 ⬛ 按钮，在 裂口 文本框中输入值 1.5，右击。

（4）单击 完成 按钮，完成特征的创建。

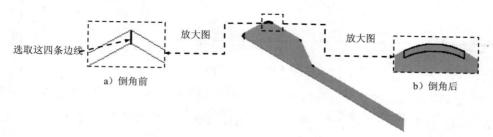

选取这四条边线　　　放大图　　　　　放大图

a）倒角前　　　　　　　　　　b）倒角后

图 14.4.5　倒角特征 1

Step4. 创建图 14.4.6 所示的弯边特征 1。

（1）选择命令。单击 主页 功能选项卡 钣金 工具栏中的"弯边"按钮 ⬛。

（2）定义附着边。选取图 14.4.7 所示的模型边线为附着边。

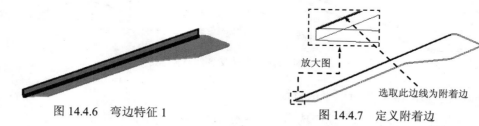

图 14.4.6　弯边特征 1　　　　　　放大图

选取此边线为附着边

图 14.4.7　定义附着边

（3）定义弯边类型。在"弯边"工具条中单击"全宽"按钮 ⬜；在 距离 文本框中输入值 2，在 角度 文本框中输入值 90，单击"外部尺寸标注"按钮 ⬛ 和"折弯在外"按钮 ⬛；调整弯边侧方向向上，如图 14.4.6 所示。

（4）定义弯边属性及参数。单击"弯边选项"按钮 ⬛，取消选中 ☐ 使用默认值* 复选框，在 折弯半径(B): 文本框中输入数值 0.2，单击 确定 按钮。

（5）单击 完成 按钮，完成特征的创建。

Step5. 创建图 14.4.8 所示的轮廓弯边特征 1。

（1）选择命令。单击 主页 功能选项卡 钣金 工具栏中的"轮廓弯边"按钮 ⬦ 。

（2）定义特征的截面草图。在系统的提示下，选取图14.4.9所示的模型边线为路径，在"轮廓弯边"工具条的 位置: 文本框中输入值0，并按 Enter 键，绘制图14.4.10所示的截面草图。

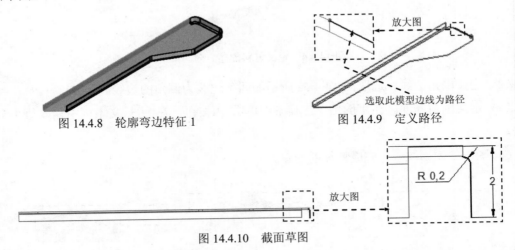

图14.4.8 轮廓弯边特征1　　　　　图14.4.9 定义路径

R 0.2

2

图14.4.10 截面草图

（3）定义轮廓弯边的延伸量及方向。在"轮廓弯边"工具条中单击"范围步骤"按钮 🗋 ；并单击"链"按钮 ⬦ ，在 选择: 下拉列表中选择 边 选项，定义轮廓弯边沿着图14.4.11所示的一系列边进行延伸，单击鼠标右键。

（4）单击 完成 按钮，完成特征的创建。

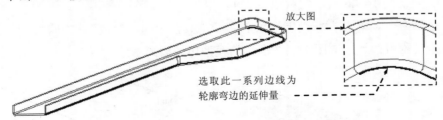

选取此一系列边线为轮廓弯边的延伸量

图14.4.11 定义延伸对象

Step6. 创建图14.4.12所示平板特征2。

（1）选择命令。单击 主页 功能选项卡 钣金 工具栏中的"平板"按钮 ▱ 。

（2）定义特征的截面草图。在系统 单击平的面或参考平面。 的提示下，选取图14.4.12所示的模型表面为草图平面，绘制图14.4.13所示的截面草图，单击"主页"功能选项卡中的"关闭草图"按钮 ✓ ，退出草绘环境。

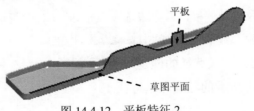

平板

草图平面

图14.4.12 平板特征2

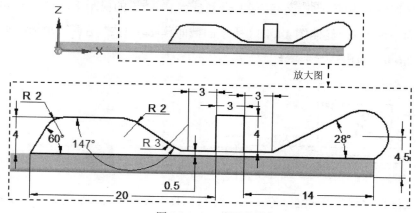

图 14.4.13 截面草图

（3）单击工具条中的 完成 按钮，完成特征的创建。

Step7. 创建图 14.4.14 所示的法向除料特征 1。

（1）选择命令。在 主页 功能选项卡的 钣金 工具栏中单击 打孔 按钮，选择 法向除料 命令。

（2）定义特征的截面草图。在系统 单击平的面或参考平面。 的提示下，选取图 14.4.14 所示的模型表面为草图平面，绘制图 14.4.15 所示的截面草图，单击"主页"功能选项卡中的"关闭草图"按钮 ✓，退出草绘环境。

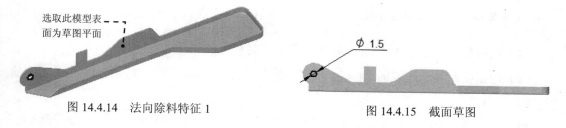

图 14.4.14 法向除料特征 1

图 14.4.15 截面草图

（3）定义法向除料特征属性。在"法向除料"工具条中单击"厚度剪切"按钮 和"贯通"按钮 ，并将移除方向调整至如图 14.4.16 所示。

（4）单击 完成 按钮，完成特征的创建。

Step8. 创建图 14.4.17 所示的法向除料特征 2。

（1）选择命令。在 主页 功能选项卡的 钣金 工具栏中单击 打孔 按钮，选择 法向除料 命令。

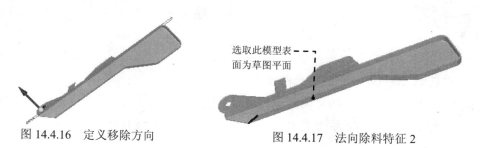

图 14.4.16 定义移除方向

图 14.4.17 法向除料特征 2

（2）定义特征的截面草图。在系统 单击平的面或参考平面。 的提示下，选取图 14.4.17 所示的模型表面为草图平面，绘制图 14.4.18 所示的截面草图，单击"主页"功能选项卡中的"关闭草图"按钮 ✓ ，退出草绘环境。

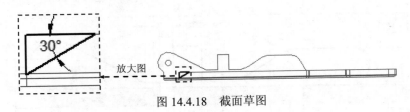

图 14.4.18　截面草图

（3）定义法向除料特征属性。在"法向除料"工具条中单击"厚度剪切"按钮 和"穿过下一个"按钮 ，并将移除方向调整至如图 14.4.19 所示。

（4）单击 完成 按钮，完成特征的创建。

Step9. 创建图 14.4.20 所示的折弯特征 1。

图 14.4.19　定义移除方向　　　　　　图 14.4.20　折弯特征 1

（1）选择命令。单击 主页 功能选项卡 钣金 工具栏中的 折弯 按钮。

（2）绘制折弯线。选取图 14.4.21 所示的模型表面为草图平面，绘制图 14.4.22 所示的折弯线。

（3）定义折弯属性及参数。在"折弯"工具条中单击"折弯位置"按钮 ，在 折弯半径: 文本框中输入值 0.2，在 角度: 文本框中输入值 50；单击"从轮廓起"按钮 ，并定义折弯的位置如图 14.4.23 所示后单击；单击"移动侧"按钮 ，并将方向调整至如图 14.4.24 所示；单击"折弯方向"按钮 ，并将方向调整至如图 14.4.25 所示。

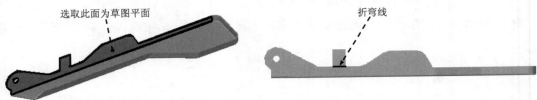

图 14.4.21　定义草图平面　　　　　　图 14.4.22　绘制折弯线

（4）单击 完成 按钮，完成特征的创建。

Step10. 创建图 14.4.26 所示的凹坑特征 1。

（1）选择命令。单击 主页 功能选项卡 钣金 工具栏中的"凹坑"按钮 。

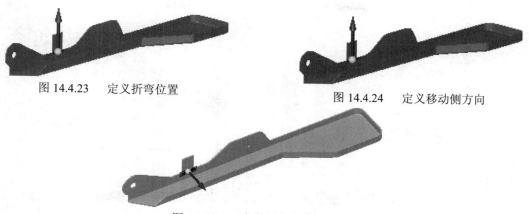

图 14.4.23　定义折弯位置　　　　　　　　图 14.4.24　定义移动侧方向

图 14.4.25　定义折弯方向

（2）绘制截面草图。选取图 14.4.27 所示的模型表面为草图平面，绘制图 14.4.28 所示的截面草图。

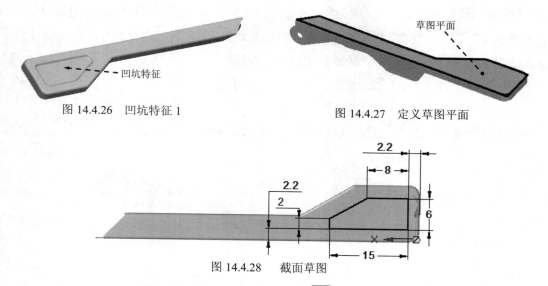

图 14.4.26　凹坑特征 1　　　　　　　　图 14.4.27　定义草图平面

图 14.4.28　截面草图

（3）定义凹坑属性。在"凹坑"工具条中单击 ⬡ 按钮，单击"偏置尺寸"按钮 ⬈，在 距离:文本框中输入值 0.5，单击 🔧 按钮，在 拔模角 (T): 文本框中输入值 15，在 倒圆 区域中选中 ☑ 包括倒圆 (I) 复选框，在 凸模半径 文本框中输入值 0.5；在 凹模半径 文本框中输入值 0.2；并选中 ☑ 包含凸模侧拐角半径 (A) 复选框，在 半径 (R): 文本框中输入值 1.0，单击 确定 按钮；定义其冲压方向向下，如图 14.4.26 所示，单击"轮廓代表凸模"按钮 ⬛。

（4）单击工具条中的 完成 按钮，完成特征的创建。

Step11．创建图 14.4.29 所示的凹坑特征 2。

（1）选择命令。单击 主页 功能选项卡 钣金 工具栏中的"凹坑"按钮 ▢。

（2）绘制截面草图。选取图 14.4.30 所示的模型表面为草图平面，绘制图 14.4.31 所示的截面草图。

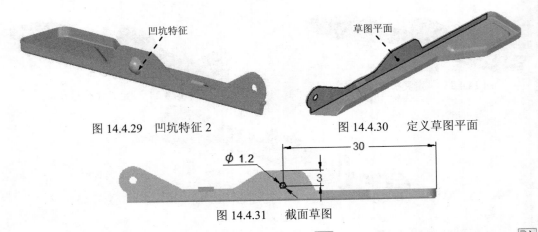

图 14.4.29　凹坑特征 2　　　　　　图 14.4.30　　定义草图平面

图 14.4.31　　截面草图

（3）定义凹坑属性。在"凹坑"工具条中单击 按钮，单击"偏置尺寸"按钮 ，在 距离：文本框中输入值 1.2，单击 按钮，在 拔模角 (T)：文本框中输入值 30，在 倒圆 区域中选中 ☑ 包括倒圆(I) 复选框，在 凸模半径 文本框中输入值 1.0；在 凹模半径 文本框中输入值 0.2；并取消选中 □ 包含凸模侧拐角半径(A) 复选框，单击 确定 按钮；定义其冲压方向朝模型外部，如图 14.4.29 所示，单击"轮廓代表凸模"按钮 。

（4）单击工具条中的 完成 按钮，完成特征的创建。

Step12.　创建图 14.4.32 所示的除料特征 1。

（1）选择命令。在 主页 功能选项卡的 钣金 工具栏中单击 打孔 按钮，选择 除料 命令。

图 14.4.32　　除料特征 1

（2）定义特征的截面草图。在系统 单击平的面或参考平面。的提示下，选取图 14.4.32 所示的模型表面为草图平面，绘制图 14.4.33 所示的截面草图，单击"主页"功能选项卡中的"关闭草图"按钮 ，退出草绘环境。

（3）定义除料特征属性。在"除料"工具条中单击"穿过下一个"按钮 ，并定义除料方向如图 14.4.34 所示。

图 14.4.33　　截面草图

（4）单击工具条中的 完成 按钮，完成特征的创建。

图 14.4.34　定义除料方向

Step13. 保存钣金件模型文件，并命名为 FILE_CLAMP_03。

**学习拓展**：扫码学习更多视频讲解。

**讲解内容**：装配设计实例精选，本部分讲解了一些典型的装配设计案例，着重介绍了装配设计的方法流程以及一些快速操作技巧，这些方法和技巧同样可以用于钣金件的装配设计。

# 实例 15  镇流器外壳组件

## 15.1  实 例 概 述

本实例详细介绍了图 15.1.1 所示的镇流器外壳的设计过程。在创建钣金件 2 时，应注意在钣金壁上连续两个折弯特征的应用，通过这两个折弯特征创建出可以与钣金件 1 进行配合的形状，此处的创建思想值得借鉴。

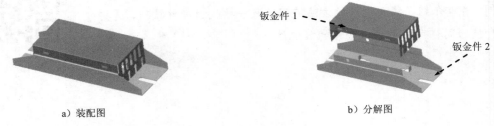

a）装配图                    b）分解图

图 15.1.1  镇流器外壳组件

## 15.2  钣 金 件 1

钣金件 1 模型及模型树如图 15.2.1 所示。

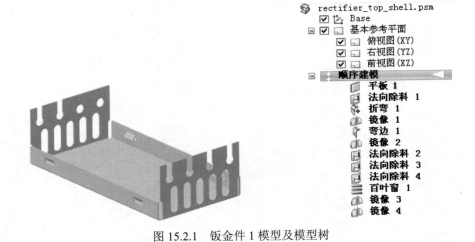

图 15.2.1  钣金件 1 模型及模型树

Step1. 新建文件。选择下拉菜单  ➡ 新建 ➡ GB 公制钣金 命令。

Step2. 创建图 15.2.2 所示的平板特征 1。

（1）选择命令。单击 主页 功能选项卡 钣金 工具栏中的"平板"按钮。

（2）定义特征的截面草图。在系统 单击平的面或参考平面。 的提示下，选取俯视图（XY）平面作为草图平面，绘制图 15.2.3 所示的截面草图。

（3）定义材料厚度及方向。在"平板"工具条中单击"厚度步骤"按钮 定义材料厚度，在 厚度: 文本框中输入值 0.5，并将材料加厚方向调整至如图 15.2.4 所示后单击。

（4）单击工具条中的 完成 按钮，完成特征的创建。

图 15.2.2 平板特征 1

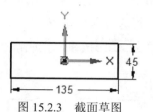

图 15.2.3 截面草图

Step3. 创建图 15.2.5 所示的法向除料特征 1。

图 15.2.4 定义材料加厚方向

图 15.2.5 法向除料特征 1

（1）选择命令。在 主页 功能选项卡的 钣金 工具栏中单击 打孔 按钮，选择 法向除料 命令。

（2）定义特征的截面草图。在系统 单击平的面或参考平面。 的提示下，选取俯视图（XY）平面作为草图平面，绘制图 15.2.6 所示的截面草图。

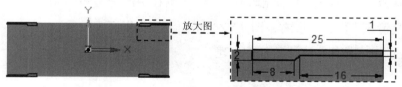

图 15.2.6 截面草图

（3）定义法向除料特征属性。在"法向除料"工具条中单击"厚度剪切"按钮 和"贯通"按钮 ，并将移除方向调整至如图 15.2.7 所示。

（4）单击 完成 按钮，完成特征的创建。

Step4. 创建图 15.2.8 所示的折弯特征 1。

图 15.2.7 定义移除方向

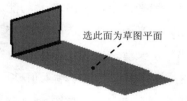

图 15.2.8 折弯特征 1

（1）选择命令。单击 主页 功能选项卡 钣金 工具栏中的 折弯 按钮。

（2）绘制折弯线。选取图 15.2.8 所示的模型表面为草图平面，绘制图 15.2.9 所示的折弯线。

（3）定义折弯属性及参数。在"折弯"工具条中单击"折弯位置"按钮，在 折弯半径：文本框中输入值 0.5，在 角度：文本框中输入值 90；单击"从轮廓起"按钮，并定义折弯的位置如图 15.2.10 所示后单击；单击"移动侧"按钮，并将方向调整至如图 15.2.11 所示；单击"折弯方向"按钮，并将方向调整至如图 15.2.12 所示。

（4）单击 完成 按钮，完成特征的创建。

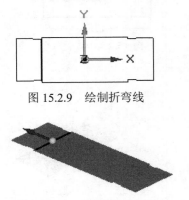

图 15.2.9　绘制折弯线

图 15.2.10　定义折弯位置

图 15.2.11　定义移动侧方向

图 15.2.12　定义折弯方向

Step5. 创建图 15.2.13 所示的镜像特征 1。

（1）选取要镜像的特征。选取 Step4 所创建的折弯特征 1 为镜像源。

（2）选择命令。单击 主页 功能选项卡 阵列 工具栏中的 镜像 按钮。

（3）定义镜像平面。选取右视图（YZ）平面为镜像平面。

（4）单击 完成 按钮，完成特征的创建。

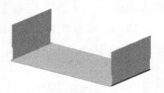

图 15.2.13　镜像特征 1

Step6. 创建图 15.2.14 所示的弯边特征 1。

（1）选择命令。单击 主页 功能选项卡 钣金 工具栏中的"弯边"按钮。

（2）定义附着边。选取 15.2.15 所示的模型边线为附着边。

（3）定义弯边类型。在"弯边"工具条中单击"全宽"按钮；在 距离：文本框中输入值 8，在 角度：文本框中输入值 90，单击"内部尺寸标注"按钮和"材料在内"按钮；调整弯边侧方向向上，如图 15.2.14 所示。

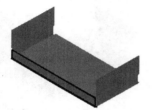

图 15.2.14 弯边特征 1

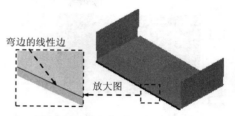

图 15.2.15 选取附着边

（4）定义弯边属性及参数。单击"弯边选项"按钮 ，取消选中 □ 使用默认值* 复选框，在其 折弯半径(B): 文本框中输入数值 0.5，单击 确定 按钮。

（5）单击 完成 按钮，完成特征的创建。

Step7. 创建图 15.2.16 所示的镜像特征 2。

（1）选取要镜像的特征。选取 Step6 所创建的弯边特征 1 为镜像源。

（2）选择命令。单击 主页 功能选项卡 阵列 工具栏中的 镜像 按钮。

（3）定义镜像平面。选取前视图（XZ）平面为镜像平面。

（4）单击 完成 按钮，完成特征的创建。

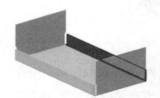

图 15.2.16 镜像特征 2

Step8. 创建图 15.2.17 所示的法向除料特征 2。

（1）选择命令。在 主页 功能选项卡的 钣金 工具栏中单击 打孔 按钮，选择 法向除料 命令。

（2）定义特征的截面草图。在系统 单击平的面或参考平面。 的提示下，选取图 15.2.18 所示的模型表面为草图平面，绘制图 15.2.19 所示的截面草图，单击"主页"功能选项卡中的"关闭草图"按钮 ，退出草绘环境。

（3）定义法向除料特征属性。在"法向除料"工具条中单击"厚度剪切"按钮 和"贯通"按钮 ，并将移除方向调整至如图 15.2.20 所示。

（4）单击 完成 按钮，完成特征的创建。

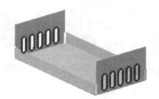

图 15.2.17 法向除料特征 2

图 15.2.18 定义草图平面

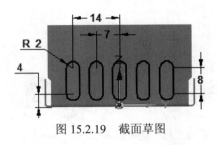

图 15.2.19　截面草图

图 15.2.20　定义移除方向

Step9. 创建图 15.2.21 所示的法向除料特征 3。

（1）选择命令。在 主页 功能选项卡的 钣金 工具栏中单击 打孔 按钮，选择 法向除料 命令。

（2）定义特征的截面草图。在系统 单击平的面或参考平面。 的提示下，选取图 15.2.22 所示的模型表面为草图平面，绘制图 15.2.23 所示的截面草图，单击"主页"功能选项卡中的"关闭草图"按钮 ，退出草绘环境。

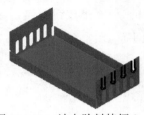

图 15.2.21　法向除料特征 3

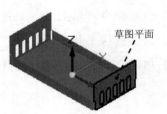

图 15.2.22　定义草图平面

（3）定义法向除料特征属性。在"法向除料"工具条中单击"厚度剪切"按钮 和"穿过下一个"按钮 ，并将移除方向调整至如图 15.2.24 所示。

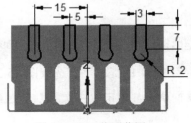

图 15.2.23　截面草图

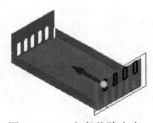

图 15.2.24　定义移除方向

（4）单击 完成 按钮，完成特征的创建。

Step10. 创建图 15.2.25 所示的法向除料特征 4。

（1）选择命令。在 主页 功能选项卡的 钣金 工具栏中单击 打孔 按钮，选择 法向除料 命令。

（2）定义特征的截面草图。

① 选取草图平面。在系统 单击平的面或参考平面。 的提示下，选取图 15.2.26 所示的模型表面为草图平面。

② 绘制图 15.2.27 所示的截面草图。

③ 单击"主页"功能选项卡中的"关闭草图"按钮 ，退出草绘环境。

（3）定义法向除料特征属性。在"法向除料"工具条中单击"厚度剪切"按钮 和"贯通"按钮 ，并将移除方向调整至如图 15.2.28 所示。

（4）单击 按钮，完成特征的创建。

图 15.2.25　法向除料特征 4

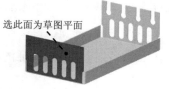

图 15.2.26　定义草图平面

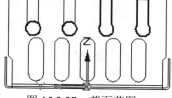

图 15.2.27　截面草图

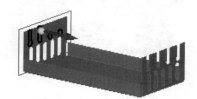

图 15.2.28　定义移除方向

Step11.　创建图 15.2.29 所示的百叶窗特征 1。

（1）选择命令。在 主页 功能选项卡的 钣金 工具栏中单击 凹坑 按钮，选择 ☰ 百叶窗 命令。

（2）绘制百叶窗截面草图。选取图 15.2.30 所示的模型表面为草图平面，绘制图 15.2.31 所示的截面草图。

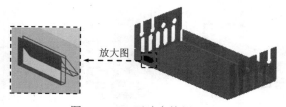

图 15.2.29　百叶窗特征 1

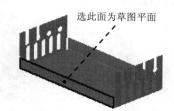

图 15.2.30　定义草图平面

（3）定义百叶窗属性。在"百叶窗"工具条中单击"深度设置"按钮 ，在 距离: 文本框中输入值 2.5，并按 Enter 键；定义轮廓深度方向如图 15.2.32 所示，单击；在"百叶窗"工具条中单击"高度步骤"按钮，单击"偏置尺寸"按钮，在 距离: 文本框中输入值 1.5，并按 Enter 键；单击 按钮，选中 ⊙ 端部开口百叶窗(L) 单选项，在 倒圆 区域中选中 ☑ 包括倒圆(I) 复选框，在 凹模半径 文本框中输入值 0.5，单击 确定 按钮；定义其冲压方向朝内，如图 15.2.33 所示，单击。

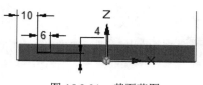

图 15.2.31　截面草图

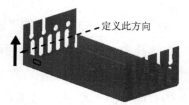

图 15.2.32　定义轮廓深度方向

（4）单击工具条中的 完成 按钮，完成特征的创建。

Step12. 创建图 15.2.34 所示的镜像特征 3。

（1）选取要镜像的特征。选取 Step11 所创建的百叶窗特征 1 为镜像源。

（2）选择命令。单击 主页 功能选项卡 阵列 工具栏中的 镜像 按钮。

（3）定义镜像平面。选取右视图（YZ）平面为镜像平面。

（4）单击 完成 按钮，完成特征的创建。

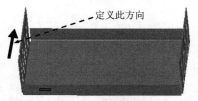 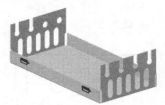

图 15.2.33　定义冲压方向　　　　　　图 15.2.34　镜像特征 3

Step13. 创建图 15.2.35b 所示的镜像特征 4。

（1）选取要镜像的特征。选取 Step11 和 Step12 所创建的特征为镜像源。

（2）选择命令。单击 主页 功能选项卡 阵列 工具栏中的 镜像 按钮。

（3）定义镜像平面。选取右视图（XZ）平面为镜像平面。

（4）单击 完成 按钮，完成特征的创建。

Step14. 保存钣金件模型文件，并命名为 rectifier_top_shell。

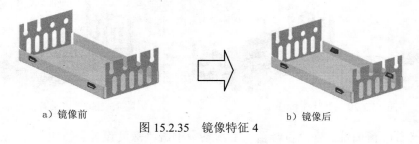

a）镜像前　　　　　　　　　　　　　　b）镜像后

图 15.2.35　镜像特征 4

# 15.3　钣　金　件 2

钣金件 2 模型及模型树如图 15.3.1 所示。

Step1. 新建文件。选择下拉菜单 ▼ ➡ 新建 ➡ GB 公制钣金 命令。

Step2. 创建图 15.3.2 所示的平板特征 1。

（1）选择命令。单击 主页 功能选项卡 钣金 工具栏中的"平板"按钮 。

（2）定义特征的截面草图。在系统 单击平的面或参考平面. 的提示下，选取俯视图（XY）平面作为草图平面，绘制图 15.3.3 所示的截面草图。

（3）定义材料厚度及方向。在"平板"工具条中单击"厚度步骤"按钮 定义材料厚度，在 厚度: 文本框中输入值 1.0，并将材料加厚方向调整至如图 15.3.4 所示后单击。

（4）单击工具条中的 完成 按钮，完成特征的创建。

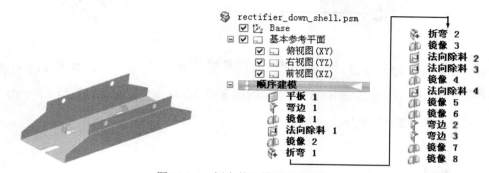

图 15.3.1    钣金件 2 模型及模型树

图 15.3.2    平板特征 1          图 15.3.3    截面草图          图 15.3.4    材料加厚方向

Step3. 创建图 15.3.5 所示的弯边特征 1。单击 主页 功能选项卡 钣金 工具栏中的"弯边"按钮 ；选取图 15.3.6 所示的模型边线为附着边；在"弯边"工具条中单击"全宽"按钮 ；在 距离: 文本框中输入值 25，在 角度: 文本框中输入值 90；单击"内部尺寸标注"按钮 和"材料在内"按钮 ；调整弯边侧方向向上，如图 15.3.5 所示；单击"弯边选项"按钮 ，取消选中 □ 使用默认值* 复选框，在 折弯半径⑧: 文本框中输入数值 0.2，单击 确定 按钮；单击 完成 按钮，完成特征的创建。

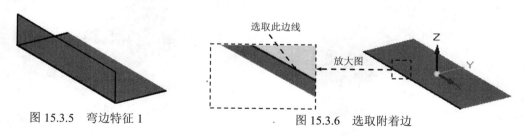

图 15.3.5    弯边特征 1          图 15.3.6    选取附着边

Step4. 创建图 15.3.7 所示的镜像特征 1。选取 Step3 所创建的弯边特征 1 为镜像源；单击 主页 功能选项卡 阵列 工具栏中的 镜像 按钮；选取前视图（XZ）平面为镜像平面；单击 完成 按钮，完成特征的创建。

Step5. 创建图 15.3.8 所示的法向除料特征 1。

（1）选择命令。在 主页 功能选项卡的 钣金 工具栏中单击 打孔 按钮，选择 法向除料 命令。

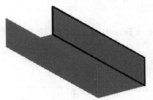

图 15.3.7 镜像特征 1

图 15.3.8 法向除料特征 1

（2）定义特征的截面草图。在系统 单击平的面或参考平面。的提示下，选取图 15.3.9 所示的模型表面为草图平面，绘制图 15.3.10 所示的截面草图，单击"主页"功能选项卡中的"关闭草图"按钮，退出草绘环境。

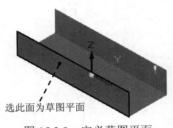

选此面为草图平面

图 15.3.9 定义草图平面

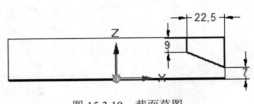

图 15.3.10 截面草图

（3）定义法向除料特征属性。在"法向除料"工具条中单击"厚度剪切"按钮和"贯通"按钮，并将移除方向调整至如图 15.3.11 所示。

（4）单击 完成 按钮，完成特征的创建。

Step6. 创建图 15.3.12 所示的镜像特征 2。选取 Step5 所创建的法向除料特征 1 为镜像源；单击 主页 功能选项卡 阵列 工具栏中的 镜像 按钮；定义镜像平面。选取右视图（YZ）平面为镜像平面；单击 完成 按钮，完成特征的创建。

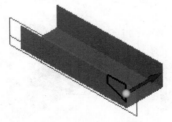

图 15.3.11 定义移除方向

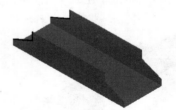

图 15.3.12 镜像特征 2

Step7. 创建图 15.3.13 所示的折弯特征 1。

（1）选择命令。单击 主页 功能选项卡 钣金 工具栏中的 折弯 按钮。

（2）绘制折弯线。选取图 15.3.14 所示的模型表面为草图平面，绘制图 15.3.15 所示的折弯线。

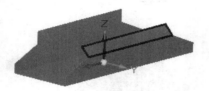

图 15.3.13 折弯特征 1

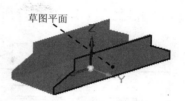

图 15.3.14 定义草图平面

（3）定义折弯属性及参数。在"折弯"工具条中单击"折弯位置"按钮 ，在 折弯半径: 文本框中输入值 0.2，在 角度: 文本框中输入值 135；单击"从轮廓起"按钮 ，并定义折弯的位置如图 15.3.16 所示后单击；单击"移动侧"按钮 ，并将方向调整至如图 15.3.17 所示；单击"折弯方向"按钮 ，并将方向调整至图 15.3.18 所示的方向。

图 15.3.15 绘制折弯线

图 15.3.16 定义折弯位置

图 15.3.17 定义移动侧方向

图 15.3.18 定义折弯方向

（4）单击 完成 按钮，完成特征的创建。

Step8. 创建图 15.3.19 所示的折弯特征 2。

（1）选择命令。单击 主页 功能选项卡 钣金 工具栏中的 折弯 按钮。

（2）绘制折弯线。选取图 15.3.20 所示的模型表面为草图平面，绘制图 15.3.21 所示的折弯线。

（3）定义折弯属性及参数。在"折弯"工具条中单击"折弯位置"按钮 ，在 折弯半径: 文本框中输入值 0.5，在 角度: 文本框中输入值 135；单击"从轮廓起"按钮 ，并定义折弯的位置如图 15.3.22 所示后单击。单击"移动侧"按钮 ，并将方向调整至图 15.3.23 所示的方向；单击"折弯方向"按钮 ，并将方向调整至图 15.3.24 所示的方向。

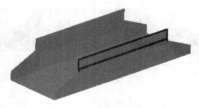

图 15.3.19 折弯特征 2

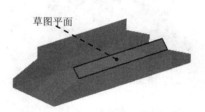

图 15.3.20 定义草图平面

（4）单击 完成 按钮，完成特征的创建。

图 15.3.21　绘制折弯线

图 15.3.22　定义折弯位置

图 15.3.23　定义移动侧方向

图 15.3.24　定义折弯方向

Step9. 创建图 15.3.25 所示的镜像特征 3。

（1）选取要镜像的特征。选取 Step7 和 Step8 所创建的折弯特征为镜像源。

（2）选择命令。单击 主页 功能选项卡 阵列 工具栏中的 镜像 按钮。

（3）定义镜像平面。选取前视图（XZ）平面为镜像平面。

（4）单击 完成 按钮，完成特征的创建。

Step10. 创建图 15.3.26 所示的法向除料特征 2。

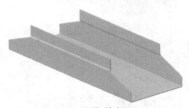

图 15.3.25　镜像特征 3

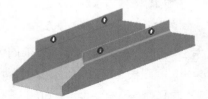

图 15.3.26　法向除料特征 2

（1）选择命令。在 主页 功能选项卡的 钣金 工具栏中单击 打孔 按钮，选择 法向除料 命令。

（2）定义特征的截面草图。在系统 单击平的面或参考平面。 的提示下，选取图 15.3.27 所示的模型表面为草图平面，绘制图 15.3.28 所示的截面草图，单击"主页"功能选项卡中的"关闭草图"按钮，退出草绘环境。

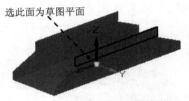

图 15.3.27　定义草图平面

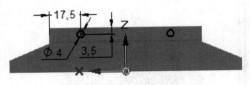

图 15.3.28　截面草图

（3）定义法向除料特征属性。在"法向除料"工具条中单击"厚度剪切"按钮 和"贯通"按钮 ，并将移除方向调整至如图 15.3.29 所示。

（4）单击 完成 按钮，完成特征的创建。

Step11. 创建图 15.3.30 所示的法向除料特征 3。

（1）选择命令。在 主页 功能选项卡的 钣金 工具栏中单击 打孔 按钮，选择 法向除料 命令。

（2）定义特征的截面草图。在系统 单击平的面或参考平面。 的提示下，选取图 15.3.31 所示的模型表面为草图平面，绘制图 15.3.32 所示的截面草图，单击"主页"功能选项卡中的"关闭草图"按钮，退出草绘环境。

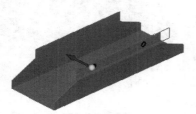

图 15.3.29　定义移除方向

图 15.3.30　法向除料特征 3

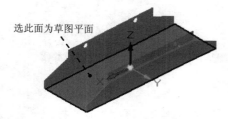

图 15.3.31　定义草图平面

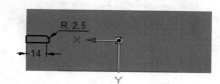

图 15.3.32　除料截面草图

（3）定义法向除料特征属性。在"法向除料"工具条中单击"厚度剪切"按钮和"贯通"按钮，并将移除方向调整至如图 15.3.33 所示。

（4）单击 完成 按钮，完成特征的创建。

Step12. 创建图 15.3.34 所示的镜像特征 4。

（1）选取要镜像的特征。选取 Step11 所创建的法向除料特征 3 为镜像源。

（2）选择命令。单击 主页 功能选项卡 阵列 工具栏中的 镜像 按钮。

（3）定义镜像平面。选取右视图（YZ）平面为镜像平面。

（4）单击 完成 按钮，完成特征的创建。

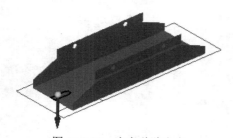

图 15.3.33　定义移除方向

图 15.3.34　镜像特征 4

Step13. 创建图 15.3.35 所示的法向除料特征 4。

（1）选择命令。在 主页 功能选项卡的 钣金 工具栏中单击 打孔 按钮，选择 □ 法向除料 命令。

（2）定义特征的截面草图。在系统 单击平的面或参考平面。 的提示下，选取图 15.3.36 所示的模型表面为草图平面，绘制图 15.3.37 所示的截面草图，单击"主页"功能选项卡中的"关闭草图"按钮 ✓，退出草绘环境。

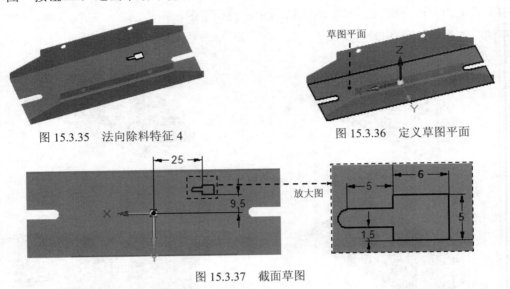

图 15.3.35　法向除料特征 4　　　　图 15.3.36　定义草图平面

图 15.3.37　截面草图

（3）定义法向除料特征属性。在"法向除料"工具条中单击"厚度剪切"按钮 ✍ 和"贯通"按钮 ▣，并将移除方向调整至如图 15.3.38 所示。

图 15.3.38　定义移除方向

（4）单击 完成 按钮，完成特征的创建。

Step14. 创建图 15.3.39b 所示的镜像特征 5。

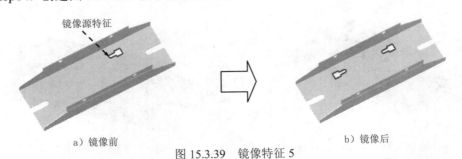

镜像源特征

a）镜像前　　　　　　　　　b）镜像后

图 15.3.39　镜像特征 5

（1）选取要镜像的特征。选取 Step13 所创建的法向除料特征 4 为镜像源。

（2）选择命令。单击 主页 功能选项卡 阵列 工具栏中的 镜像 按钮。

（3）定义镜像平面。选取右视图（YZ）平面为镜像平面。

（4）单击 完成 按钮，完成特征的创建。

Step15. 创建图 15.3.40b 所示的镜像特征 6。

（1）选取要镜像的特征。选取 Step13 和 Step14 所创建的特征为镜像源。

（2）选择命令。单击 主页 功能选项卡 阵列 工具栏中的 镜像 按钮。

（3）定义镜像平面。选取前视图（XZ）平面为镜像平面。

（4）单击 完成 按钮，完成特征的创建。

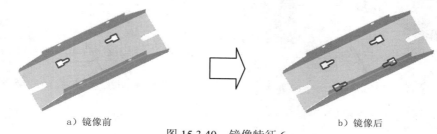

a）镜像前　　　　　　　　　　　　　　　　b）镜像后

图 15.3.40　镜像特征 6

Step16. 创建图 15.3.41 所示的弯边特征 2。

（1）选择命令。单击 主页 功能选项卡 钣金 工具栏中的"弯边"按钮 。

（2）定义附着边。选取图 15.3.42 所示的模型边线为附着边。

（3）定义弯边类型。在"弯边"工具条中单击"全宽"按钮 ；在 距离: 文本框中输入值 6，在 角度: 文本框中输入值 90；单击"内部尺寸标注"按钮 和"材料在内"按钮 ；调整弯边侧方向向上，如图 15.3.41 所示。

（4）定义弯边属性及参数。单击"弯边选项"按钮 ，取消选中 使用默认值* 复选框，在 折弯半径(B): 文本框中输入数值 0.2；选中 折弯止裂口(E) 复选框，并选中 圆形(R) 单选项，取消选中 使用默认值(T)* 复选框，在 深度(D): 文本框中输入值 0.1；取消选中 使用默认值(L)* 复选框，在 宽度(W): 文本框中输入值 0.1；单击 确定 按钮。

（5）单击 完成 按钮，完成特征的创建。

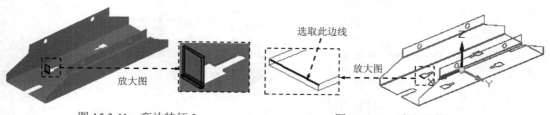

图 15.3.41　弯边特征 2　　　　　　　图 15.3.42　选取附着边

Step17. 创建图 15.3.43 所示的弯边特征 3。

（1）选择命令。单击 主页 功能选项卡 钣金 工具栏中的"弯边"按钮 。

（2）定义附着边。选取图 15.3.44 所示的模型边线为附着边。

（3）定义弯边类型。在"弯边"工具条中单击"中心点"按钮 ；在 距离: 文本框中输入值 5，在 角度: 文本框中输入值 90；单击"内部尺寸标注"按钮 和"折弯在外"按钮 ；调整弯边侧方向如图 15.3.43 所示。

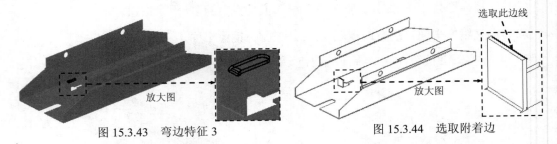

图 15.3.43　弯边特征 3　　　　　　　　　图 15.3.44　选取附着边

（4）定义弯边尺寸。单击"轮廓步骤"按钮 ，编辑草图尺寸如图 15.3.45 所示，单击 按钮，退出草绘环境。

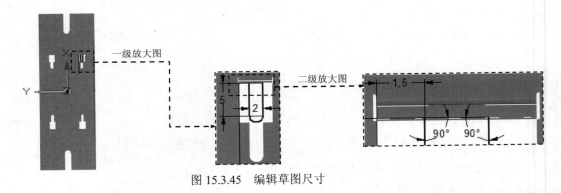

图 15.3.45　编辑草图尺寸

（5）定义折弯半径及止裂槽参数。单击"弯边选项"按钮 ，取消选中 使用默认值* 复选框，在 折弯半径(B): 文本框中输入数值 0.2，并取消选中 折弯止裂口(E) 复选框，单击 确定 按钮。

（6）单击 完成 按钮，完成特征的创建。

Step18. 创建图 15.3.46 所示的镜像特征 7。

（1）选取要镜像的特征。选取 Step16 和 Step17 所创建的特征为镜像源。

（2）选择命令。单击 主页 功能选项卡 阵列 工具栏中的 镜像 按钮。

（3）定义镜像平面。选取前视图（XZ）平面为镜像平面。

（4）单击 完成 按钮，完成特征的创建。

Step19. 创建图 15.3.47 所示的镜像特征 8。

（1）选取要镜像的特征。选取 Step16 至 Step18 所创建的特征为镜像源。

（2）选择命令。单击 主页 功能选项卡 阵列 工具栏中的 ◑镜像 按钮。

（3）定义镜像平面。选取右视图（YZ）平面为镜像平面。

（4）单击 完成 按钮，完成特征的创建。

Step20. 保存钣金件模型文件，并命名为 rectifier_down_shell。

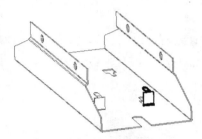

图 15.3.46　镜像特征 7

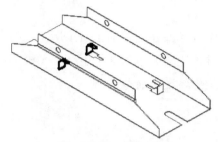

图 15.3.47　镜像特征 8

**学习拓展：** 扫码学习更多视频讲解。

**讲解内容：** 本部分主要讲解了产品自顶向下（Top-Down）设计方法的原理和一般操作。自顶向下设计方法是一种高级的装配设计方法，在钣金机箱和机柜的设计中应用广泛。

# 实例 16  打孔机组件

## 16.1  实 例 概 述

本实例详细介绍了图 16.1.1 所示的打孔机的设计过程。钣金件 1、钣金件 2 和钣金件 3 的设计过程比较简单，其中用到了平板、法向除料、弯边、折弯、镜像体、阵列、凹坑、变换和零件特征等命令。

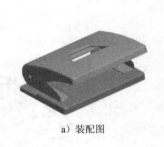
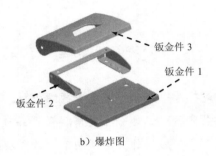

a）装配图             b）爆炸图

图 16.1.1  打孔机

## 16.2  钣 金 件 1

钣金件 1 模型及模型树如图 16.2.1 所示。

图 16.2.1  钣金件 1 模型及模型树

Step1. 新建文件。选择下拉菜单 ▼ ➡ 新建 ➡ GB 公制钣金 命令。

Step2. 切换至零件环境。单击"工具"功能选项卡"变换"工具栏中的 切换到 按钮，进入零件环境。

Step3. 创建图 16.2.2 所示的拉伸特征 1。

（1）选择命令。单击 主页 功能选项卡 实体 区域中的"拉伸"按钮 。

（2）定义特征的截面草图。在系统 单击平的面或参考平面。 的提示下，选取俯视图（XY）

平面作为草图平面，绘制图 16.2.3 所示的截面草图，单击"主页"功能选项卡中的"关闭草图"按钮✓，退出草绘环境。

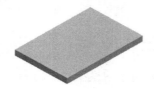

图 16.2.2 拉伸特征 1

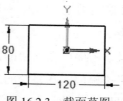

图 16.2.3 截面草图

（3）定义拉伸属性。在"拉伸"工具条中单击 按钮定义拉伸深度，在 距离: 文本框中输入值 8.0，并按 Enter 键，单击"对称延伸"按钮 。

（4）单击 完成 按钮，完成特征的创建。

Step4. 创建图 16.2.4 所示的除料特征 1。

（1）选择命令。单击 主页 功能选项卡 实体 区域中的"除料"按钮 。

（2）定义特征的截面草图。在系统 单击平的面或参考平面。 的提示下，选取右视图（YZ）平面为草图平面，绘制图 16.2.5 所示的截面草图，单击"主页"功能选项卡中的"关闭草图"按钮✓，退出草绘环境。

（3）定义除料特征属性。在"除料"工具条中单击 按钮定义除料深度，在该工具条中单击"贯通"按钮 ，并定义移除方向如图 16.2.6 所示。

（4）单击 完成 按钮，完成特征的创建。

图 16.2.4 除料特征 1

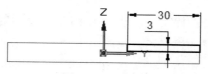

图 16.2.5 截面草图

图 16.2.6 定义移除方向

Step5. 创建图 16.2.7b 所示的倒圆角特征 1。

（1）选择命令。单击 主页 功能选项卡 实体 区域中的"倒圆"按钮 。

（2）定义圆角对象。选取图 16.2.7a 所示的四条边线为要倒圆角的对象。

（3）定义圆角参数。在"倒圆"工具条的 半径: 文本框中输入值 4.0，并按 Enter 键，右击。

（4）单击工具条中的 完成 按钮，完成特征的创建。

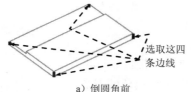

a）倒圆角前

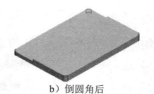

b）倒圆角后

图 16.2.7 倒圆角特征 1

Step6. 创建拔模特征 1。

（1）选择命令。单击 主页 功能选项卡 实体 区域中的"拔模"按钮 。

（2）定义拔模类型。单击 按钮，选择拔模类型为 ⊙ 从平面(F)；单击 确定 按钮，完成拔模类型的设置。

（3）定义参考面。在系统的提示下，选取图 16.2.8 所示的模型表面为拔模参考面。

（4）定义拔模面。在系统的提示下，选取图 16.2.8 所示的模型表面为需要拔模的面。

（5）定义拔模属性。在"拔模"工具条的 拔模角度：文本框中输入值 5.0，右击，然后单击 下一步 按钮。

（6）定义拔模方向。移动鼠标将拔模方向调整至图 16.2.9 所示的方向后单击。

（7）单击工具条中的 完成 按钮，完成特征的创建。

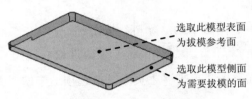

图 16.2.8　选取拔模面和参考面

图 16.2.9　拔模方向

Step7. 创建拔模特征 2。

（1）选择命令。单击 主页 功能选项卡 实体 区域中的"拔模"按钮 。

（2）定义拔模类型。单击 按钮，选择拔模类型为 ⊙ 从平面(F)；单击 确定 按钮，完成拔模类型的设置。

（3）定义参考面。在系统的提示下，选取图 16.2.10 所示的模型表面为拔模参考面。

（4）定义拔模面。在系统的提示下，选取图 16.2.10 所示的模型表面为需要拔模的面。

（5）定义拔模属性。在"拔模"工具条的 拔模角度：文本框中输入值 5.0，右击，然后单击 下一步 按钮。

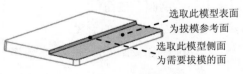

图 16.2.10　选取拔模面和参考面

图 16.2.11　拔模方向

（6）定义拔模方向。移动鼠标将拔模方向调整至如图 16.2.11 所示后单击。

（7）单击工具条中的 完成 按钮，完成特征的创建。

Step8. 创建图 16.2.12b 所示的倒圆角特征 2。

（1）选择命令。单击 主页 功能选项卡 实体 区域中的"倒圆"按钮 。

（2）定义圆角对象。选取图 16.2.12a 所示的边线为要倒圆角的对象。

（3）定义圆角参数。在"倒圆角"工具条的 半径：文本框中输入值 2.0，并按 Enter 键，右击。

（4）单击工具条中的 完成 按钮，完成特征的创建。

选取此
条边线

a）倒圆角前

b）倒圆角后

图 16.2.12　倒圆角特征 2

Step9. 创建图 16.2.13b 所示的倒圆角特征 3。

（1）选择命令。单击 主页 功能选项卡 实体 区域中的"倒圆"按钮 。

（2）定义圆角对象。选取图 16.2.13a 所示的两条边线为要倒圆角的对象。

（3）定义圆角参数。在"倒圆"工具条的 半径: 文本框中输入值 2.0，并按 Enter 键，右击。

（4）单击工具条中的 完成 按钮，完成特征的创建。

选取这两
条边线

a）倒圆角前

b）倒圆角后

图 16.2.13　倒圆角特征 3

Step10. 创建图 16.2.14b 所示的倒圆角特征 4。

（1）选择命令。单击 主页 功能选项卡 实体 区域中的"倒圆"按钮 。

（2）定义圆角对象。选取图 16.2.13a 所示的边线为要倒圆角的对象。

（3）定义圆角参数。在"倒圆"工具条的 半径: 文本框中输入值 2.0，并按 Enter 键，右击。

（4）单击工具条中的 完成 按钮，完成特征的创建。

a）倒圆角前

b）倒圆角后

图 16.2.14　倒圆角特征 4

Step11. 创建图 16.2.15b 所示的薄壁特征 1。

（1）选择命令。单击 主页 功能选项卡 实体 区域中的"薄壁"按钮 。

（2）定义薄壁厚度。在"薄壁"工具条的 同一厚度: 文本框中输入值 1.0，并按 Enter 键。

（3）定义移除面。在系统提示下，选择图 16.2.15a 所示的模型表面为要移除的面，右击。

（4）在工具条中单击  按钮显示其结果，并单击 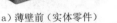 按钮，完成特征的创建。

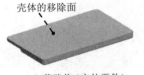

a）薄壁前（实体零件）

b）薄壁后（钣金件）

图 16.2.15　薄壁特征 1

Step12. 切换至钣金环境。单击"工具"功能选项卡"变换"工具栏中的 切换到 按钮，进入钣金环境。

Step13. 将实体转换为钣金。

（1）选择命令。单击"工具"功能选项卡"变换"工具栏中的"薄壁零件变化为钣金"按钮 。

（2）定义基本面。选取图 16.2.16 所示的模型表面为基本面。

（3）单击 完成 按钮，完成将实体转换为钣金的操作。

Step14. 创建图 16.2.17 所示的凹坑特征 1。

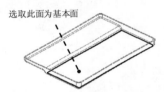

图 16.2.16　定义转换的基本面

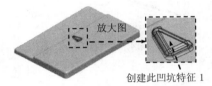

图 16.2.17　凹坑特征 1

（1）选择命令。单击 主页 功能选项卡 钣金 工具栏中的"凹坑"按钮 。

（2）绘制截面草图。选取图 16.2.18 所示的模型表面为草图平面，绘制图 16.2.19 所示的截面草图。

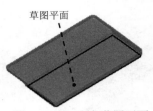

图 16.2.18　定义草图平面

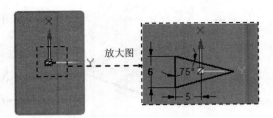

图 16.2.19　截面草图

（3）定义凹坑属性。在"凹坑"工具条中单击 按钮，单击"偏置尺寸"按钮 ，在 距离: 文本框中输入值 1.5，单击 按钮，在 拔模角(T): 文本框中输入值 5，在 倒圆 区域中选中 ☑ 包括倒圆(I) 复选框，在 凸模半径 文本框中输入值 0.4；在 凹模半径 文本框中输入值 0.2；并选中 ☑ 包含凸模侧拐角半径(A) 复选框，在 半径(R): 文本框中输入值 0.5，单击 确定 按钮；定义其冲压方向为模型外部，如图 16.2.17 所示，单击"轮廓代表凸模"按钮 。

（4）单击工具条中的 完成 按钮，完成特征的创建。

Step15. 创建图 16.2.20 所示的法向除料特征 1。

（1）选择命令。在 主页 功能选项卡的 钣金 工具栏中单击 打孔 按钮，选择 法向除料 命令。

（2）定义特征的截面草图。在系统 单击平的面或参考平面 的提示下，选取图 16.2.21 所示的模型表面为草图平面，绘制图 16.2.22 所示的截面草图，单击"主页"功能选项卡中的"关闭草图"按钮，退出草绘环境。

（3）定义法向除料特征属性。在"法向除料"工具条中单击"厚度剪切"按钮 和"贯通"按钮，并将移除方向调整至如图 16.2.23 所示。

（4）单击 完成 按钮，完成特征的创建。

图 16.2.20　法向除料特征 1

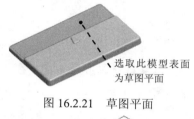

图 16.2.21　草图平面

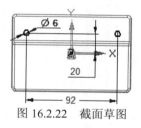

图 16.2.22　截面草图

图 16.2.23　定义移除方向

Step16. 保存钣金件模型文件，并命名为 BASE。

# 16.3　钣金件 2

钣金件 2 模型及模型树如图 16.3.1 所示。

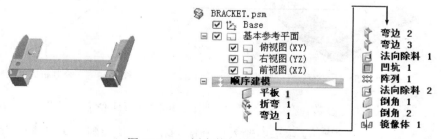

图 16.3.1　钣金件 2 模型及模型树

Step1. 新建文件。选择下拉菜单 ➡ 新建 ➡ GB 公制钣金 命令。

Step2. 创建图 16.3.2 所示的平板特征 1。

（1）选择命令。单击 主页 功能选项卡 钣金 工具栏中的"平板"按钮 。

（2）定义特征的截面草图。在系统 单击平的面或参考平面。 的提示下，选取俯视图（XY）平面作为草图平面，绘制图 16.3.3 所示的截面草图，单击"主页"功能选项卡中的"关闭草图"按钮 ，退出草绘环境。

图 16.3.2 平板特征 1

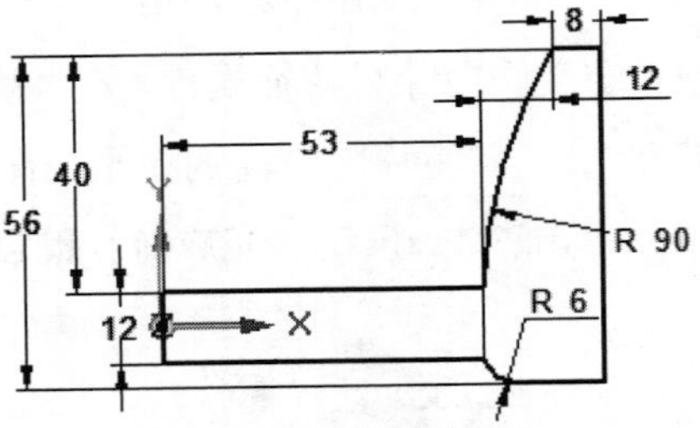

图 16.3.3 截面草图

（3）定义材料厚度及方向。在"平板"工具条中单击"厚度步骤"按钮 定义材料厚度，在 厚度: 文本框中输入值 0.2，并将材料加厚方向调整至如图 16.3.4 所示。

（4）单击工具条中的 完成 按钮，完成特征的创建。

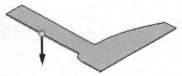

图 16.3.4 定义材料加厚方向

Step3. 创建图 16.3.5 所示的折弯特征 1。

（1）选择命令。单击 主页 功能选项卡 钣金 工具栏中的 折弯 按钮。

（2）绘制折弯线。选取图 16.3.5 所示的模型表面为草图平面，绘制图 16.3.6 所示的折弯线。

图 16.3.5 折弯特征 1

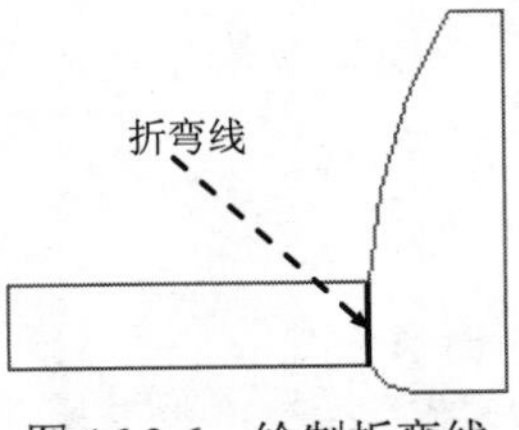

图 16.3.6 绘制折弯线

（3）定义折弯属性及参数。在"折弯"工具条中单击"折弯位置"按钮 ，在 折弯半径: 文本框中输入值 0.1，在 角度: 文本框中输入值 90；单击"外侧材料"按钮 ；单击"移动侧"按钮 ，并将方向调整至如图 16.3.7 所示；单击"折弯方向"按钮 ，并将方向调整至如图 16.3.8 所示。

（4）单击 完成 按钮，完成特征的创建。

图 16.3.7　定义移动侧方向

图 16.3.8　定义折弯方向

Step4. 创建图 16.3.9 所示的弯边特征 1。

（1）选择命令。单击 主页 功能选项卡 钣金 工具栏中的"弯边"按钮 。

（2）定义附着边。选取图 16.3.10 所示的模型边线为附着边。

（3）定义弯边类型。在"弯边"工具条中单击"全宽"按钮 ，在 距离: 文本框中输入值 15，在 角度: 文本框中输入值 90，单击"外部尺寸标注"按钮 和"材料在内"按钮 ，调整弯边侧方向向内并单击，如图 16.3.9 所示。

（4）定义弯边属性及参数。各选项采用系统默认设置。

（5）单击 完成 按钮，完成特征的创建。

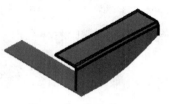

图 16.3.9　弯边特征 1

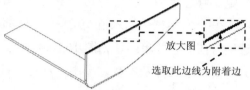

放大图

选取此边线为附着边

图 16.3.10　定义附着边

Step5. 创建图 16.3.11 所示的弯边特征 2。

（1）选择命令。单击 主页 功能选项卡 钣金 工具栏中的"弯边"按钮 。

（2）定义附着边。选取图 16.3.12 所示的模型边线为附着边。

（3）定义弯边类型。在"弯边"工具条中单击"从两端"按钮 ，在 距离: 文本框中输入值 3，在 角度: 文本框中输入值 120，单击"外部尺寸标注"按钮 和"折弯在外"按钮 ，调整弯边侧方向向下并单击，如图 16.3.11 所示。

图 16.3.11　弯边特征 2

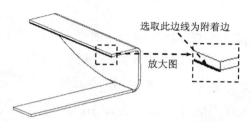

选取此边线为附着边

放大图

图 16.3.12　定义附着边

（4）定义弯边尺寸。单击"轮廓步骤"按钮 ，编辑草图尺寸如图 16.3.13 所示，单击 按钮，退出草绘环境。

（5）定义折弯半径及止裂槽参数。单击"弯边选项"按钮 ，取消选中 □ 折弯止裂口 (E)

复选框，单击 确定 按钮。

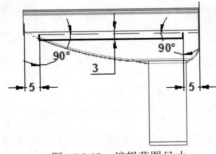

图 16.3.13　编辑草图尺寸

（6）单击 完成 按钮，完成特征的创建。

Step6. 创建图 16.3.14 所示的弯边特征 3。

（1）选择命令。单击 主页 功能选项卡 钣金 工具栏中的 "弯边" 按钮 。

（2）定义附着边。选取图 16.3.15 所示的模型边线为附着边。

（3）定义弯边类型。在 "弯边" 工具条中单击 "全宽" 按钮 ，在 距离：文本框中输入值 15，在 角度：文本框中输入值 90，单击 "外部尺寸标注" 按钮 和 "材料在内" 按钮 ，调整弯边侧方向向下并单击，如图 16.3.14 所示。

（4）定义弯边属性及参数。单击 "弯边选项" 按钮 ，取消选中 折弯止裂口(E) 复选框，单击 确定 按钮。

（5）单击 完成 按钮，完成特征的创建。

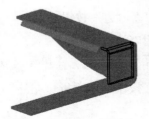

图 16.3.14　弯边特征 3

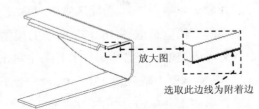

放大图

选取此边线为附着边

图 16.3.15　定义附着边

Step7. 创建图 16.3.16 所示的法向除料特征 1。

（1）选择命令。在 主页 功能选项卡的 钣金 工具栏中单击 打孔 按钮，选择 法向除料 命令。

（2）定义特征的截面草图。在系统 单击平的面或参考平面。的提示下，选取图 16.3.17 所示的模型表面为草图平面，绘制图 16.3.18 所示的截面草图，单击 "主页" 功能选项卡中的 "关闭草图" 按钮 ，退出草绘环境。

（3）定义法向除料特征属性。在 "法向除料" 工具条中单击 "厚度剪切" 按钮 和 "贯通" 按钮 ，并将移除方向调整至如图 16.3.19 所示。

（4）单击 完成 按钮，完成特征的创建。

图 16.3.16 法向除料特征 1

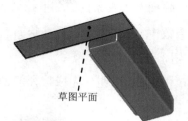

图 16.3.17 定义草图平面

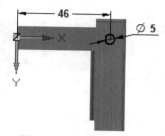

图 16.3.18 截面草图

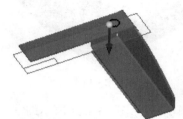

图 16.3.19 定义移除方向

Step8. 创建图 16.3.20 所示的凹坑特征 1。

（1）选择命令。单击 主页 功能选项卡 钣金 工具栏中的"凹坑"按钮 □。

（2）绘制截面草图。选取图 16.3.20 所示的模型表面为草图平面，绘制图 16.3.21 所示的截面草图。

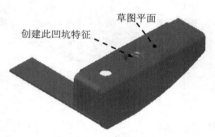

图 16.3.20 凹坑特征 1

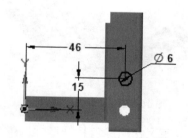

图 16.3.21 截面草图

（3）定义凹坑属性。在"凹坑"工具条中单击 按钮，单击"偏置尺寸"按钮 ，在 距离 文本框中输入值 1.5，单击 按钮，在 拔模角(I): 文本框中输入值 10.0，在 倒圆 区域中选中 ☑ 包括倒圆(I) 复选框，在 凸模半径 文本框中输入值 0.5；在 凹模半径 文本框中输入值 0.2；单击 确定 按钮；定义其冲压方向为模型内部，单击"轮廓代表凸模"按钮 。

（4）单击工具条中的 完成 按钮，完成特征的创建。

Step9. 创建图 16.3.22 所示的阵列特征 1。

（1）选取要阵列的特征。选取 Step8 所创建的凹坑特征 1 为阵列特征。

（2）选择命令。单击 主页 功能选项卡 阵列 工具栏中的 阵列 按钮。

（3）定义要阵列草图平面。选取图 16.3.22 所示的模型表面为阵列草图平面。

（4）绘制矩形阵列轮廓。单击 特征 区域中的 按钮，绘制图 16.3.23 所示的矩形阵列轮廓。在"阵列"工具条的 翻转 下拉列表中选择 固定 ，在"阵列"工具条的 X: 文本框中输入阵列个数 1；在"阵列"工具条的 Y: 文本框中输入阵列个数 2，输入间距值 15，右击，单击 ✓ 按钮，退出草绘环境。

（5）单击 完成 按钮，完成特征的创建。

图 16.3.22　阵列特征 1

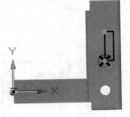

图 16.3.23　绘制矩形阵列轮廓

Step10. 创建图 16.3.24 所示的法向除料特征 2。

（1）选择命令。在 主页 功能选项卡的 钣金 工具栏中单击 打孔 ⚫ 按钮，选择 🔲 法向除料 命令。

（2）定义特征的截面草图。在系统 单击平的面或参考平面。 的提示下，选取图 16.3.24 所示的模型表面为草图平面，绘制图 16.3.25 所示的截面草图，单击"主页"功能选项卡中的"关闭草图"按钮 ✓ ，退出草绘环境。

图 16.3.24　法向除料特征 2

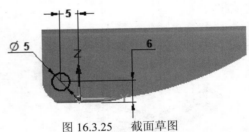

图 16.3.25　截面草图

（3）定义法向除料特征属性。在"法向除料"工具条中单击"厚度剪切"按钮 ✏ 和"贯通"按钮 ▦ ，并将移除方向调整至如图 16.3.26 所示。

（4）单击 完成 按钮，完成特征的创建。

Step11. 创建图 16.3.27 所示的镜像体特征 1。

图 16.3.26　定义移除方向

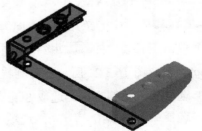

图 16.3.27　镜像体特征 1

（1）选择命令。在 主页 功能选项卡的 阵列 工具栏中单击 ◑ 镜像 ▼ 按钮，选择

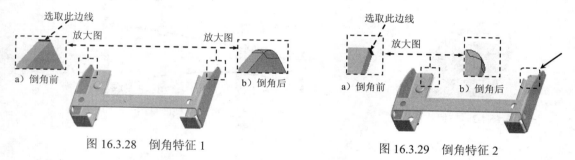（此处为"镜像复制零件"按钮图标）命令。

（2）定义镜像体。选取绘图区中的实体模型为镜像体。

（3）定义镜像平面。选取右视图（YZ）平面为镜像平面。

（4）单击 完成 按钮，完成特征的创建。

Step12. 创建图 16.3.28b 所示倒角特征 1。

（1）选择命令。单击 主页 功能选项卡 钣金 工具栏中的 倒角 按钮。

（2）定义倒角边线。选取图 16.3.28a 所示的边线为倒角的边线。

（3）定义倒角属性。在"倒角"工具条中单击 按钮，在 裂口 文本框中输入值 3.0，右击两次。

（4）单击 完成 按钮，完成特征的创建。

Step13. 创建图 16.3.29b 所示的倒角特征 2。

（1）选择命令。单击 主页 功能选项卡 钣金 工具栏中的 倒角 按钮。

（2）定义倒角边线。选取图 16.3.29a 所示的边线为倒角的边线。

（3）定义倒角属性。在"倒角"工具条中单击 按钮，在 裂口 文本框中输入值 2.0。

（4）单击 完成 按钮，完成特征的创建。

图 16.3.28　倒角特征 1

图 16.3.29　倒角特征 2

Step14. 保存钣金件模型文件，并命名为 BRACKET。

# 16.4　钣 金 件 3

钣金件 3 模型及模型树如图 16.4.1 所示。

Step1. 新建文件。选择下拉菜单 ➡ 新建 ➡ GB 公制钣金 命令。

Step2. 切换至零件环境。单击"工具"功能选项卡"变换"工具栏中的 切换到 按钮，进入零件环境。

Step3. 创建图 16.4.2 所示的拉伸特征 1。

（1）选择命令。单击 主页 功能选项卡 实体 区域中的"拉伸"按钮。

（2）定义特征的截面草图。在系统 单击平的面或参考平面。 的提示下，选取前视图（XZ）

平面作为草图平面，绘制图 16.4.3 所示的截面草图，单击"主页"功能选项卡中的"关闭草图"按钮 ，退出草绘环境。

（3）定义拉伸属性。在"拉伸"工具条中单击 按钮定义拉伸深度，在 距离: 文本框中输入值 110.0，并按 Enter 键，单击"对称延伸"按钮 。

（4）单击 完成 按钮，完成特征的创建。

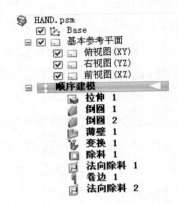

图 16.4.1　钣金件 3 模型及模型树

图 16.4.2　拉伸特征 1

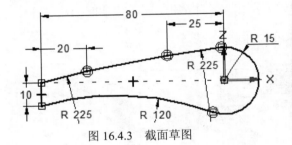

图 16.4.3　截面草图

Step4. 创建图 16.4.4b 所示的倒圆角特征 1。

（1）选择命令。单击 主页 功能选项卡 实体 区域中的"倒圆"按钮 。

（2）定义圆角对象。选取图 16.4.4a 所示的两条边线为要倒圆角的对象。

（3）定义圆角参数。在"倒圆角"工具条的 半径: 文本框中输入值 5.0，并按 Enter 键，右击。

（4）单击工具条中的 完成 按钮，完成特征的创建。

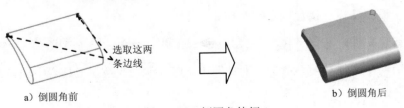

a）倒圆角前　　　　　　　　　　　　　　　　　b）倒圆角后

图 16.4.4　倒圆角特征 1

Step5. 创建图 16.4.5b 所示的倒圆角特征 2。单击 主页 功能选项卡 实体 区域中的"倒圆"按钮 ；选取图 16.4.5a 所示的边线为要倒圆角的对象；在"倒圆"工具条的 半径: 文本框中输入值 2.0，并按 Enter 键，右击；单击工具条中的 完成 按钮，完成特征的创建。

a）倒圆角前

b）倒圆角后

图 16.4.5 倒圆角特征 2

Step6. 创建图 16.4.6b 所示的薄壁特征 1。单击 主页 功能选项卡 实体 区域中的"薄壁"按钮 ；在"薄壁"工具条的 同一厚度 文本框中输入值 1.0，并按 Enter 键；在该工具条的 选择：下拉列表中选择 单一 选项；并选取图 16.4.6a 所示的模型表面为要移除的面，右击；在工具条中单击 预览 按钮显示其结果，并单击 完成 按钮，完成特征的创建。

壳体的移除面

a）薄壁前

b）薄壁后

图 16.4.6 薄壁特征 1

Step7. 切换至钣金环境。单击"工具"功能选项卡"变换"工具栏中的 切换到 按钮，进入钣金环境。

Step8. 将实体转换为钣金。单击"工具"功能选项卡"变换"工具栏中的"薄壁零件变化为钣金"按钮 ，选取图 16.4.7 所示的模型表面为基本面；单击 完成 按钮，完成将实体转换为钣金的操作。

Step9. 创建图 16.4.8 所示的除料特征 1。

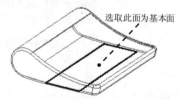

选取此面为基本面

图 16.4.7 定义转换的基本面

图 16.4.8 除料特征 1

（1）选择命令。在 主页 功能选项卡的 钣金 工具栏中单击 打孔 按钮，选择 除料 命令。

（2）定义特征的截面草图。在系统 单击平的面或参考平面。 的提示下，选取前视图（XZ）平面作为草图平面，绘制图 16.4.9 所示的截面草图，单击"主页"功能选项卡中的"关闭草图"按钮 ，退出草绘环境。

（3）定义除料特征属性。在"除料"工具条中单击 按钮定义延伸深度，在该工具条中单击"贯通"按钮 ，并定义移除方向如图 16.4.10 所示。

（4）单击 完成 按钮，完成特征的创建。

Step10. 创建图 16.4.11 所示的法向除料特征 1。在 主页 功能选项卡的 钣金 工具栏中单

击 打孔 按钮，选择 □ 法向除料 命令；在系统 单击平的面或参考平面。 的提示下，选取图 16.4.12 所示的模型表面为草图平面，绘制图 16.4.13 所示的截面草图，单击"主页"功能选项卡中的"关闭草图"按钮 ✔，退出草绘环境；在"法向除料"工具条中单击"厚度剪切"按钮 ✎ 和"贯通"按钮 ◨，并将移除方向调整至如图 16.4.14 所示；单击 完成 按钮，完成特征的创建。

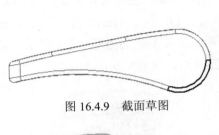

图 16.4.9　截面草图

图 16.4.10　定义移除方向

图 16.4.11　法向除料特征 1

图 16.4.12　定义草图平面

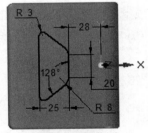

图 16.4.13　截面草图

图 16.4.14　定义移除方向

Step11. 创建图 16.4.15 所示的卷边特征 1。

（1）选择命令。在 主页 功能选项卡的 钣金 工具栏中单击 轮廓弯边 按钮，选择 ▮ 卷边 命令。

（2）选取卷边。选取图 16.4.16 所示的模型边线为折弯的附着边。

（3）定义卷边类型及属性。在"卷边"工具条中单击"外侧材料"按钮 ⅁，单击"卷边选项"按钮 🗐，在 卷边轮廓 区域的 卷边类型 (T): 下拉列表中选择 闭环 选项；在 (1) 折弯半径 1: 文本框中输入值 0.5，在 (2) 弯边长度 1: 文本框中输入值 3，单击 确定 按钮，并右击。

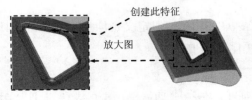

图 16.4.15　卷边特征 1

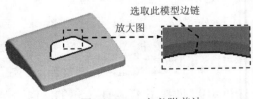

图 16.4.16　定义附着边

（4）单击 完成 按钮，完成特征的创建。

Step12. 创建图 16.4.17 所示的法向除料特征 2。

（1）选择命令。在 主页 功能选项卡的 钣金 工具栏中单击 打孔 · 按钮，选择 🖸 法向除料 命令。

（2）定义特征的截面草图。在系统 单击平的面或参考平面。 的提示下，选取前视图（XZ）平面作为草图平面，绘制图 16.4.18 所示的截面草图，单击"主页"功能选项卡中的"关闭草图"按钮✔，退出草绘环境。

图 16.4.17　法向除料特征 2

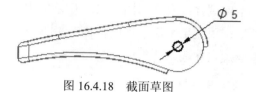

图 16.4.18　截面草图

（3）定义法向除料特征属性。在"法向除料"工具条中单击"厚度剪切"按钮✏和"贯通"按钮⬛，并将移除方向调整至如图 16.4.19 所示。

（4）单击 完成 按钮，完成特征的创建。

图 16.4.19　定义移除方向

Step13. 保存钣金件模型文件，并命名为 HAND。

**学习拓展**：扫码学习更多视频讲解。

**讲解内容**：主要包含机构运动仿真的背景知识、概念及作用、一般方法和流程等，对机构运动仿真中的连杆、运动副、驱动等基本概念也进行了讲解。

# 实例 17   电源外壳组件

## 17.1   实 例 概 述

本实例详细介绍了图 17.1.1 所示的电源外壳组件的设计过程。钣金件 1 和钣金件 2 的设计过程用到了平面、切削拉伸、平整、法兰、折弯、镜像、阵列和成形特征等命令，其中主要难点在成形特征的创建。

a）装配图

钣金件 1

钣金件 2

b）爆炸图

图 17.1.1   电源外壳组件

## 17.2   钣 金 件 1

钣金件 1 模型及模型树如图 17.2.1 所示。

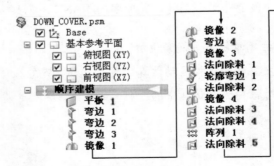

图 17.2.1   钣金件 1 模型及模型树

Step1. 新建文件。选择下拉菜单 ▼ ➡ 新建 ➡ GB 公制钣金 命令。

Step2. 创建图 17.2.2 所示的平板特征 1。

（1）选择命令。单击 主页 功能选项卡 钣金 工具栏中的"平板"按钮 ▢ 。

（2）定义特征的截面草图。在系统 单击平的面或参考平面。 的提示下，选取俯视图（XY）

平面作为草图平面，绘制图 17.2.3 所示的截面草图。

（3）定义材料厚度及方向。在"平板"工具条中单击"厚度步骤"按钮 定义材料厚度，在 厚度: 文本框中输入值 1.0，并将材料加厚方向调整至如图 17.2.4 所示后单击。

（4）单击工具条中的 完成 按钮，完成特征的创建。

图 17.2.2 平板特征 1

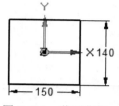

图 17.2.3 截面草图

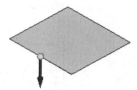

图 17.2.4 定义材料加厚方向

Step3. 创建图 17.2.5 所示的弯边特征 1。

（1）选择命令。单击 主页 功能选项卡 钣金 工具栏中的"弯边"按钮 。

（2）定义附着边。选取图 17.2.6 所示的模型边线为附着边（平板特征 1 中边长为 150 的边线）。

图 17.2.5 弯边特征 1

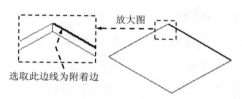

图 17.2.6 定义附着边

（3）定义弯边类型。在"弯边"工具条中单击"全宽"按钮 ，在 距离: 文本框中输入值 85，在 角度: 文本框中输入值 90，单击"外部尺寸标注"按钮 和"材料在内"按钮 ；调整弯边侧方向向上，如图 17.2.5 所示。

（4）定义弯边属性及参数。单击"弯边选项"按钮 ，取消选中 □ 使用默认值* 复选框，在 折弯半径(B): 文本框中输入数值 0.5，单击 确定 按钮。

（5）单击 完成 按钮，完成特征的创建。

Step4. 创建图 17.2.7 所示的弯边特征 2。

（1）选择命令。单击 主页 功能选项卡 钣金 工具栏中的"弯边"按钮 。

（2）定义附着边。选取图 17.2.8 所示的模型边线为附着边。

（3）定义弯边类型。在"弯边"工具条中单击"中心点"按钮 ，在 距离: 文本框中输入值 10，在 角度: 文本框中输入值 90，单击"外部尺寸标注"按钮 和"材料在内"按钮 ，调整弯边侧方向向内并单击，如图 17.2.7 所示。

（4）定义弯边尺寸。单击"轮廓步骤"按钮 ，编辑草图尺寸如图 17.2.9 所示，单击 按钮，退出草绘环境。

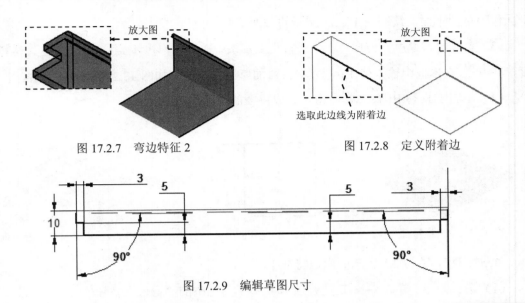

图 17.2.7　弯边特征 2　　　　图 17.2.8　定义附着边

选取此边线为附着边

图 17.2.9　编辑草图尺寸

（5）定义折弯半径及止裂槽参数。单击"弯边选项"按钮，取消选中 □ 使用默认值* 复选框，在 折弯半径⒝: 文本框中输入数值 0.5，其他选项采用系统默认设置，单击 确定 按钮。

（6）单击 完成 按钮，完成特征的创建。

Step5. 创建图 17.2.10 所示的弯边特征 3。

（1）选择命令。单击 主页 功能选项卡 钣金 工具栏中的"弯边"按钮。

（2）定义附着边。选取图 17.2.11 所示的模型边线为附着边。

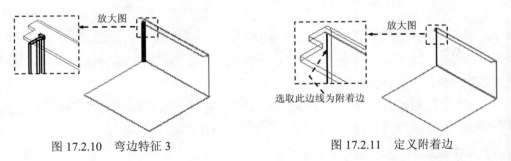

图 17.2.10　弯边特征 3　　　　图 17.2.11　定义附着边

选取此边线为附着边

（3）定义弯边类型。在"弯边"工具条中单击"从两端"按钮，在 距离: 文本框中输入值 5，在 角度: 文本框中输入值 90，单击"外部尺寸标注"按钮 和"材料在内"按钮，调整弯边侧方向向内并单击，如图 17.2.10 所示。

（4）定义弯边尺寸。单击"轮廓步骤"按钮，编辑草图尺寸如图 17.2.12 所示，单击 按钮，退出草绘环境。

（5）定义折弯半径及止裂槽参数。单击"弯边选项"按钮，取消选中 □ 使用默认值* 复选框，在 折弯半径⒝: 文本框中输入数值 0.5，选中 ☑ 折弯止裂口⒠ 复选框和 ⦿ 圆形⒭ 单选项，单击 确定 按钮。

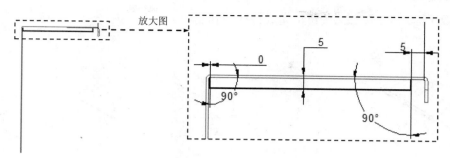

图 17.2.12  编辑草图尺寸

（6）单击 完成 按钮，完成特征的创建。

Step6. 创建图 17.2.13 所示的镜像特征 1。

（1）选取要镜像的特征。选取 Step5 所创建的弯边特征 3 为镜像源。

（2）选择命令。单击 主页 功能选项卡 阵列 工具栏中的 镜像 按钮。

（3）定义镜像平面。选取右视图（YZ）平面为镜像平面。

（4）单击 完成 按钮，完成特征的创建。

Step7. 创建图 17.2.14 所示的镜像特征 2。

（1）选取要镜像的特征。选取 Step3~Step6 所创建的特征为镜像源。

（2）选择命令。单击 主页 功能选项卡 阵列 工具栏中的 镜像 按钮。

（3）定义镜像平面。选取前视图（XZ）平面为镜像平面。

（4）单击 完成 按钮，完成特征的创建。

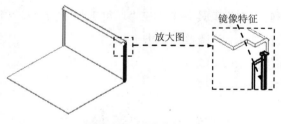

图 17.2.13  镜像特征 1

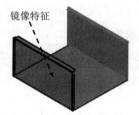

图 17.2.14  镜像特征 2

Step8. 创建图 17.2.15 所示的弯边特征 4。单击 主页 功能选项卡 钣金 工具栏中的"弯边"按钮 ；选取图 17.2.16 所示的模型边线为附着边；在"弯边"工具条中单击"全宽"按钮 ，在 距离: 文本框中输入值 8，在 角度: 文本框中输入值 90；单击"外部尺寸标注"按钮 和"材料在外"按钮 ，调整弯边侧方向向上，如图 17.2.15 所示；单击"弯边选项"按钮 ，取消选中 使用默认值* 复选框，在 折弯半径(B): 文本框中输入数值 0.5，其他选项采用系统默认设置，单击 确定 按钮；单击 完成 按钮，完成特征的创建。

Step9. 创建图 17.2.17 所示的镜像特征 3。选取 Step8 所创建的弯边特征 4 为镜像源；单击 主页 功能选项卡 阵列 工具栏中的 镜像 按钮；定义镜像平面，选取右视图（YZ）平面为镜像平面；单击 完成 按钮，完成特征的创建。

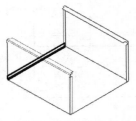

图 17.2.15　弯边特征 4

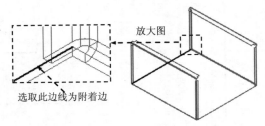

图 17.2.16　定义附着边

Step10. 创建图 17.2.18 所示的法向除料特征 1。

图 17.2.17　镜像特征 3

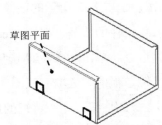

图 17.2.18　法向除料特征 1

（1）选择命令。在 主页 功能选项卡的 钣金 工具栏中单击 打孔 按钮，选择 法向除料 命令。

（2）定义特征的截面草图。在系统 单击平的面或参考平面。 的提示下，选取图 17.2.18 所示的模型表面为草图平面，绘制图 17.2.19 所示的截面草图，单击"主页"功能选项卡中的"关闭草图"按钮 ，退出草绘环境。

（3）定义法向除料特征属性。在"法向除料"工具条中单击"厚度剪切"按钮 和"有限范围"按钮 ，在 距离: 文本框中输入值 2.0，并调整移除方向向内。

（4）单击 完成 按钮，完成特征的创建。

Step11. 创建图 17.2.20 所示的轮廓弯边特征 1。

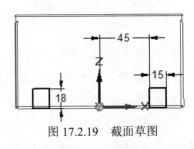

图 17.2.19　截面草图

图 17.2.20　轮廓弯边特征 1

（1）选择命令。单击 主页 功能选项卡 钣金 工具栏中的"轮廓弯边"按钮 。

（2）定义特征的截面草图。在系统的提示下，选取图 17.2.21 所示的模型边线为路径，在"轮廓弯边"工具条的 位置: 文本框中输入值 0，并按 Enter 键，绘制图 17.2.22 所示的截面草图。

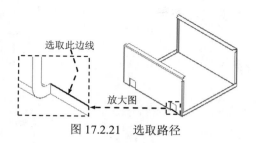

图 17.2.21　选取路径

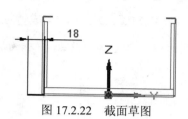

图 17.2.22　截面草图

（3）定义轮廓弯边的延伸量及方向。在"轮廓弯边"工具条中单击"范围步骤"按钮 ；单击"到末端"按钮 ，并定义其延伸方向如图 17.2.23 所示，单击。

（4）单击 完成 按钮，完成特征的创建。

Step12. 创建图 17.2.24 所示的法向除料特征 2。

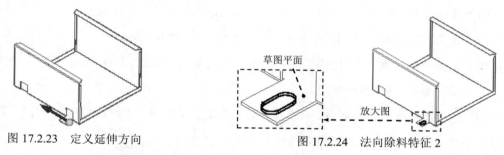

图 17.2.23　定义延伸方向

图 17.2.24　法向除料特征 2

（1）选择命令。在 主页 功能选项卡的 钣金 工具栏中单击 打孔 按钮，选择 法向除料 命令。

（2）定义特征的截面草图。在系统 单击平的面或参考平面。 的提示下，选取图 17.2.24 所示的模型表面为草图平面，绘制图 17.2.25 所示的截面草图，单击"主页"功能选项卡中的"关闭草图"按钮 ，退出草绘环境。

（3）定义法向除料特征属性。在"法向除料"工具条中单击"厚度剪切"按钮 和"贯通"按钮 ，并将移除方向调整至如图 17.2.26 所示。

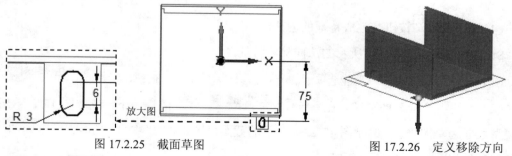

图 17.2.25　截面草图

图 17.2.26　定义移除方向

（4）单击 完成 按钮，完成特征的创建。

Step13. 创建图 17.2.27 所示的镜像特征 4。

（1）选取要镜像的特征。选取 Step11 和 Step12 所创建的特征为镜像源。

（2）选择命令。单击 主页 功能选项卡 阵列 工具栏中的 镜像 按钮。

（3）定义镜像平面。选取右视图（YZ）平面为镜像平面。

（4）单击 完成 按钮，完成特征的创建。

Step14. 创建图 17.2.28 所示的法向除料特征 3。

图 17.2.27　镜像特征 4

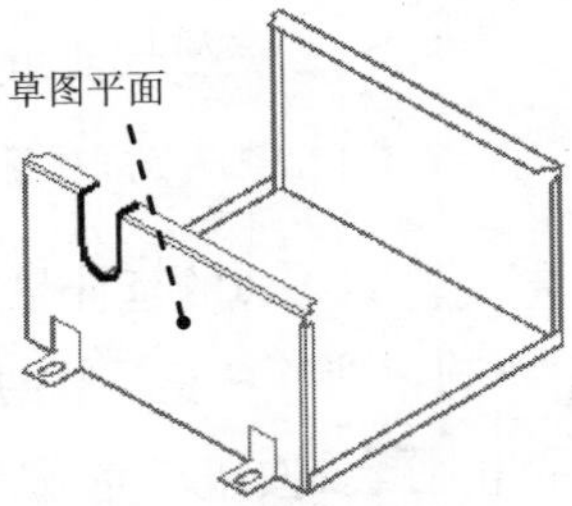

图 17.2.28　法向除料特征 3

（1）选择命令。在 主页 功能选项卡的 钣金 工具栏中单击 打孔 按钮，选择 法向除料 命令。

（2）定义特征的截面草图。在系统 单击平的面或参考平面。 的提示下，选取图 17.2.28 所示的模型表面为草图平面，绘制图 17.2.29 所示的截面草图，单击"主页"功能选项卡中的"关闭草图"按钮，退出草绘环境。

（3）定义法向除料特征属性。在"法向除料"工具条中单击"厚度剪切"按钮和"穿过下一个"按钮，并将移除方向调整至如图 17.2.30 所示。

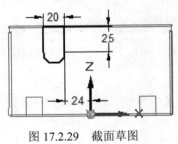

图 17.2.29　截面草图

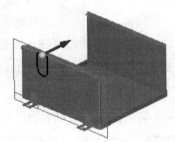

图 17.2.30　定义移除方向

（4）单击 完成 按钮，完成特征的创建。

Step15. 创建图 17.2.31 所示的法向除料特征 4。

（1）选择命令。在 主页 功能选项卡的 钣金 工具栏中单击 打孔 按钮，选择 法向除料 命令。

（2）定义特征的截面草图。在系统 单击平的面或参考平面。 的提示下，选取图 17.2.31 所示的模型表面为草图平面，绘制图 17.2.32 所示的截面草图，单击"主页"功能选项卡中的"关闭草图"按钮，退出草绘环境。

（3）定义法向除料特征属性。在"法向除料"工具条中单击"厚度剪切"按钮和"穿过下一个"按钮，并将移除方向调整至如图 17.2.33 所示。

（4）单击 完成 按钮，完成特征的创建。

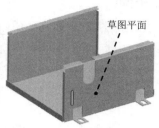

图 17.2.31 法向除料特征 4

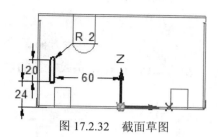

图 17.2.32 截面草图

Step16. 创建图 17.2.34 所示的阵列特征 1。

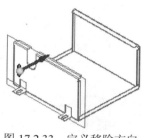

图 17.2.33 定义移除方向

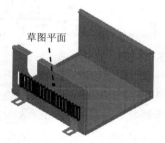

图 17.2.34 阵列特征 1

（1）选取要阵列的特征。选取 Step15 所创建的法向除料特征 4 为阵列特征。

（2）选择命令。单击 主页 功能选项卡 阵列 工具栏中的 阵列 按钮。

（3）定义要阵列草图平面。选取图 17.2.34 所示的模型表面为阵列草图平面。

（4）绘制矩形阵列轮廓。单击 特征 区域中的 按钮，绘制图 17.2.35 所示的矩形阵列轮廓。在"阵列"工具条的 翻转 下拉列表中选择 固定 选项，在"阵列"工具条的 X: 文本框中输入阵列个数为 20，输入间距值为 6.5；在"阵列"工具条的 Y: 文本框中输入阵列个数为 1，右击确定，单击 按钮，退出草绘环境。

（5）单击 完成 按钮，完成特征的创建。

Step17. 创建图 17.2.36 所示的法向除料特征 5。

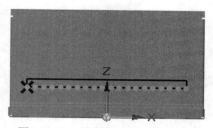

图 17.2.35 绘制矩形阵列轮廓

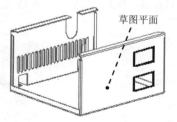

图 17.2.36 法向除料特征 5

（1）选择命令。在 主页 功能选项卡的 钣金 工具栏中单击 打孔 按钮，选择 法向除料 命令。

（2）定义特征的截面草图。在系统 单击平的面或参考平面 的提示下，选取图 17.2.36 所示的模型表面为草图平面，绘制图 17.2.37 所示的截面草图，单击"主页"功能选项卡中的"关闭草图"按钮，退出草绘环境。

（3）定义法向除料特征属性。在"法向除料"工具条中单击"厚度剪切"按钮和"穿过下一个"按钮，并将移除方向调整至如图 17.2.38 所示。

（4）单击按钮，完成特征的创建。

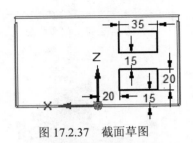

图 17.2.37　截面草图　　　　　　图 17.2.38　定义移除方向

**Step18.** 创建图 17.2.39 所示的法向除料特征 6。

（1）选择命令。在 主页 功能选项卡的 钣金 工具栏中单击 打孔 按钮，选择 法向除料 命令。

（2）定义特征的截面草图。在系统 单击平的面或参考平面。 的提示下，选取图 17.2.39 所示的模型表面为草图平面，绘制图 17.2.40 所示的截面草图，单击"主页"功能选项卡中的"关闭草图"按钮，退出草绘环境。

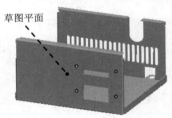

草图平面

图 17.2.39　法向除料特征 6

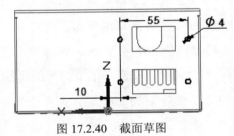

图 17.2.40　截面草图

（3）定义法向除料特征属性。在"法向除料"工具条中单击"厚度剪切"按钮和"穿过下一个"按钮，并将移除方向调整至如图 17.2.41 所示。

（4）单击按钮，完成特征的创建。

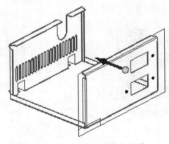

图 17.2.41　定义移除方向

**Step19.** 创建图 17.2.42 所示的凹坑特征 1。

（1）选择命令。单击 主页 功能选项卡 钣金 工具栏中的"凹坑"按钮。

（2）绘制截面草图。选取图 17.2.42 所示的模型表面为草图平面，绘制图 17.2.43 所示的截面草图。

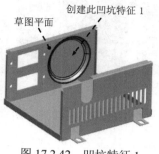

草图平面　创建此凹坑特征 1

图 17.2.42　凹坑特征 1

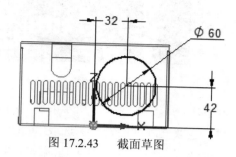

图 17.2.43　截面草图

（3）定义凹坑属性。在"凹坑"工具条中单击 按钮，单击"偏置尺寸"按钮 ，在 距离: 文本框中输入值 5.0，单击 按钮，在 拔模角 (I): 文本框中输入值 45，在 倒圆 区域中选中 ☑ 包括倒圆 (I) 复选框，在 凸模半径 文本框中输入值 3.0；在 凹模半径 文本框中输入值 1.0；并取消选中 □ 包含凸模侧拐角半径(A) 复选框，单击 确定 按钮；定义其冲压方向为模型外部，单击"轮廓代表凸模"按钮 。

（4）单击工具条中的 完成 按钮，完成特征的创建。

Step20. 创建图 17.2.44 所示的法向除料特征 7。

（1）选择命令。在 主页 功能选项卡的 钣金 工具栏中单击 打孔 按钮，选择 法向除料 命令。

（2）定义特征的截面草图。

① 选取草图平面。在系统 单击平的面或参考平面。 的提示下，选取图 17.2.45 所示的模型表面为草图平面。

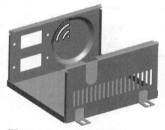

图 17.2.44　法向除料特征 7

草图平面

图 17.2.45　定义草图平面

② 绘制图 17.2.46 所示的截面草图。

③ 单击"主页"功能选项卡中的"关闭草图"按钮 ，退出草绘环境。

（3）定义法向除料特征属性。在"法向除料"工具条中单击"厚度剪切"按钮 和"有限范围"按钮 ，在 距离: 文本框中输入值 10，并调整移除方向向内。

（4）单击 完成 按钮，完成特征的创建。

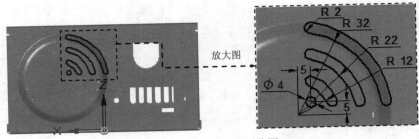

图 17.2.46　截面草图

Step21. 创建图 17.2.47 所示的阵列特征 2。

（1）选取要阵列的特征。选取 Step20 所创建的法向除料特征 7 为阵列特征。

（2）选择命令。单击 主页 功能选项卡 阵列 工具栏中的 阵列 按钮。

（3）定义要阵列草图平面。选取图 17.2.48 所示的模型表面为阵列草图平面。

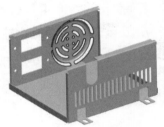

图 17.2.47　阵列特征 2

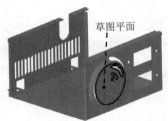

图 17.2.48　定义草图平面

（4）绘制圆形阵列轮廓。单击 特征 区域中的 按钮，绘制图 17.2.49 所示的圆形阵列轮廓并确定阵列方向，单击确定（注：在图 17.2.49 所示的绘制的圆轮廓中心与圆 1 同心，起点与圆 2 圆心重合）。

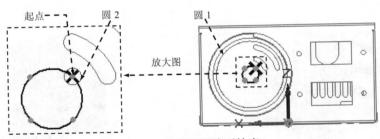

图 17.2.49　绘制圆形阵列轮廓

① 定义阵列类型。在"阵列"工具条的 翻转 下拉列表中选择 适合 选项。

② 定义阵列参数。在"阵列"工具条中单击"整圆"按钮，在 计数(C): 文本框中输入阵列个数为 4，右击。

③ 单击 按钮，退出草绘环境。

（5）单击 完成 按钮，完成特征的创建。

Step22. 创建图 17.2.50 所示的法向除料特征 8。

（1）选择命令。在 主页 功能选项卡的 钣金 工具栏中单击 打孔 按钮，选择 法向除料 命令。

（2）定义特征的截面草图。

① 选取草图平面。在系统 单击平的面或参考平面 的提示下，选取图 17.2.51 所示的模型表面为草图平面。

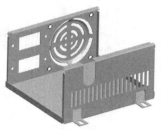

图 17.2.50　法向除料特征 8

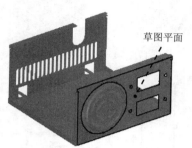

草图平面

图 17.2.51　定义草图平面

② 绘制图 17.2.52 所示的截面草图。

③ 单击"主页"功能选项卡中的"关闭草图"按钮 ✓，退出草绘环境。

（3）定义法向除料特征属性。在"法向除料"工具条中单击"厚度剪切"按钮 和"穿过下一个"按钮 ，并将移除方向调整至如图 17.2.53 所示。

（4）单击 完成 按钮，完成特征的创建。

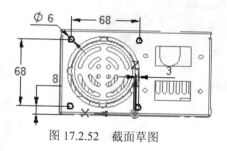

图 17.2.52　截面草图

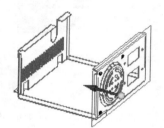

图 17.2.53　定义移除方向

Step23. 创建图 17.2.54 所示的加强筋特征 1。在 主页 功能选项卡的 钣金 工具栏中单击 凹坑 按钮，选择 加强筋 命令；选取图 17.2.55 所示的模型表面为草图平面，绘制图 17.2.56 所示的截面草图；在"加强筋"工具条中单击"选择方向步骤"按钮 ，定义冲压方向如图 17.2.57 所示，单击确定；单击 按钮，在 横截面 区域中选中 ⊙ U型 单选项，在 高度(E): 文本框中输入值 3.0，在 宽度(W): 文本框中输入值 10，在 角度(A): 文本框中输入值 35；在 倒圆 区域选中 ☑ 包括倒圆(I) 复选框，在 凸模半径(P): 文本框中输入值 0.5，在 凹模半径(D): 文本框中输入值 1.0；在 端点条件 区域中选中 ⊙ 开口的(L) 单选项；单击 确定 按钮；单击 完成 按钮，完成特征的创建。

Step24. 创建图 17.2.58 所示的镜像特征 5。选取 Step23 所创建的加强筋特征 1 为镜像源；单击 主页 功能选项卡 阵列 工具栏中的 镜像 按钮；选取右视图（YZ）平面为镜像平面；单击 完成 按钮，完成特征的创建。

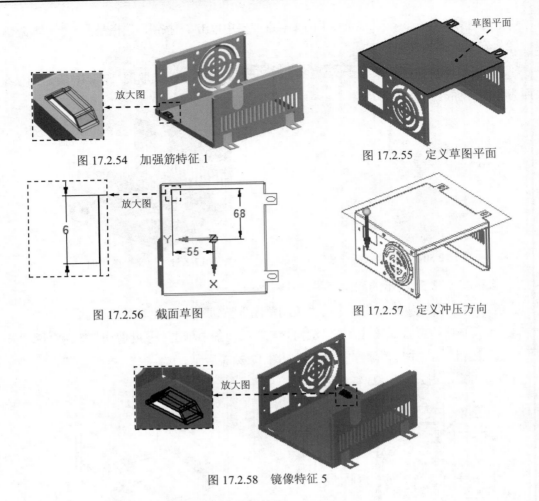

图 17.2.54 加强筋特征 1

图 17.2.55 定义草图平面

图 17.2.56 截面草图

图 17.2.57 定义冲压方向

图 17.2.58 镜像特征 5

Step25. 创建图 17.2.59 所示的加强筋特征 2。

（1）选择命令。在 主页 功能选项卡的 钣金 工具栏中单击 凹坑 ▾ 按钮，选择 ⌐ 加强筋 命令。

（2）绘制加强筋截面草图。选取图 17.2.60 所示的模型表面为草图平面，绘制图 17.2.61 所示的截面草图。

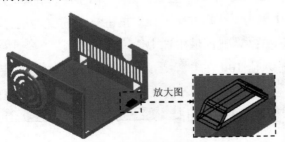

图 17.2.59 加强筋特征 2

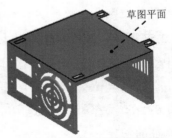

图 17.2.60 定义草图平面

（3）定义加强筋属性。在"加强筋"工具条中单击"选择方向步骤"按钮 ⊟ ，定义冲压方向如图 17.2.62 所示，单击确定；单击 ▤ 按钮，在 横截面 区域中选中 ⊙ U型 单选项，在 高度(E): 文本框中输入值 3.0，在 宽度(W): 文本框中输入值 10，在 角度(A): 文本框中输入值 35；

在 <u>倒圆</u> 区域选中 ☑ <u>包括倒圆(I)</u> 复选框，在 <u>凸模半径(P):</u> 文本框中输入值 0.5，在 <u>凹模半径(D):</u> 文本框中输入值 1.0；在 <u>端点条件</u> 区域中选中 ⦿ <u>开口的(L)</u> 单选项；单击 [确定] 按钮。

（4）单击 [完成] 按钮，完成特征的创建。

Step26. 创建图 17.2.63 所示的阵列特征 3。

（1）选取要阵列的特征。选取 Step25 所创建的加强筋特征 2 为阵列特征。

（2）选择命令。单击 <u>主页</u> 功能选项卡 <u>阵列</u> 工具栏中的 🔷 <u>阵列</u> 按钮。

（3）定义要阵列草图平面。选取图 17.2.64 所示的模型表面为阵列草图平面。

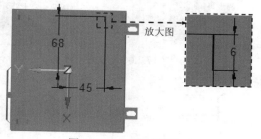

图 17.2.61 截面草图

图 17.2.62 定义冲压方向

（4）绘制矩形阵列轮廓。单击 <u>特征</u> 区域中的 [✕] 按钮，绘制图 17.2.65 所示的矩形阵列轮廓。在"阵列"工具条的 <u>翻转</u> 下拉列表中选择 <u>固定</u> 选项，在"阵列"工具条的 <u>X:</u> 文本框中输入阵列个数为 2，输入间距值为 20；在"阵列"工具条的 <u>Y:</u> 文本框中输入阵列个数为 1，右击确定；单击 [✓] 按钮，退出草绘环境。

（5）单击 [完成] 按钮，完成特征的创建。

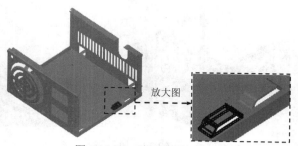

图 17.2.63 阵列特征 3

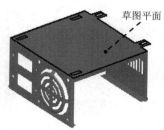

图 17.2.64 定义草图平面

Step27. 创建图 17.2.66 所示的加强筋特征 3。

（1）选择命令。在 <u>主页</u> 功能选项卡的 <u>钣金</u> 工具栏中单击 <u>凹坑</u> 按钮，选择 <u>加强筋</u> 命令。

（2）绘制加强筋截面草图。选取图 17.2.67 所示的模型表面为草图平面，绘制图 17.2.68 所示的截面草图。

（3）定义加强筋属性。在"加强筋"工具条中单击"选择方向步骤"按钮 [⬡]，定义冲压方向如图 17.2.69 所示，单击确定；单击 [≣] 按钮，在 <u>横截面</u> 区域中选中 ⦿ <u>U 型</u> 单选项，在 <u>高度(E):</u> 文本框中输入值 3.0，在 <u>宽度(W):</u> 文本框中输入值 10，在 <u>角度(A):</u> 文本框中输入值 35；

在 倒圆 区域中选中 ☑ 包括倒圆(I) 复选框，在 凸模半径(P): 文本框中输入值 0.5，在 凹模半径(D): 文本框中输入值 1.0；在 端点条件 区域中选中 ◉ 开口的(L) 单选项；单击 确定 按钮。

（4）单击 完成 按钮，完成特征的创建。

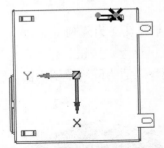

图 17.2.65 绘制矩形阵列轮廓

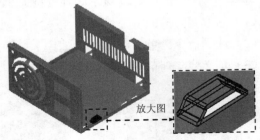

图 17.2.66 加强筋特征 3

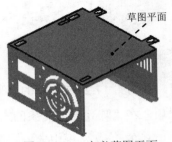

图 17.2.67 定义草图平面

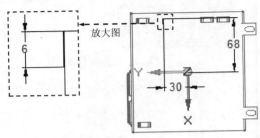

图 17.2.68 截面草图

Step28. 创建图 17.2.70 所示的加强筋特征 4。

图 17.2.69 定义冲压方向

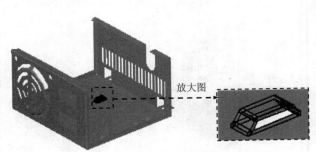

图 17.2.70 加强筋特征 4

（1）选择命令。在 主页 功能选项卡的 钣金 工具栏中单击 凹坑 ▾ 按钮，选择 ⌐ 加强筋 命令。

（2）绘制加强筋截面草图。选取图 17.2.71 所示的模型表面为草图平面，绘制图 17.2.72 所示的截面草图。

（3）定义加强筋属性。在"加强筋"工具条中单击"选择方向步骤"按钮 ，定义冲压方向如图 17.2.73 所示，单击确定；单击 按钮，在 横截面 区域选中 ◉ U 型 单选项，在 高度(E): 文本框中输入值 3.0，在 宽度(W): 文本框中输入值 10，在 角度(A): 文本框中输入值 35；

在 倒圆 区域中选中 ☑ 包括倒圆(I) 复选框，在 凸模半径(P): 文本框中输入值 0.5，在 凹模半径(D): 文本框中输入值 1.0；在 端点条件 区域中选中 ⦿ 开口的(L) 单选项；单击 确定 按钮。

（4）单击 完成 按钮，完成特征的创建。

Step29. 创建图 17.2.74 所示的法向除料特征 9。

图 17.2.71　定义草图平面

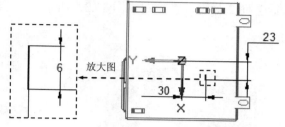

图 17.2.72　截面草图

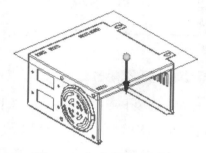

图 17.2.73　定义冲压方向

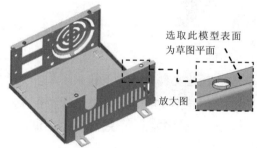

图 17.2.74　法向除料特征 9

（1）选择命令。在 主页 功能选项卡的 钣金 工具栏中单击 打孔 ▾ 按钮，选择 ▢ 法向除料 命令。

（2）定义特征的截面草图。在系统 单击平的面或参考平面。 的提示下，选取图 17.2.74 所示的模型表面为草图平面，绘制图 17.2.75 所示的截面草图，单击"主页"功能选项卡中的"关闭草图"按钮 ☑，退出草绘环境。

（3）定义法向除料特征属性。在"法向除料"工具条中单击"厚度剪切"按钮 ✐ 和"穿过下一个"按钮 ▣，并将移除方向调整至如图 17.2.76 所示。

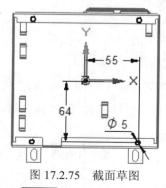

图 17.2.75　截面草图

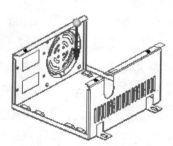

图 17.2.76　定义移除方向

（4）单击 完成 按钮，完成特征的创建。

Step30. 保存钣金件模型文件，并命名为DOWN_COVER。

# 17.3 钣 金 件 2

钣金件2模型及模型树如图17.3.1所示。

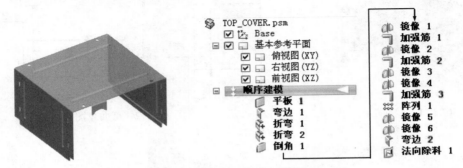

图17.3.1 钣金件2模型及模型树

Step1. 新建文件。选择下拉菜单 ⬇ ➡ 新建 ➡ GB 公制钣金 命令。

Step2. 创建图17.3.2所示的平板特征1。单击 主页 功能选项卡 钣金 工具栏中的"平板"按钮 ；在系统 单击平的面或参考平面。 的提示下，选取俯视图（XY）平面作为草图平面，绘制图17.3.3所示的截面草图；在"平板"工具条中单击"厚度步骤"按钮 定义材料厚度，在 厚度: 文本框中输入值1.0，并将材料加厚方向调整至如图17.3.4所示后单击；单击工具条中的 完成 按钮，完成特征的创建。

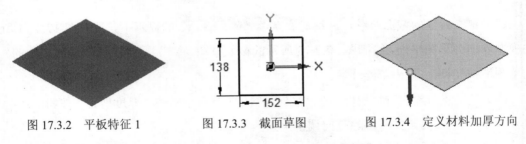

图17.3.2 平板特征1　　　图17.3.3 截面草图　　　图17.3.4 定义材料加厚方向

Step3. 创建图17.3.5所示的弯边特征1。

（1）选择命令。单击 主页 功能选项卡 钣金 工具栏中的"弯边"按钮 。

（2）定义附着边。选取图17.3.6所示的模型边线为附着边。

（3）定义弯边类型。在"弯边"工具条中单击"中心点"按钮 ，在 距离: 文本框中输入值85，在 角度: 文本框中输入值90，单击"外部尺寸标注"按钮 和"材料在内"按钮 ，调整弯边侧方向向上并单击，如图17.3.5所示。

（4）定义弯边尺寸。单击"轮廓步骤"按钮 ，编辑草图尺寸如图17.3.7所示，单击 ✓ 按钮，退出草绘环境。

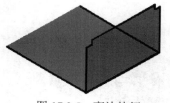

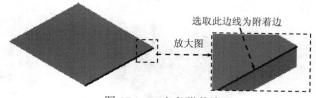

图 17.3.5  弯边特征 1　　　　　图 17.3.6  定义附着边

（5）定义折弯半径及止裂槽参数。单击"弯边选项"按钮 ，取消选中 使用默认值* 复选框，在其 折弯半径(B): 文本框中输入数值 0.5，其他选项采用系统默认设置，单击 确定 按钮。

（6）单击 完成 按钮，完成特征的创建。

Step4. 创建图 17.3.8 所示的折弯特征 1。

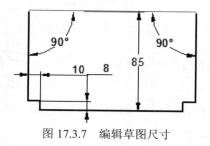

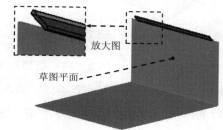

图 17.3.7  编辑草图尺寸　　　　图 17.3.8  折弯特征 1

（1）选择命令。单击 主页 功能选项卡 钣金 工具栏中的 折弯 按钮。

（2）绘制折弯线。选取图 17.3.8 所示的模型表面为草图平面，绘制图 17.3.9 所示的折弯线。

（3）定义折弯属性及参数。在"折弯"工具条中单击"折弯位置"按钮 ，在 折弯半径: 文本框中输入值 0.5，在 角度: 文本框中输入值 135；单击"从轮廓起"按钮 ，并定义折弯的位置如图 17.3.10 所示后单击；单击"移动侧"按钮 ，并将方向调整至如图 17.3.11 所示；单击"折弯方向"按钮 ，并将方向调整至图 17.3.12 所示的方向。

（4）单击 完成 按钮，完成特征的创建。

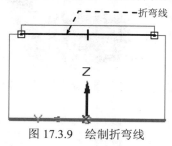

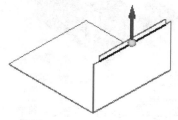

图 17.3.9  绘制折弯线　　　　图 17.3.10  定义折弯位置

Step5. 创建图 17.3.13 所示的折弯特征 2。

（1）选择命令。单击 主页 功能选项卡 钣金 工具栏中的 折弯 按钮。

（2）绘制折弯线。选取图 17.3.14 所示的模型表面为草图平面，绘制图 17.3.15 所示的折弯线。

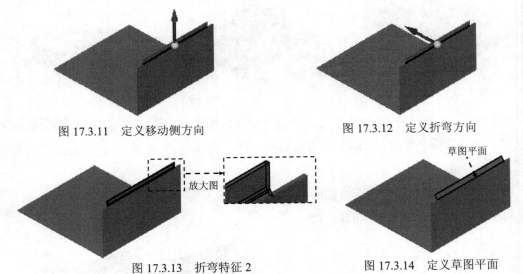

图 17.3.11　定义移动侧方向　　　　　　图 17.3.12　定义折弯方向

放大图

图 17.3.13　折弯特征 2　　　　　　　　草图平面

图 17.3.14　定义草图平面

（3）定义折弯属性及参数。在"折弯"工具条中单击"折弯位置"按钮 ⊞，在 折弯半径: 文本框中输入值 0.5，在 角度: 文本框中输入值 135；单击"从轮廓起"按钮 ⊟，并定义折弯的位置如图 17.3.16 所示后单击；单击"移动侧"按钮 ⅋，并将方向调整至如图 17.3.17 所示；单击"折弯方向"按钮 ⊬，并将方向调整至如图 17.3.18 所示。

折弯线

Z

6.5

X

图 17.3.15　绘制折弯线　　　　　　图 17.3.16　定义折弯位置

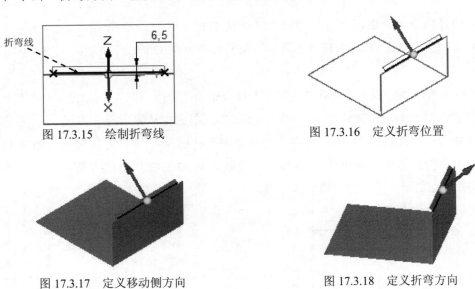

图 17.3.17　定义移动侧方向　　　　　　图 17.3.18　定义折弯方向

（4）单击 完成 按钮，完成特征的创建。

Step6. 创建图 17.3.19b 所示的倒角特征 1。

（1）选择命令。单击 主页 功能选项卡 钣金 工具栏中的 ⬜ 倒角 按钮。

（2）定义倒角边线。选取图 17.3.19a 所示的两条边线为倒角的边线。

（3）定义倒角属性。在"倒角"工具条中单击 按钮，在 裂口: 文本框中输入值 0.5，右击。

（4）单击 完成 按钮，完成特征的创建。

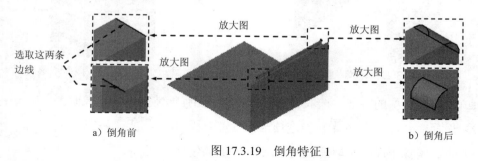

图 17.3.19 倒角特征 1

Step7. 创建图 17.3.20 所示的镜像特征 1。

（1）选取要镜像的特征。选取 Step2~Step6 所创建的特征为镜像源。

（2）选择命令。单击 主页 功能选项卡 阵列 工具栏中的 镜像 按钮。

（3）定义镜像平面。选取右视图（YZ）平面为镜像平面。

（4）单击 完成 按钮，完成特征的创建。

Step8. 创建图 17.3.21 所示的加强筋特征 1。

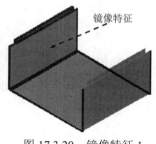

图 17.3.20 镜像特征 1

图 17.3.21 加强筋特征 1

（1）选择命令。在 主页 功能选项卡的 钣金 工具栏中单击 凹坑 按钮，选择 加强筋 命令。

（2）绘制加强筋截面草图。选取图 17.3.22 所示的模型表面为草图平面，绘制图 17.3.23 所示的截面草图。

（3）定义加强筋属性。在"加强筋"工具条中单击"选择方向步骤"按钮 ，定义冲压方向如图 17.3.24 所示，单击确定；单击 按钮，在 横截面 区域中选中 圆形(C) 单选项，在 高度(E): 文本框中输入值 5.0，在 半径(R): 文本框中输入值 5.0；在 倒圆 区域中选中 ☑ 包括倒圆(I) 复选框，在 凹模半径(D): 文本框中输入值 1.0；在 端点条件 区域中选中 成形的(F) 单选项；单击 确定 按钮。

（4）单击 完成 按钮，完成特征的创建。

Step9. 创建图 17.3.25 所示的镜像特征 2。

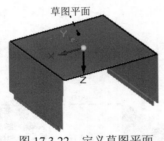

图 17.3.22　定义草图平面

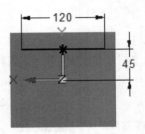

图 17.3.23　截面草图

（1）选取要镜像的特征。选取 Step8 所创建的加强筋特征 1 为镜像源。

（2）选择命令。单击 主页 功能选项卡 阵列 工具栏中的 镜像 按钮。

（3）定义镜像平面。选取前视图（XZ）平面为镜像平面。

（4）单击 完成 按钮，完成特征的创建。

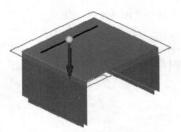

图 17.3.24　定义冲压方向

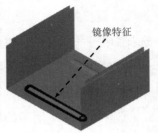

图 17.3.25　镜像特征 2

Step10. 创建图 17.3.26 所示的加强筋特征 2。

（1）选择命令。在 主页 功能选项卡的 钣金 工具栏中单击 凹坑 按钮，选择 加强筋 命令。

（2）绘制加强筋截面草图。选取图 17.3.26 所示的模型表面为草图平面，绘制图 17.3.27 所示的截面草图。

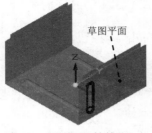

图 17.3.26　加强筋特征 2

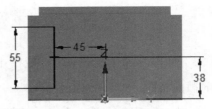

图 17.3.27　截面草图

（3）定义加强筋属性。在"加强筋"工具条中单击"选择方向步骤"按钮，定义冲压方向如图 17.3.28 所示，单击确定；单击 按钮，在 横截面 区域中选中 ⊙ 圆形(C) 单选项，在 高度(E): 文本框中输入值 5.0，在 半径(R): 文本框中输入值 5.0；在 倒圆 区域中选中 ☑ 包括倒圆(I) 复选框，在 凹模半径(D): 文本框中输入值 1.0；在 端点条件 区域中选中 ⊙ 成形的(F) 单选项；单击 确定 按钮。

（4）单击 完成 按钮，完成特征的创建。

Step11. 创建图 17.3.29 所示的镜像特征 3。

（1）选取要镜像的特征。选取 Step10 所创建的加强筋特征 2 为镜像源。

（2）选择命令。单击 主页 功能选项卡 阵列 工具栏中的 镜像 按钮。

（3）定义镜像平面。选取前视图（XZ）平面为镜像平面。

（4）单击 完成 按钮，完成特征的创建。

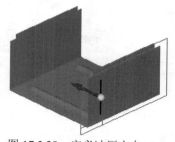

图 17.3.28 定义冲压方向

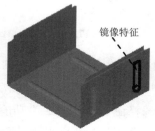

图 17.3.29 镜像特征 3

Step12. 创建图 17.3.30 所示的镜像特征 4。

（1）选取要镜像的特征。选取 Step10 和 Step11 所创建的特征为镜像源。

（2）选择命令。单击 主页 功能选项卡 阵列 工具栏中的 镜像 按钮。

（3）定义镜像平面。选取右视图（YZ）平面为镜像平面。

（4）单击 完成 按钮，完成特征的创建。

Step13. 创建图 17.3.31 所示的加强筋特征 3。

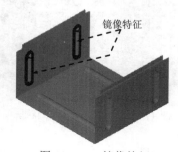

图 17.3.30 镜像特征 4

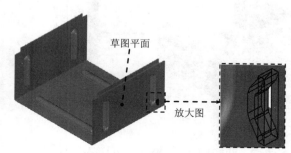

图 17.3.31 加强筋特征 3

（1）选择命令。在 主页 功能选项卡的 钣金 工具栏中单击 凹坑 按钮，选择 加强筋 命令。

（2）绘制加强筋截面草图。选取图 17.3.31 所示的模型表面为草图平面，绘制图 17.3.32 所示的截面草图。

（3）定义加强筋属性。在"加强筋"工具条中单击"选择方向步骤"按钮 ，定义冲压方向如图 17.3.33 所示，单击确定；单击 按钮，在 横截面 区域中选中 U型 单选项，在 高度(E): 文本框中输入值 1.5，在 宽度(W): 文本框中输入值 3.0，在 角度(A): 文本框中输入值 56；在 倒圆 区域选中 ☑ 包括倒圆(I) 复选框，在 凸模半径(P): 文本框中输入值 0.5，在 凹模半径(D): 文本框中输入值 1.0；在 端点条件 区域中选中 ⊙ 开口的(L) 单选项；单击 确定 按钮。

（4）单击 完成 按钮，完成特征的创建。

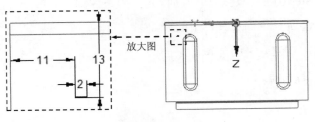

图 17.3.32　截面草图

图 17.3.33　定义冲压方向

Step14. 创建图 17.3.34 所示的阵列特征 1。

（1）选取要阵列的特征。选取 Step13 所创建的加强筋特征 3 为阵列特征。

（2）选择命令。单击 主页 功能选项卡 阵列 工具栏中的 阵列 按钮。

（3）定义要阵列草图平面。选取图 17.3.34 所示的模型表面为阵列草图平面。

（4）绘制矩形阵列轮廓。单击 特征 区域中的 按钮，绘制图 17.3.35 所示的矩形阵列轮廓。在"阵列"工具条的 翻转 下拉列表中选择 固定 选项，在"阵列"工具条的 X: 文本框中输入阵列个数为 1；在"阵列"工具条的 Y: 文本框中输入阵列个数为 2，输入间距值为 50，右击确定，单击 按钮，退出草绘环境。

（5）单击 完成 按钮，完成特征的创建。

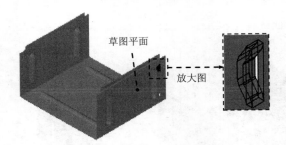

图 17.3.34　阵列特征 1

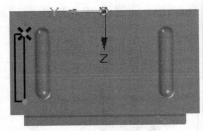

图 17.3.35　绘制矩形阵列轮廓

Step15. 创建图 17.3.36 所示的镜像特征 5。

（1）选取要镜像的特征。选取 Step13 和 Step14 所创建的特征为镜像源。

（2）选择命令。单击 主页 功能选项卡 阵列 工具栏中的 镜像 按钮。

（3）定义镜像平面。选取前视图（XZ）平面为镜像平面。

（4）单击 完成 按钮，完成特征的创建。

Step16. 创建图 17.3.37 所示的镜像特征 6。

（1）选取要镜像的特征。选取 Step13~Step15 所创建的特征为镜像源。

（2）选择命令。单击 主页 功能选项卡 阵列 工具栏中的 镜像 按钮。

（3）定义镜像平面。选取右视图（YZ）平面为镜像平面。

（4）单击 完成 按钮，完成特征的创建。

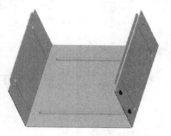

图 17.3.36　镜像特征 5

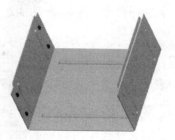

图 17.3.37　镜像特征 6

Step17. 创建图 17.3.38 所示的弯边特征 2。

（1）选择命令。单击 主页 功能选项卡 钣金 工具栏中的"弯边"按钮 。

（2）定义附着边。选取图 17.3.39 所示的模型边线为附着边。

（3）定义弯边类型。在"弯边"工具条中单击"从端部"按钮 ，并单击图 17.3.39 所示的附着边的端点 1，在 距离: 文本框中输入值 15，在 角度: 文本框中输入值 90，单击"外部尺寸标注"按钮 和"材料在外"按钮 ，调整弯边侧方向向上并单击，如图 17.3.38 所示。

（4）定义弯边尺寸。单击"轮廓步骤"按钮 ，编辑草图尺寸如图 17.3.40 所示，单击 按钮，退出草绘环境。

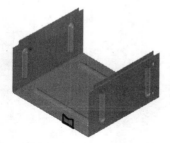

图 17.3.38　弯边特征 2

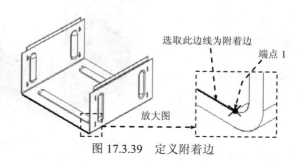

图 17.3.39　定义附着边

（5）定义折弯半径及止裂槽参数。单击"弯边选项"按钮 ，取消选中 □ 使用默认值* 复选框，在 折弯半径(R): 文本框中输入数值 0.5，并取消选中 □ 折弯止裂口(R) 复选框，单击 确定 按钮。

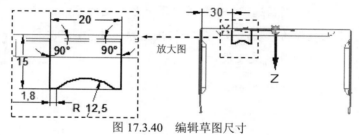

图 17.3.40　编辑草图尺寸

（6）单击 完成 按钮，完成特征的创建。

Step18. 创建图 17.3.41 所示的法向除料特征 1。

（1）选择命令。在 主页 功能选项卡的 钣金 工具栏中单击 打孔 按钮，选择 ⊡ 法向除料 命令。

（2）定义特征的截面草图。在系统 单击平的面或参考平面。 的提示下，选取图 17.3.41 所示的模型表面为草图平面，绘制图 17.3.42 所示的截面草图，单击"主页"功能选项卡中的"关闭草图"按钮 ✓，退出草绘环境。

（3）定义法向除料特征属性。在"法向除料"工具条中单击"厚度剪切"按钮 ✐ 和"穿过下一个"按钮 ▣，并将移除方向调整至如图 17.3.43 所示。

（4）单击 完成 按钮，完成特征的创建。

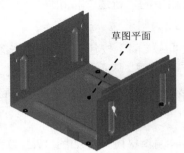

图 17.3.41　法向除料特征 1

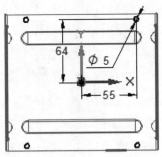

图 17.3.42　截面草图

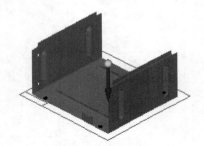

图 17.3.43　定义移除方向

Step19. 保存钣金件模型文件，并命名为 TOP_COVER。

**学习拓展**：扫码学习更多视频讲解。

**讲解内容**：装配设计实例精选，本部分讲解了一些典型的装配设计案例，着重介绍了装配设计的方法流程以及一些快速操作技巧，这些方法和技巧同样可以用于钣金件的装配设计。

# 实例 18  订书机组件

## 18.1  实 例 概 述

本实例介绍了图 18.1.1 所示的订书机组件的整个设计过程。该模型包括图 18.1.1b 所示的六个钣金件，本章对每个钣金件的设计过程都作了详细的讲解。每个钣金件的设计思路是先创建钣金件的大致形状，然后再使用折弯、成形特征等命令创建出最终模型，其中部分钣金件是通过实体转换的方法创建的,这种方法值得借鉴。订书机的最终模型如图 18.1.1a 所示。

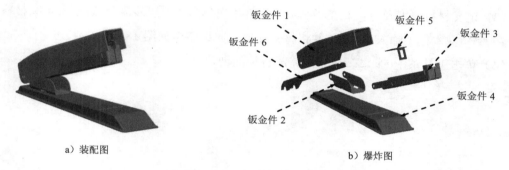

a）装配图  b）爆炸图

图 18.1.1  订书机组件

## 18.2  钣 金 件 1

钣金件 1 模型及模型树如图 18.2.1 所示。

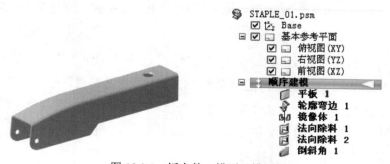

图 18.2.1  钣金件 1 模型及模型树

Step1. 新建文件。选择下拉菜单 ▼ ➡ 新建 ➡ GB 公制钣金 命令。

Step2. 创建图 18.2.2 所示的平板特征 1。

（1）选择命令。单击 主页 功能选项卡 钣金 工具栏中的"平板"按钮 ▱ 。

（2）定义特征的截面草图。在系统 单击平的面或参考平面。 的提示下，选取俯视图（XZ）平面作为草图平面，绘制图 18.2.3 所示的截面草图，单击"主页"功能选项卡中的"关闭草图"按钮 ✓ ，退出草绘环境。

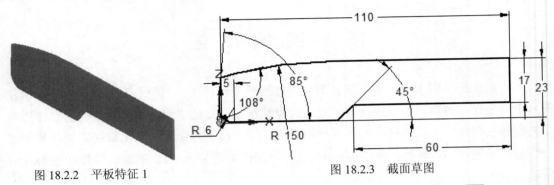

图 18.2.2　平板特征 1　　　　　　　图 18.2.3　截面草图

（3）定义材料厚度及方向。在"平板"工具条中单击"厚度步骤"按钮 ⬧ 定义材料厚度，在 厚度: 文本框中输入值 0.8，并将材料加厚方向调整至如图 18.2.4 所示。

（4）单击工具条中的 完成 按钮，完成特征的创建。

图 18.2.4　定义材料加厚方向

Step3. 创建图 18.2.5 所示的轮廓弯边特征 1。

（1）选择命令。单击 主页 功能选项卡 钣金 工具栏中的"轮廓弯边"按钮 ⬦ 。

（2）定义特征的截面草图。在系统的提示下，选取图 18.2.6 所示的模型边线为路径；在"轮廓弯边"工具条的 位置: 文本框中输入值 0，并按 Enter 键；绘制图 18.2.7 所示的截面草图。

（3）轮廓弯边的延伸量及方向。在"轮廓弯边"工具条中单击"范围步骤"按钮 ⬧ ；并单击"链"按钮 ⬗ ，定义轮廓弯边沿着图 18.2.8 所示的边链进行延伸，右击。

（4）定义轮廓弯边参数。单击"轮廓弯边选项"按钮 ▤ ，取消选中 ☐ 使用默认值* 复选框，在 折弯半径(R): 文本框中输入数值 2.0，单击 确定 按钮。

（5）单击 完成 按钮，完成特征的创建。

Step4. 创建图 18.2.9b 所示的镜像体特征 1。

（1）选择命令。在 主页 功能选项卡的 阵列 工具栏中单击 ◫ 镜像 ▾ 按钮，选择 ⬚ 镜像复制零件 命令。

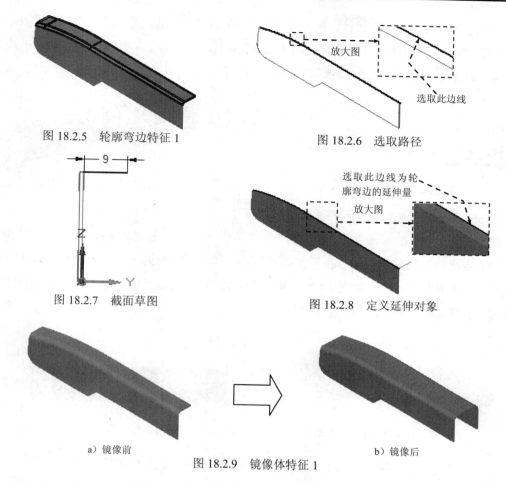

图 18.2.5　轮廓弯边特征 1

图 18.2.6　选取路径

选取此边线

图 18.2.7　截面草图

选取此边线为轮廓弯边的延伸量

放大图

图 18.2.8　定义延伸对象

a）镜像前

b）镜像后

图 18.2.9　镜像体特征 1

（2）定义镜像体。选取绘图区中的模型实体为镜像体。

（3）定义镜像平面。选取图 18.2.10 所示的模型表面为镜像平面。

（4）单击 完成 按钮，单击 取消 按钮，完成特征的创建。

Step5. 创建图 18.2.11 所示的法向除料特征 1。

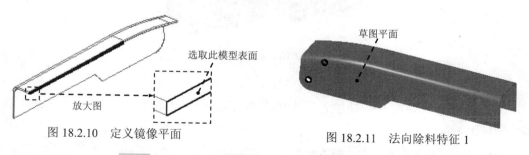

选取此模型表面

放大图

图 18.2.10　定义镜像平面

草图平面

图 18.2.11　法向除料特征 1

（1）选择命令。在 主页 功能选项卡的 钣金 工具栏中单击 打孔 按钮，选择 法向除料 命令。

（2）定义特征的截面草图。在系统 单击平的面或参考平面。 的提示下，选取图 18.2.11 所示的模型表面为草图平面，绘制图 18.2.12 所示的截面草图，单击"主页"功能选项卡中的"关闭草图"按钮 ，退出草绘环境。

（3）定义法向除料特征属性。在"法向除料"工具条中单击"厚度剪切"按钮 ✍ 和"贯通"按钮 ⊟⊟，并将移除方向调整至如图 18.2.13 所示。

（4）单击 完成 按钮，完成特征的创建。

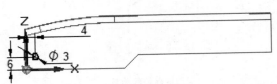

图 18.2.12　截面草图

图 18.2.13　定义移除方向

Step6. 创建图 18.2.14 所示的法向除料特征 2。

（1）选择命令。在 主页 功能选项卡的 钣金 工具栏中单击 打孔 按钮，选择 法向除料 命令。

（2）定义特征的截面草图。在系统 单击平的面或参考平面。 的提示下，选取图 18.2.14 所示的模型表面为草图平面，绘制图 18.2.15 所示的截面草图，单击"主页"功能选项卡中的"关闭草图"按钮 ✓，退出草绘环境。

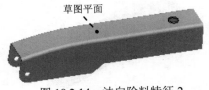

图 18.2.14　法向除料特征 2

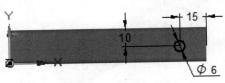

图 18.2.15　截面草图

（3）定义法向除料特征属性。在"法向除料"工具条中单击"厚度剪切"按钮 ✍ 和"贯通"按钮 ⊟⊟，并将移除方向调整至如图 18.2.16 所示。

（4）单击 完成 按钮，完成特征的创建。

图 18.2.16　定义移除方向

Step7. 创建图 18.2.17b 所示的倒斜角特征 1。

（1）选择命令。在 主页 功能选项卡的 钣金 工具栏中单击 倒角 后的小三角，选择 倒斜角 命令。

（2）定义倒斜角类型。在"倒斜角"工具条中单击 按钮，选中 深度相等(E) 单选项，单击 确定 按钮。

（3）定义倒斜角参照。选取图 18.2.17a 所示的边线为倒斜角参照边。

（4）定义倒角属性。在该工具条的 回切 文本框中输入值 0.5，右击。

（5）单击 完成 按钮，完成特征的创建。

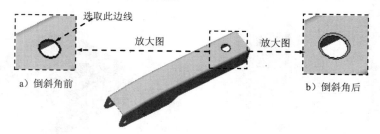

选取此边线

放大图    放大图

a）倒斜角前    b）倒斜角后

图 18.2.17  倒斜角特征 1

Step8. 保存钣金件模型文件，并命名为 STAPLE_01。

# 18.3  钣 金 件 2

钣金件 2 模型及模型树如图 18.3.1 所示。

STAPLE_02.psm
☑ Base
☐ ☑ 基本参考平面
    ☑ 俯视图 (XY)
    ☑ 右视图 (YZ)
    ☑ 前视图 (XZ)
☐ 顺序建模
    平板 1
    法向除料 1

镜像 1
法向除料 2
镜像 2
法向除料 3
折弯 1
镜像 3
凹坑 1
镜像 4

图 18.3.1  钣金件 2 模型及模型树

Step1. 新建文件。选择下拉菜单 ▼ ➡ 新建 ➡ GB 公制钣金 命令。

Step2. 创建图 18.3.2 所示的平板特征 1。

（1）选择命令。单击 主页 功能选项卡 钣金 工具栏中的"平板"按钮 □。

（2）定义特征的截面草图。在系统 单击平的面或参考平面。 的提示下，选取俯视图（XY）平面作为草图平面，绘制图 18.3.3 所示的截面草图，单击"主页"功能选项卡中的"关闭草图"按钮 ☑，退出草绘环境。

（3）定义材料厚度及方向。在"平板"工具条中单击"厚度步骤"按钮 🖉 定义材料厚度，在 厚度: 文本框中输入值 0.6，并将材料加厚方向调整至如图 18.3.4 所示。

（4）单击工具条中的 完成 按钮，完成特征的创建。

图 18.3.2  平板特征 1

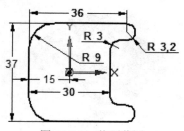

36
R 3
R 3,2
37
R 9
15
30

图 18.3.3  截面草图

Step3. 创建图 18.3.5 所示的法向除料特征 1。

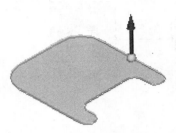

图 18.3.4 定义材料加厚方向

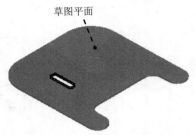

图 18.3.5 法向除料特征 1

（1）选择命令。在 主页 功能选项卡的 钣金 工具栏中单击 打孔 按钮，选择 法向除料 命令。

（2）定义特征的截面草图。在系统 单击平的面或参考平面。 的提示下，选取图 18.3.5 所示的模型表面为草图平面，绘制图 18.3.6 所示的截面草图，单击"主页"功能选项卡中的"关闭草图"按钮，退出草绘环境。

（3）定义法向除料特征属性。在"法向除料"工具条中单击"厚度剪切"按钮 和"贯通"按钮，并将移除方向调整至如图 18.3.7 所示。

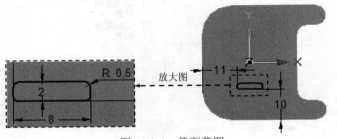

图 18.3.6 截面草图

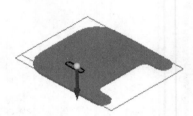

图 18.3.7 定义移除方向

（4）单击 完成 按钮，完成特征的创建。

Step4. 创建图 18.3.8 所示的镜像特征 1。

（1）选取要镜像的特征。选取 Step3 所创建的法向除料特征 1 为镜像源。

（2）选择命令。单击 主页 功能选项卡 阵列 工具栏中的 镜像 按钮。

（3）定义镜像平面。选取前视图（XZ）平面作为镜像平面。

（4）单击 完成 按钮，完成特征的创建。

Step5. 创建图 18.3.9 所示的法向除料特征 2。

图 18.3.8 镜像特征 1

图 18.3.9 法向除料特征 2

（1）选择命令。在 主页 功能选项卡的 钣金 工具栏中单击 打孔 按钮，选择 法向除料 命令。

（2）定义特征的截面草图。在系统 单击平的面或参考平面 的提示下，选取图 18.3.9 所示的模型表面为草图平面，绘制图 18.3.10 所示的截面草图，单击"主页"功能选项卡中的"关闭草图"按钮 ，退出草绘环境。

（3）定义法向除料特征属性。在"法向除料"工具条中单击"厚度剪切"按钮 和"贯通"按钮 ，并将移除方向调整至如图 18.3.11 所示。

（4）单击 完成 按钮，完成特征的创建。

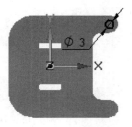

图 18.3.10 截面草图

图 18.3.11 定义移除方向

Step6. 创建图 18.3.12 所示的镜像特征 2。选取 Step5 所创建的法向除料特征 2 为镜像源；单击 主页 功能选项卡 阵列 工具栏中的 镜像 按钮；选取前视图（XZ）平面作为镜像平面；单击 完成 按钮，完成特征的创建。

Step7. 创建图 18.3.13 所示的法向除料特征 3。

图 18.3.12 镜像特征 2

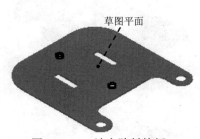

图 18.3.13 法向除料特征 3

（1）选择命令。在 主页 功能选项卡的 钣金 工具栏中单击 打孔 按钮，选择 法向除料 命令。

（2）定义特征的截面草图。在系统 单击平的面或参考平面 的提示下，选取图 18.3.13 所示的模型表面为草图平面，绘制图 18.3.14 所示的截面草图，单击"主页"功能选项卡中的"关闭草图"按钮 ，退出草绘环境。

（3）定义法向除料特征属性。在"法向除料"工具条中单击"厚度剪切"按钮 和"贯通"按钮 ，并将移除方向调整至如图 18.3.15 所示。

（4）单击 完成 按钮，完成特征的创建。

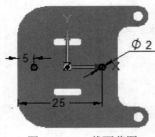

图 18.3.14　截面草图

图 18.3.15　定义移除方向

Step8. 创建图 18.3.16 所示的折弯特征 1。

（1）选择命令。单击 主页 功能选项卡 钣金 工具栏中的 折弯 按钮。

（2）绘制折弯线。选取图 18.3.16 所示的模型表面为草图平面，绘制图 18.3.17 所示的折弯线。

（3）定义折弯属性及参数。在"折弯"工具条中单击"折弯位置"按钮，在 折弯半径: 文本框中输入值 3，在 角度: 文本框中输入值 90；并单击"材料内部"按钮；单击"移动侧"按钮，并将方向调整至如图 18.3.18 所示；单击"折弯方向"按钮，并将方向调整至如图 18.3.19 所示。

（4）单击 完成 按钮，完成特征的创建。

图 18.3.16　折弯特征 1

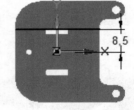

图 18.3.17　绘制折弯线

图 18.3.18　定义移动侧方向

图 18.3.19　定义折弯方向

Step9. 创建图 18.3.20 所示的镜像特征 3。

（1）选取要镜像的特征。选取 Step8 所创建的折弯特征 1 为镜像源。

（2）选择命令。单击 主页 功能选项卡 阵列 工具栏中的 镜像 按钮。

（3）定义镜像平面。选取前视图（XZ）平面作为镜像平面。

（4）单击 完成 按钮，完成特征的创建。

图 18.3.20 镜像特征 3

Step10. 创建图 18.3.21 所示的凹坑特征 1。

创建此凹坑特征

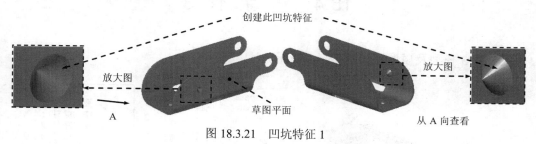

放大图

A

草图平面

放大图

从 A 向查看

图 18.3.21 凹坑特征 1

（1）选择命令。单击 主页 功能选项卡 钣金 工具栏中的"凹坑"按钮 ▢ 。

（2）绘制截面草图。选取图 18.3.21 所示的模型表面为草图平面，绘制图 18.3.22 所示的截面草图。

（3）定义凹坑属性。在"凹坑"工具条中单击 ⟨⟩ 按钮，单击"偏置尺寸"按钮 ⤴ ，在 距离: 文本框中输入值 0.5，单击 ▤ 按钮，在 拔模角(T): 文本框中输入值 45，在 倒圆 区域中取消选中 □ 包括倒圆(I) 复选框，并取消选中 □ 包含凸模侧拐角半径(A) 复选框，单击 确定 按钮；定义其冲压方向指向模型内部，单击"轮廓代表凸模"按钮 ⊔ 。

（4）单击工具条中的 完成 按钮，完成特征的创建。

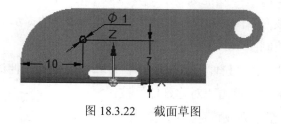

图 18.3.22 截面草图

Step11. 创建图 18.3.23 所示的镜像特征 4。

（1）选取要镜像的特征。选取 Step10 所创建的凹坑特征 1 为镜像源。

（2）选择命令。单击 主页 功能选项卡 阵列 工具栏中的 ⟨⟩ 镜像 按钮。

（3）定义镜像平面。选取前视图（XZ）平面作为镜像平面。

（4）单击 完成 按钮，完成特征的创建。

Step12. 保存钣金件模型文件，并命名为 STAPLE_02。

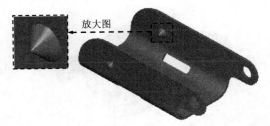

图 18.3.23　镜像特征 4

# 18.4　钣 金 件 3

钣金件 3 模型及模型树如图 18.4.1 所示。

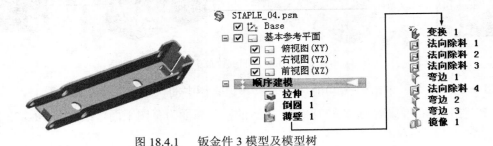

图 18.4.1　钣金件 3 模型及模型树

Step1. 新建文件。选择下拉菜单 [图标] ➡ 新建 ➡ GB 公制钣金 命令。

Step2. 切换至零件环境。单击"工具"功能选项卡"变换"工具栏中的 切换到 按钮，进入零件环境。

Step3. 创建图 18.4.2 所示的拉伸特征 1。

（1）选择命令。单击 主页 功能选项卡 实体 区域中的"拉伸"按钮 [图标]。

（2）定义特征的截面草图。在系统 单击平的面或参考平面。 的提示下，选取前视图（XZ）平面作为草图平面，绘制图 18.4.3 所示的截面草图。

（3）定义拉伸属性。在"拉伸"工具条中单击 [图标] 按钮定义拉伸深度，在 距离: 文本框中输入值 15，并按 Enter 键，单击"对称延伸"按钮 [图标]。

（4）单击 完成 按钮，完成特征的创建。

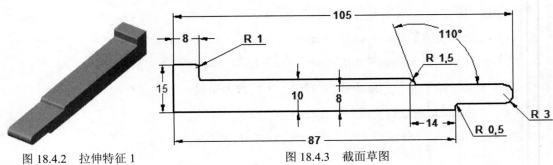

图 18.4.2　拉伸特征 1　　　　　　　图 18.4.3　截面草图

Step4. 创建图 18.4.4b 所示的倒圆角特征 1。

（1）选择命令。单击 主页 功能选项卡 实体 区域中的"倒圆"按钮 。

（2）定义圆角对象。选取图 18.4.4a 所示的边线为要倒圆角的对象。

（3）定义圆角参数。在"倒圆角"工具条的 半径: 文本框中输入值 1.2，右击。

（4）单击工具条中的 完成 按钮，完成特征的创建。

选取此边线

a）倒圆角前　　　　　　　　　　　　　　　　　　b）倒圆角后

图 18.4.4　倒圆角特征 1

Step5. 创建图 18.4.5b 所示的薄壁特征 1。

（1）选择命令。单击 主页 功能选项卡 实体 区域中的"薄壁"按钮 。

（2）定义薄壁厚度。在"薄壁"工具条的 同一厚度: 文本框中输入值 1.0，并按 Enter 键。

（3）定义移除面。在系统提示下，选取图 18.4.6 所示的模型表面为要移除的面，右击。

（4）在工具条中单击 预览 按钮显示其结果，并单击 完成 按钮，完成特征的创建。

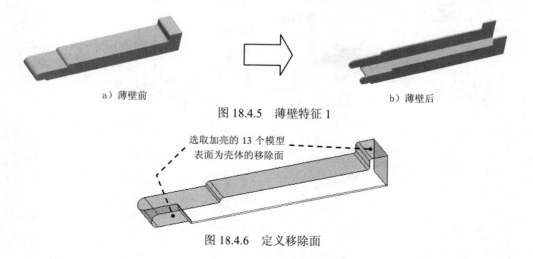

a）薄壁前　　　　　　　　　　　　　　　　　　b）薄壁后

图 18.4.5　薄壁特征 1

选取加亮的 13 个模型
表面为壳体的移除面

图 18.4.6　定义移除面

Step6. 切换至钣金环境。单击"工具"功能选项卡"变换"工具栏中的 切换到 按钮，进入钣金环境。

Step7. 将实体转换为钣金。

（1）选择命令。单击"工具"功能选项卡"变换"工具栏中的"薄壁零件变化为钣金"按钮 。

（2）定义基本面。选取图 18.4.7 所示的模型表面为基本面。

（3）单击 完成 按钮，完成将实体转换为钣金的操作。

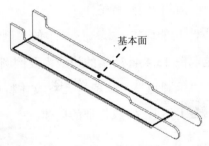

图 18.4.7 定义基本面

**Step8.** 创建图 18.4.8b 所示的法向除料特征 1。

（1）选择命令。在 主页 功能选项卡的 钣金 工具栏中单击 打孔 按钮，选择 法向除料 命令。

（2）定义特征的截面草图。在系统 单击平的面或参考平面。 的提示下，选取前视图（XZ）平面作为草图平面，绘制图 18.4.9 所示的截面草图，单击"主页"功能选项卡中的"关闭草图"按钮 ，退出草绘环境。

（3）定义法向除料特征属性。在"除料"工具条中单击"厚度剪切"按钮 和"贯通"按钮 ，并将移除方向调整至图 18.4.10 所示的方向。

（4）单击 完成 按钮，完成特征的创建。

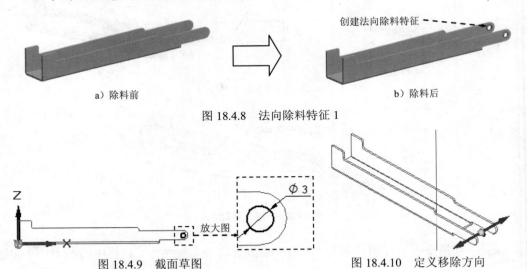

a）除料前　　　　　b）除料后

图 18.4.8 法向除料特征 1

图 18.4.9 截面草图

图 18.4.10 定义移除方向

**Step9.** 创建图 18.4.11b 所示的法向除料特征 2。

（1）选择命令。在 主页 功能选项卡的 钣金 工具栏中单击 打孔 按钮，选择 法向除料 命令。

（2）定义特征的截面草图。在系统 单击平的面或参考平面。 的提示下，选取图 18.4.12 所示的模型表面为草图平面，绘制图 18.4.13 所示的截面草图，单击"主页"功能选项卡中的"关闭草图"按钮 ，退出草绘环境。

（3）定义法向除料特征属性。在"法向除料"工具条中单击"厚度剪切"按钮 和"贯通"按钮 ，并将移除方向调整至如图 18.4.14 所示。

（4）单击 完成 按钮，完成特征的创建。

a）除料前　　　　　　　　创建法向除料特征 2　　　　b）除料后

图 18.4.11　法向除料特征 2

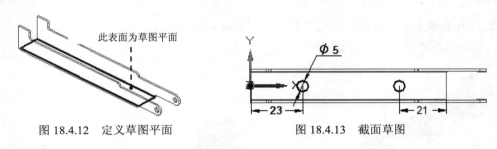

图 18.4.12　定义草图平面　　　　　　　图 18.4.13　截面草图

Step10. 创建图 18.4.15 所示的法向除料特征 3。

（1）选择命令。在 主页 功能选项卡的 钣金 工具栏中单击 打孔 按钮，选择 法向除料 命令。

（2）定义特征的截面草图。在系统 单击平的面或参考平面。 的提示下，选取前视图（XZ）平面作为草图平面，绘制图 18.4.16 所示的截面草图，单击"主页"功能选项卡中的"关闭草图"按钮 ，退出草绘环境。

（3）定义法向除料特征属性。在"法向除料"工具条中单击"厚度剪切"按钮 和"贯通"按钮 ，并将移除方向调整至如图 18.4.17 所示。

（4）单击 完成 按钮，完成特征的创建。

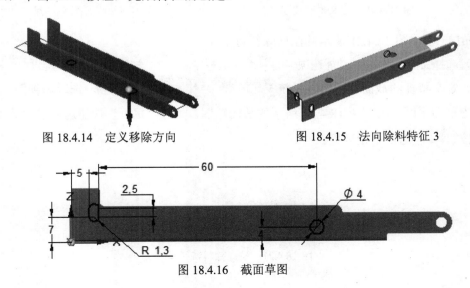

图 18.4.14　定义移除方向　　　　　　图 18.4.15　法向除料特征 3

图 18.4.16　截面草图

Step11. 创建图 18.4.18 所示的弯边特征 1。

（1）选择命令。单击 主页 功能选项卡 钣金 工具栏中的"弯边"按钮 。

（2）定义附着边。选取图 18.4.19 所示的模型边线为附着边。

（3）定义弯边类型。在"弯边"工具条中单击"中心点"按钮 ，在 距离: 文本框中输入值 5，在 角度: 文本框中输入值 90，单击"外部尺寸标注"按钮 和"材料在外"按钮 ，调整弯边侧方向向下并单击，如图 18.4.18 所示。

（4）定义弯边尺寸。单击"轮廓步骤"按钮 ，编辑草图尺寸如图 18.4.20 所示，单击 按钮，退出草绘环境。

（5）定义折弯半径及止裂槽参数。单击"弯边选项"按钮 ，取消选中 折弯止裂口 (E) 复选框，其他参数采用系统默认设置值，单击 确定 按钮。

（6）单击 完成 按钮，完成特征的创建。

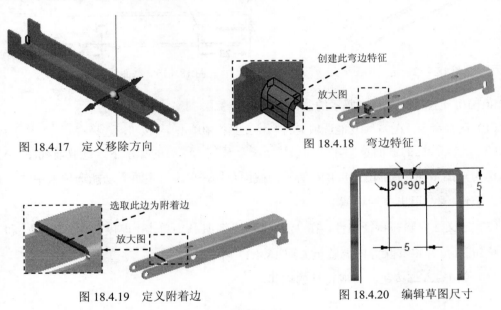

图 18.4.17　定义移除方向

图 18.4.18　弯边特征 1

图 18.4.19　定义附着边

图 18.4.20　编辑草图尺寸

Step12. 创建图 18.4.21 所示的法向除料特征 4。

（1）选择命令。在 主页 功能选项卡的 钣金 工具栏中单击 打孔 按钮，选择 法向除料 命令。

（2）定义特征的截面草图。在系统 单击平的面或参考平面。 的提示下，选取俯视图（XY）平面作为草图平面，绘制图 18.4.22 所示的截面草图，单击"主页"功能选项卡中的"关闭草图"按钮 ，退出草绘环境。

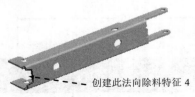

创建此法向除料特征 4

图 18.4.21　法向除料特征 4

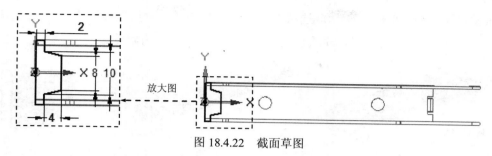

图 18.4.22　截面草图

（3）定义法向除料特征属性。在"法向除料"工具条中单击"厚度剪切"按钮 ![] 和"有限范围"按钮 ![]，在 距离: 文本框中输入值 1.2，并调整移除方向向内并单击，如图 18.4.21 所示。

（4）单击 完成 按钮，完成特征的创建。

Step13. 创建图 18.4.23 所示的弯边特征 2。

（1）选择命令。单击 主页 功能选项卡 钣金 工具栏中的"弯边"按钮 ![]。

（2）定义附着边。选取图 18.4.24 所示的模型边线为附着边。

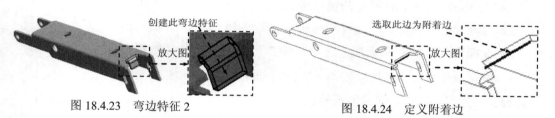

图 18.4.23　弯边特征 2　　　　　　　　　图 18.4.24　定义附着边

（3）定义弯边类型。在"弯边"工具条中单击"中心点"按钮 ![]，在 距离: 文本框中输入值 5，在 角度: 文本框中输入值 90，单击"外部尺寸标注"按钮 ![] 和"材料在外"按钮 ![]，调整弯边侧方向向下并单击，如图 18.4.23 所示。

（4）定义弯边尺寸。单击"轮廓步骤"按钮 ![]，编辑草图尺寸如图 18.4.25 所示，单击 ![] 按钮，退出草绘环境。

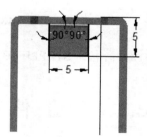

图 18.4.25　编辑草图尺寸

（5）定义折弯半径及止裂槽参数。单击"弯边选项"按钮 ![]，取消选中 ☐ 折弯止裂口 (E) 复选框，其他参数采用系统默认设置值，单击 确定 按钮。

（6）单击 完成 按钮，完成特征的创建。

Step14. 创建图 18.4.26 所示的弯边特征 3。

（1）选择命令。单击 主页 功能选项卡 钣金 工具栏中的"弯边"按钮 ⬚。

（2）定义附着边。选取图选取图 18.4.27 所示的模型边线为附着边。

图 18.4.26　弯边特征 3　　　　　　　　　　　　图 18.4.27　定义附着边

（3）定义弯边类型。在"弯边"工具条中单击"全宽"按钮 ⬜，在 距离 文本框中输入值 7，在 角度 文本框中输入值 90，单击"外部尺寸标注"按钮 ⬚ 和"折弯在外"按钮 ⬚，调整弯边侧方向向内并单击，如图 18.4.26 所示。

（4）定义弯边尺寸。单击"轮廓步骤"按钮 ⬚，编辑草图尺寸如图 18.4.28 所示，单击 ✓ 按钮，退出草绘环境。

（5）单击 完成 按钮，完成特征的创建。

Step15. 创建图 18.4.29 所示的镜像特征 1。

（1）选取要镜像的特征。选取 Step14 所创建的弯边特征 3 为镜像源。

（2）选择命令。单击 主页 功能选项卡 阵列 工具栏中的 ⬚ 镜像 按钮。

（3）定义镜像平面。选取前视图（XZ）平面为镜像平面。

（4）单击 完成 按钮，完成特征的创建。

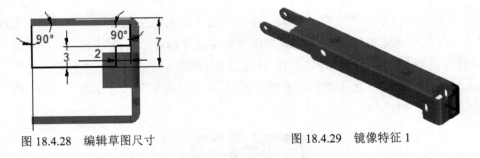

图 18.4.28　编辑草图尺寸　　　　　　　　　　　图 18.4.29　镜像特征 1

Step16. 保存钣金件模型文件，并命名为 STAPLE_03。

# 18.5　钣　金　件　4

钣金件 4 模型及模型树如图 18.5.1 所示。

Step1. 新建文件。选择下拉菜单 ⬚ ➡ 新建 ➡ GB 公制钣金 命令。

Step2. 切换至零件环境。单击"工具"功能选项卡"变换"工具栏中的 ⬚ 切换到 按钮，进入零件环境。

图 18.5.1　钣金件 4 模型及模型树

Step3. 创建图 18.5.2 所示的拉伸特征 1。

（1）选择命令。单击 主页 功能选项卡 实体 区域中的"拉伸"按钮 。

（2）定义特征的截面草图。在系统 单击平的面或参考平面。 的提示下，选取前视图（XZ）平面作为草图平面，绘制图 18.5.3 所示的截面草图，单击"主页"功能选项卡中的"关闭草图"按钮 ，退出草绘环境。

（3）定义拉伸属性。在"拉伸"工具条中单击 按钮定义拉伸深度，单击"对称延伸"按钮 ，在 距离 文本框中输入值 34，并按 Enter 键。

（4）单击 完成 按钮，完成特征的创建。

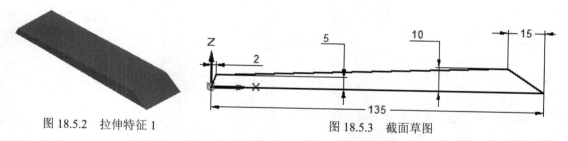

图 18.5.2　拉伸特征 1　　　　　　　　图 18.5.3　截面草图

Step4. 创建图 18.5.4 所示的除料特征 1。

（1）选择命令。单击 主页 功能选项卡 实体 区域中的"除料"按钮 。

（2）定义特征的截面草图。

① 选取草图平面。在系统 单击平的面或参考平面。 的提示下，选取俯视图（XY）平面为草图平面。

② 绘制图 18.5.5 所示的截面草图。

图 18.5.4　除料特征 1

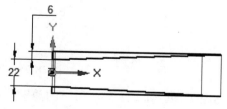

图 18.5.5　截面草图

③ 单击"主页"功能选项卡中的"关闭草图"按钮 ，退出草绘环境。

（3）定义除料特征属性。在"除料"工具条中单击 按钮定义除料深度，在该工具条中单击"贯通"按钮██，并定义移除方向如图 18.5.6 所示。

（4）单击 完成 按钮，完成特征的创建。

图 18.5.6　定义移除方向

Step5. 创建图 18.5.7b 所示的倒圆角特征 1。

（1）选择命令。单击 主页 功能选项卡 实体 区域中的"倒圆"按钮 。

（2）定义圆角对象。选取图 18.5.7a 所示的边线为要倒圆角的对象。

（3）定义圆角参数。在"倒圆角"工具条的 半径: 文本框中输入值 4.0，并按 Enter 键，右击。

（4）单击工具条中的 完成 按钮，完成特征的创建。

a）倒圆角前　　　　　　　　　　　　　　　　　　　b）倒圆角后

选取这两条边线

图 18.5.7　倒圆角特征 1

Step6. 创建图 18.5.8b 所示的倒圆角特征 2。

（1）选择命令。单击 主页 功能选项卡 实体 区域中的"倒圆"按钮 。

（2）定义圆角对象。选取图 18.5.8a 所示的边线为要倒圆角的对象。

（3）定义圆角参数。在"倒圆角"工具条的 半径: 文本框中输入值 1.0，并按 Enter 键，右击。

（4）单击工具条中的 完成 按钮，完成特征的创建。

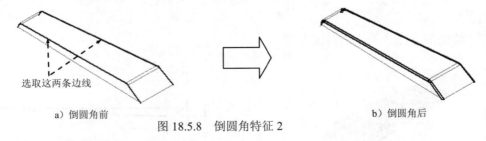

选取这两条边线

a）倒圆角前　　　　　　　　　　　　　　　　　　　b）倒圆角后

图 18.5.8　倒圆角特征 2

Step7. 创建图 18.5.9b 所示的薄壁特征 1。

（1）选择命令。单击 主页 功能选项卡 实体 区域中的"薄壁"按钮 。

（2）定义薄壁厚度。在"薄壁"工具条的 同一厚度: 文本框中输入值 0.6，并按 Enter 键。

（3）定义移除面。在系统提示下，选取图 18.5.9a 所示的模型表面为要移除的面，并单击右键。

（4）在工具条中单击 预览 按钮显示其结果，并单击 完成 按钮，完成特征的创建。

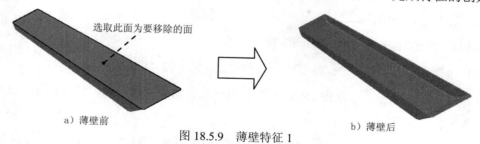

选取此面为要移除的面

a）薄壁前 　　　　　　　　　　　　　　b）薄壁后

图 18.5.9　薄壁特征 1

Step8. 切换至钣金环境。单击"工具"功能选项卡"变换"工具栏中的 切换到 按钮，进入钣金环境。

Step9. 将实体转换为钣金。

（1）选择命令。单击"工具"功能选项卡"变换"工具栏中的"薄壁零件变化为钣金"按钮 。

（2）定义基本面。选取图 18.5.10 所示的模型表面为基本面。

（3）单击 完成 按钮，完成特征的创建。

基本面

图 18.5.10　定义基本面

Step10. 创建图 18.5.11 所示的凹坑特征 1。

（1）选择命令。单击 主页 功能选项卡 钣金 工具栏中的"凹坑"按钮 。

（2）绘制截面草图。选取图 18.5.11 所示的模型表面为草图平面，绘制图 18.5.12 所示的截面草图。

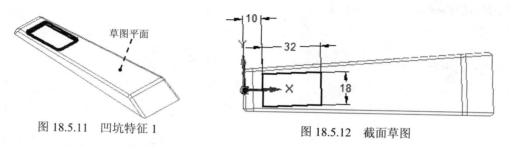

图 18.5.11　凹坑特征 1 　　　　　　　　图 18.5.12　截面草图

（3）定义凹坑属性。在"凹坑"工具条中单击 按钮，单击"偏置尺寸"按钮 ，在 距离 文本框中输入值 1.0，单击 按钮，在 拔模角(T): 文本框中输入值 10，在 倒圆 区域中选中 ☑ 包括倒圆(I) 复选框，在 凸模半径 文本框中输入值 1；在 凹模半径 文本框中输入值 0.2；

并选中 ☑包含凸模侧拐角半径(A) 复选框，在 半径(R): 文本框中输入值 1.5，单击 确定 按钮；定义其冲压方向为模型内部，单击"轮廓代表凸模"按钮 。

（4）单击工具条中的 完成 按钮，完成特征的创建。

Step11. 创建图 18.5.13 所示的凹坑特征 2。

（1）选择命令。单击 主页 功能选项卡 钣金 工具栏中的"凹坑"按钮 。

（2）绘制截面草图。选取图 18.5.13 所示的模型表面为草图平面，绘制图 18.5.14 所示的截面草图。

（3）定义凹坑属性。在"凹坑"工具条中单击 按钮，单击"偏置尺寸"按钮 ，在 距离: 文本框中输入值 1.0，单击 按钮，在 拔模角(I): 文本框中输入值 10，在 倒圆 区域中选中 ☑包括倒圆(I) 复选框，在 凸模半径 文本框中输入值 1；在 凹模半径 文本框中输入值 0.2；并选中 ☑包含凸模侧拐角半径(A) 复选框，在 半径(R): 文本框中输入值 1.5，单击 确定 按钮；定义其冲压方向为模型内部，单击"轮廓代表凸模"按钮 。

（4）单击工具条中的 完成 按钮，完成特征的创建。

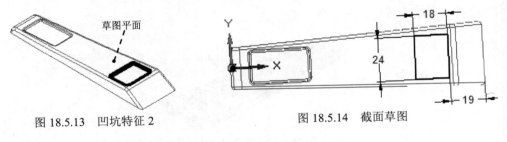

图 18.5.13 凹坑特征 2　　　　　图 18.5.14 截面草图

Step12. 创建图 18.5.15 所示的法向除料特征 1。

（1）选择命令。在 主页 功能选项卡的 钣金 工具栏中单击 打孔 按钮，选择 法向除料 命令。

（2）定义特征的截面草图。在系统 单击平的面或参考平面 的提示下，选取图 18.5.16 所示的模型表面为草图平面，绘制图 18.5.17 所示的截面草图，单击"主页"功能选项卡中的"关闭草图"按钮 ，退出草绘环境。

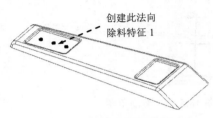

图 18.5.15 法向除料特征 1

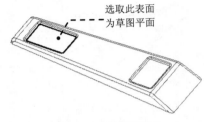

图 18.5.16 定义草图平面

（3）定义法向除料特征属性。在"法向除料"工具条中单击"厚度剪切"按钮 和"贯通"按钮 ，并将移除方向调整至如图 18.5.18 所示。

（4）单击 完成 按钮，完成特征的创建。

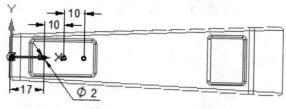

图 18.5.17　截面草图

Step13. 创建图 18.5.19 所示的法向除料特征 2。

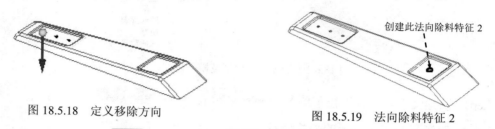

图 18.5.18　定义移除方向　　　　　　图 18.5.19　法向除料特征 2

（1）选择命令。在 主页 功能选项卡的 钣金 工具栏中单击 打孔 按钮，选择 法向除料 命令。

（2）定义特征的截面草图。在系统 单击平的面或参考平面。 的提示下，选取图 18.5.20 所示的模型表面为草图平面，绘制图 18.5.21 所示的截面草图，单击"主页"功能选项卡中的"关闭草图"按钮 ，退出草绘环境。

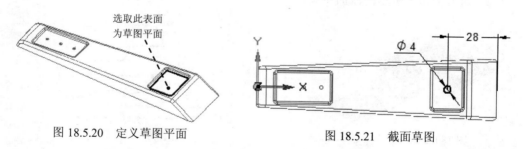

图 18.5.20　定义草图平面　　　　　　图 18.5.21　截面草图

（3）定义法向除料特征属性。在"法向除料"工具条中单击"厚度剪切"按钮 和"贯通"按钮 ，并将移除方向调整至如图 18.5.22 所示。

（4）单击 完成 按钮，完成特征的创建。

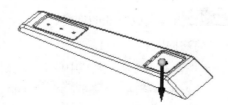

图 18.5.22　定义移除方向

Step14. 保存钣金件模型文件，并命名为 STAPLE_04。

# 18.6　钣　金　件　5

钣金件 5 模型及模型树如图 18.6.1 所示。

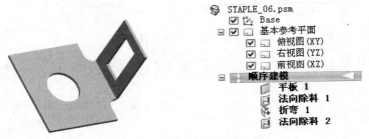

图 18.6.1　钣金件 5 模型及模型树

Step1. 新建文件。选择下拉菜单 ![下拉菜单] ➡ 新建 ➡ GB 公制钣金 命令。

Step2. 创建图 18.6.2 所示的平板特征 1。

（1）选择命令。单击 主页 功能选项卡 钣金 工具栏中的"平板"按钮 ![平板按钮]。

（2）定义特征的截面草图。

① 选取草图平面。在系统 单击平的面或参考平面。 的提示下，选取俯视图（XY）平面作为草图平面。

② 绘制图 18.6.3 所示的截面草图。

图 18.6.2　平板特征 1

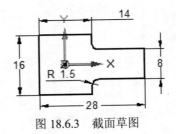

图 18.6.3　截面草图

③ 单击"主页"功能选项卡中的"关闭草图"按钮 ![关闭草图按钮]，退出草绘环境。

（3）定义材料厚度及方向。在"平板"工具条中单击"厚度步骤"按钮 ![厚度步骤按钮] 定义材料厚度，在 厚度: 文本框中输入值 0.5，并将材料加厚方向调整至如图 18.6.4 所示。

（4）单击工具条中的 完成 按钮，完成特征的创建。

Step3. 创建图 18.6.5 所示的法向除料特征 1。

（1）选择命令。在 主页 功能选项卡的 钣金 工具栏中单击 打孔 按钮，选择 ![法向除料图标] 法向除料 命令。

（2）定义特征的截面草图。在系统 单击平的面或参考平面。 的提示下，选取图 18.6.5 所示的模型表面为草图平面，绘制图 18.6.6 所示的截面草图，单击"主页"功能选项卡中的"关闭草图"按钮 ![关闭草图按钮]，退出草绘环境。

图 18.6.4　定义材料加厚方向

图 18.6.5　法向除料特征 1

（3）定义法向除料特征属性。在"法向除料"工具条中单击"厚度剪切"按钮 和"贯通"按钮 ，并将移除方向调整至如图 18.6.7 所示。

（4）单击 完成 按钮，完成特征的创建。

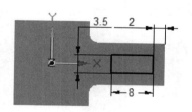

图 18.6.6　截面草图

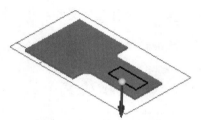

图 18.6.7　定义移除方向

Step4. 创建图 18.6.8 所示的折弯特征 1。

（1）选择命令。单击 主页 功能选项卡 钣金 工具栏中的 折弯 按钮。

（2）绘制折弯线。选取图 18.6.8 所示的模型表面为草图平面，绘制图 18.6.9 所示的折弯线。

图 18.6.8　折弯特征 1

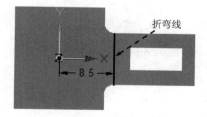

图 18.6.9　绘制折弯线

（3）定义折弯属性及参数。在"折弯"工具条中单击"折弯位置"按钮 ，在 折弯半径: 文本框中输入值 0.2，在 角度: 文本框中输入值 90；单击"从轮廓起"按钮 ，并定义折弯的位置如图 18.6.10 所示的位置后单击；单击"移动侧"按钮 ，并将方向调整至如图 18.6.11 所示；单击"折弯方向"按钮 ，并将方向调整至如图 18.6.12 所示。

图 18.6.10　定义折弯位置

图 18.6.11　定义移动侧方向

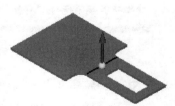

图 18.6.12　定义折弯方向

（4）单击 完成 按钮，完成特征的创建。

Step5. 创建图18.6.13b所示的法向除料特征2。

（1）选择命令。在 主页 功能选项卡的 钣金 工具栏中单击 打孔 按钮，选择 法向除料 命令。

（2）定义特征的截面草图。在系统 单击平的面或参考平面 的提示下，选取图18.6.13所示的模型表面为草图平面，绘制图18.6.14所示的截面草图，单击"主页"功能选项卡中的"关闭草图"按钮，退出草绘环境。

（3）定义法向除料特征属性。在"法向除料"工具条中单击"厚度剪切"按钮 和"贯通"按钮，并将移除方向调整至如图18.6.15所示。

（4）单击 完成 按钮，完成特征的创建。

Step6. 保存钣金件模型文件，并命名为STAPLE_05。

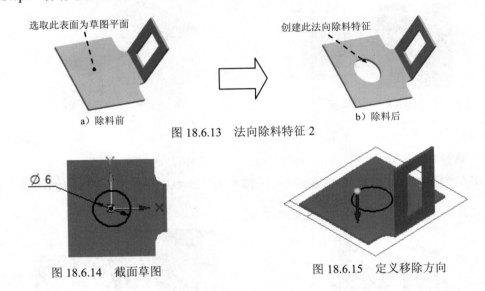

选取此表面为草图平面　　　　　创建此法向除料特征

a）除料前　　　　　　　b）除料后

图 18.6.13　法向除料特征2

Ø 6

图 18.6.14　截面草图　　　　　图 18.6.15　定义移除方向

# 18.7　钣　金　件　6

钣金件6模型及模型树如图18.7.1所示。

STAPLE_05.psm
☑ Base
□ ☑ 基本参考平面
☑ 俯视图（XY）
☑ 右视图（YZ）
☑ 前视图（XZ）
□ 顺序建模
☑ 拉伸 1

倒圆 1
薄壁 1
变换 1
法向除料 1
法向除料 2
平板 1
倒角 1

图 18.7.1　钣金件6模型及模型树

Step1. 新建文件。选择下拉菜单 ▼ ➡ 新建 ➡ GB 公制钣金 命令。

Step2. 切换至零件环境。单击"工具"功能选项卡"变换"工具栏中的 切换到 按钮，进入零件环境。

Step3. 创建图 18.7.2 所示的拉伸特征 1。

（1）选择命令。单击 主页 功能选项卡 实体 区域中的"拉伸"按钮 。

（2）定义特征的截面草图。在系统 单击平的面或参考平面。 的提示下，选取前视图（XZ）平面作为草图平面，绘制图 18.7.3 所示的截面草图，单击"主页"功能选项卡中的"关闭草图"按钮 ，退出草绘环境。

（3）定义拉伸属性。在"拉伸"工具条中单击 按钮定义拉伸深度，在 距离: 文本框中输入值 12，并按 Enter 键，单击"对称延伸"按钮 。

（4）单击 完成 按钮，完成特征的创建。

图 18.7.2　拉伸特征 1

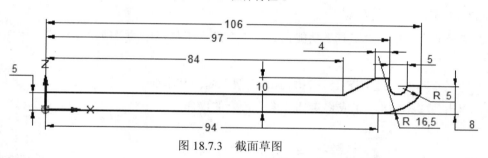

图 18.7.3　截面草图

Step4. 创建倒圆角特征 1。

（1）选择命令。单击 主页 功能选项卡 实体 区域中的"倒圆"按钮 。

（2）定义圆角对象。选取图 18.7.4 所示的两条边线为要倒圆角的对象。

（3）定义圆角参数。在"倒圆角"工具条的 半径: 文本框中输入值 1.0，并按 Enter 键，右击。

（4）单击工具条中的 完成 按钮，完成特征的创建。

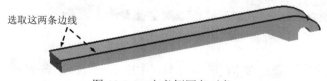

选取这两条边线

图 18.7.4　定义倒圆角对象

Step5. 创建图 18.7.5 所示的薄壁特征 1。

（1）选择命令。单击 主页 功能选项卡 实体 区域中的"薄壁"按钮 。

（2）定义薄壁厚度。在"薄壁"工具条的 同一厚度: 文本框中输入值 0.8，并按 Enter 键。

（3）定义移除面。在系统提示下，选取图 18.7.6 所示的 13 个模型表面为要移除的面，选取完成后单击鼠标右键。

（4）在工具条中单击 预览 按钮显示其结果，并单击 完成 按钮，完成特征的创建。

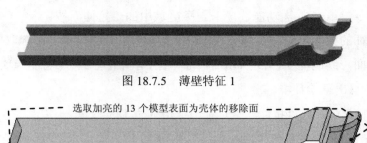

图 18.7.5　薄壁特征 1

选取加亮的 13 个模型表面为壳体的移除面

图 18.7.6　定义移除面

Step6. 切换至钣金环境。单击"工具"功能选项卡"变换"工具栏中的 切换到 按钮，进入钣金环境。

Step7. 将实体转换为钣金。

（1）选择命令。单击"工具"功能选项卡"变换"工具栏中的"薄壁零件变化为钣金"按钮 。

（2）定义基本面。选取图 18.7.7 所示的模型表面为基本面。

（3）单击 完成 按钮，完成将实体转换为钣金的操作。

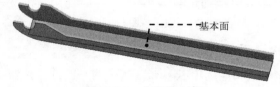

基本面

图 18.7.7　定义基本面

Step8. 创建图 18.7.8 所示的法向除料特征 1。

草图平面

图 18.7.8　法向除料特征 1

（1）选择命令。在 主页 功能选项卡的 钣金 工具栏中单击 打孔 按钮，选择 法向除料 命令。

（2）定义特征的截面草图。

① 选取草图平面。在系统 单击平的面或参考平面。 的提示下，选取图 18.7.8 所示的模型表面为草图平面。

② 绘制图 18.7.9 所示的截面草图。

③ 单击"主页"功能选项卡中的"关闭草图"按钮 ，退出草绘环境。

（3）定义法向除料特征属性。在"法向除料"工具条中单击"厚度剪切"按钮 和"贯通"按钮 ，并将移除方向调整至如图 18.7.10 所示。

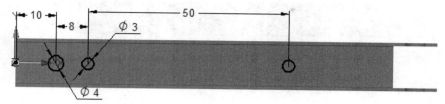

图 18.7.9　截面草图

（4）单击 完成 按钮，完成特征的创建。

图 18.7.10　定义移除方向

Step9. 创建图 18.7.11 所示的法向除料特征 2。

图 18.7.11　法向除料特征 2

（1）选择命令。在 主页 功能选项卡的 钣金 工具栏中单击 打孔 按钮，选择 法向除料 命令。

（2）定义特征的截面草图。在系统 单击平的面或参考平面 的提示下，选取图 18.7.11 所示的模型表面为草图平面，绘制图 18.7.12 所示的截面草图，单击"主页"功能选项卡中的"关闭草图"按钮 ，退出草绘环境。

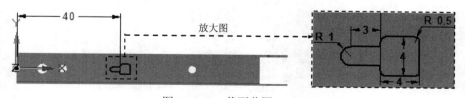

图 18.7.12　截面草图

（3）定义法向除料特征属性。在"法向除料"工具条中单击"厚度剪切"按钮 和"贯通"按钮 ，并将移除方向调整至如图 18.7.13 所示。

（4）单击 完成 按钮，完成特征的创建。

Step10. 创建图 18.7.14 所示的平板特征 1。

（1）选择命令。单击 主页 功能选项卡 钣金 工具栏中的"平板"按钮 。

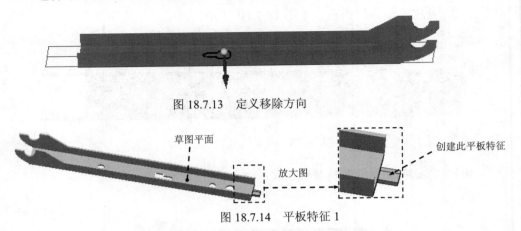

图 18.7.13　定义移除方向

图 18.7.14　平板特征 1

（2）定义特征的截面草图。在系统 单击平的面或参考平面。 的提示下，选取图 18.7.14 所示的模型表面为草图平面，绘制图 18.7.15 所示的截面草图，单击"主页"功能选项卡中的"关闭草图"按钮 ，退出草绘环境。

（3）单击工具条中的 完成 按钮，完成特征的创建。

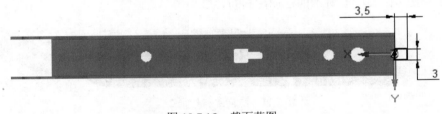

图 18.7.15　截面草图

Step11. 创建倒角特征 1。单击 主页 功能选项卡 钣金 工具栏中的 倒角 按钮；选取图 18.7.16 所示的两条边线为倒角的边线；在"倒角"工具条中单击 按钮，在 裂口: 文本框中输入值 0.5，右击；单击 完成 按钮，完成特征的创建。

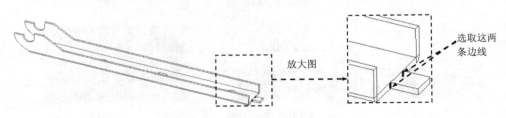

图 18.7.16　定义倒角边线

Step12. 保存钣金件模型文件，并命名为 STAPLE_06。

# 实例 19　电脑机箱的自顶向下设计

## 19.1　实　例　概　述

本实例详细讲解了采用自顶向下（Top_Down Design）设计方法创建图 19.1.1 所示的电脑机箱的整个设计过程。其设计过程是先确定机箱内部主板、电源等各组件的尺寸，再将其组装成装配体；然后根据该装配体建立一个骨架模型，通过该骨架模型将设计意图传递给机箱的各个钣金件后，再对钣金件进行细节设计。

骨架模型是根据装配体内各元件之间的关系而创建的一种特殊的零件模型，或者说它是一个装配体的 3D 布局，是自顶向下设计（Top_Down Design）的一个强有力的工具。

当机箱完成后，机箱内部的主板、电源等组件的尺寸发生了变化，则机箱的尺寸也自动随之更改。这种自顶向下的设计方法可以加快产品更新换代的速度，极大地缩短新产品的上市时间。当然，自顶向下的设计方法也非常适用于系列化的产品设计。

a）方位 1

b）方位 2

c）方位 3

图 19.1.1　电脑机箱

## 19.2　准备机箱的原始文件

机箱设计的原始数据文件是指机箱内部的组件，主要包括主板、电源和光驱三个组件，这三个组件基本上可以用来控制机箱的总体尺寸，通常由上游设计部门提供。本书将主板、电源和光驱三个组件简化为三个简单的零件模型并进行装配（图 19.2.1）。读者可按本节的操作步骤完成机箱的原始文件的创建，也可跳过本节的内容，在设计机箱时直接调用机箱的原始文件，主板模型如图 19.2.2 所示。

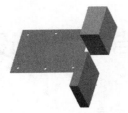

图 19.2.1　机箱的原始文件　　　　　　图 19.2.2　主板模型

## 19.2.1　创建机箱内部零件

### Task1．创建图 19.2.2 所示的主板模型

Step1. 新建文件。选择下拉菜单 ➡ 新建 ➡ GB 公制零件 命令。

Step2. 创建图 19.2.3 所示的拉伸特征 1。

（1）选择命令。单击 主页 功能选项卡 实体 区域中的"拉伸"按钮 。在系统 单击平的面或参考平面。 的提示下，选取俯视图（XY）平面作为草图平面，绘制图 19.2.4 所示的截面草图，单击"主页"功能选项卡中的"关闭草图"按钮 ，退出草绘环境。

（2）定义拉伸属性。在工具条中单击 按钮定义拉伸深度，在 距离: 文本框中输入值 3，并按 Enter 键，定义延伸方向如图 19.2.5 所示。

（3）单击 完成 按钮，完成特征的创建。

图 19.2.3　拉伸特征 1

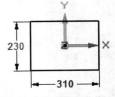

图 19.2.4　截面草图

Step3. 创建图 19.2.6 所示的孔特征 1。

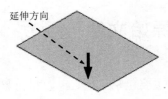

图 19.2.5　定义延伸方向

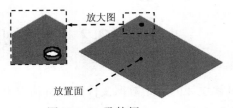

图 19.2.6　孔特征 1

（1）选择命令。单击 主页 功能选项卡 钣金 工具栏中的"打孔"按钮 。

（2）定义孔的参数。单击 按钮，在"孔选项"对话框中选择"简单孔"选项 ，在 4 mm 下拉列表中输入值 10，在 孔范围 区域选择延伸类型为 （贯通），单击 确定 按钮，完成孔参数的设置。

（3）定义孔的放置面。选取图 19.2.6 所示的模型表面为孔的放置面，在模型表面单击完成孔的放置。

（4）编辑孔的定位。在草图环境中对其添加几何尺寸约束，如图 19.2.7 所示。

（5）定义孔的延伸方向。定义孔延伸方向如图 19.2.8 所示并单击。

（6）单击 完成 按钮，完成特征的创建。

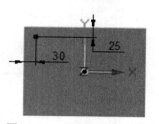

图 19.2.7　添加几何尺寸约束

图 19.2.8　定义延伸方向

Step4. 创建图 19.2.9 所示的孔特征 2。单击 主页 功能选项卡 钣金 工具栏中的"打孔"按钮 ；单击 按钮，在"孔选项"对话框中选择"简单孔"选项 ，在 4 mm ▼ 下拉列表中输入值 10，在 孔范围 区域选择延伸类型为 （贯通），单击 确定 按钮，选取图 19.2.9 所示的模型表面为孔的放置面，在草图环境中对其添加几何尺寸约束，如图 19.2.10 所示；定义孔延伸方向如图 19.2.11 所示并单击，单击 完成 按钮，完成孔特征 2 的创建。

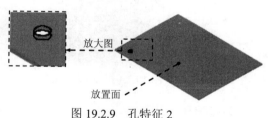

放大图

放置面

图 19.2.9　孔特征 2

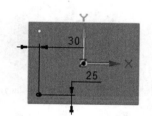

图 19.2.10　添加几何尺寸约束

Step5. 创建图 19.2.12 所示的镜像特征 1。

图 19.2.11　定义延伸方向

图 19.2.12　镜像特征 1

（1）选取要镜像的特征。选取 Step3 和 Step4 所创建的孔特征为镜像源。

（2）选择命令。单击 主页 功能选项卡 阵列 区域中的 镜像 按钮。

（3）定义镜像平面。选取右视图（YZ）平面为镜像平面。

（4）单击 完成 按钮，完成特征的创建。

Step6. 创建图 19.2.13 所示的孔特征 3。单击 主页 功能选项卡 钣金 工具栏中的"打孔"按钮 📭；单击 📰 按钮，在"孔选项"对话框中选择"简单孔"选项 🛄，在 4 mm ▼ 下拉列表中输入值 10，在 孔范围 区域选择延伸类型为 ▣ （贯通），单击 确定 按钮，选取图 19.2.13 所示的模型表面为孔的放置面，在草图环境中对其添加几何尺寸约束，如图 19.2.14 所示；定义孔延伸方向如图 19.2.15 所示并单击，单击 完成 按钮，完成孔特征 3 的创建。

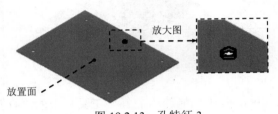

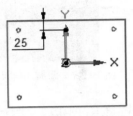

图 19.2.13　孔特征 3　　　　　　　图 19.2.14　添加几何尺寸约束

Step7. 创建图 19.2.16 所示的镜像特征 2。选取 Step6 所创建的孔特征为镜像源；单击 主页 功能选项卡 阵列 区域中的 ◫ 镜像 按钮；选取前视图（XZ）平面为镜像平面；单击 完成 按钮，完成镜像特征 2 的创建。

图 19.2.15　定义延伸方向　　　　　　图 19.2.16　镜像特征 2

Step8. 保存零件模型文件，并命名为 MOTHERBOARD。

### Task2.　创建图 19.2.17 所示的电源模型

Step1. 新建文件。选择下拉菜单 ▼ ➡ 新建 ➡ GB 公制零件 命令。

Step2. 创建图 19.2.17 所示的拉伸特征 1。

（1）选择命令。单击 主页 功能选项卡 实体 区域中的"拉伸"按钮 🗔。在系统 单击平的面或参考平面。 的提示下，选取俯视图（XY）平面作为草图平面，绘制图 19.2.18 所示的截面草图，单击"主页"功能选项卡中的"关闭草图"按钮 ✔，退出草绘环境。

（2）定义拉伸属性。在"拉伸"工具条中单击 🔯 按钮定义拉伸深度，在 距离: 文本框中输入值 85，并按 Enter 键，定义延伸方向如图 19.2.19 所示。

（3）单击 完成 按钮，完成特征的创建。

Step3. 保存零件模型文件，并命名为 POWER_SUPPLY。

图 19.2.17　电源模型（拉伸特征）

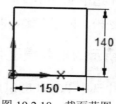
图 19.2.18　截面草图

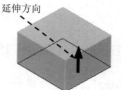
图 19.2.19　定义延伸方向

### Task3.  创建图 19.2.20 所示的光驱模型

Step1.  新建文件。选择下拉菜单  ➡ 新建 ➡ GB 公制零件 命令。

Step2.  创建拉伸特征 1。

（1）选择命令。单击 主页 功能选项卡 实体 区域中的"拉伸"按钮。在系统 单击平的面或参考平面。 的提示下，选取俯视图（XY）平面作为草图平面，绘制图 19.2.21 所示的截面草图，单击"主页"功能选项卡中的"关闭草图"按钮，退出草绘环境。

（2）定义拉伸属性。在"拉伸"工具条中单击 按钮定义拉伸深度，在 距离: 文本框中输入值 40，并按 Enter 键，定义延伸方向如图 19.2.22 所示。

（3）单击 完成 按钮，完成特征的创建。

图 19.2.20　光驱模型（拉伸特征）

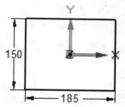
图 19.2.21　截面草图

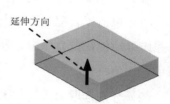
图 19.2.22　定义延伸方向

Step3.  保存零件模型文件，并命名为 CD_DRIVER。

## 19.2.2　组装机箱内部零件

### Task1.  新建一个装配文件，组装图 19.2.23 所示的主板模型

Step1.  选择下拉菜单 ➡ 新建 ➡ GB 公制装配 命令，新建一个装配文件。

图 19.2.23　组装主板模型

Step2.  单击路径查找器中的"零件库"按钮。在"零件库"对话框中的下拉列表中设定装配的工作路径为 D:\sest10.6\work\ch19。

Step3. 在"零件库"对话框中选中 MOTHERBOARD 零件。按住鼠标左键将其拖动至绘图区域，在图形区合适的位置处松开鼠标左键，即可把零件放置到默认位置。

### Task2. 组装图 19.2.24 所示的电源模型

Step1. 在"零件库"对话框中选中 POWER_SUPPLY 零件，按住鼠标左键将其拖动至绘图区域，此时系统弹出"装配"工具条，按 Esc 退出该工具条。

Step2. 定义第一个装配约束（贴合约束）。单击"装配"区域中的▶◀命令(或单击"配合"工具条中的"关系类型"按钮，在系统弹出的快捷命令中选择关系类型为▶◀ 贴合)；并在"偏移类型"按钮▤后的文本框中输入值-6.0；分别选取两个零件上要配合的面（图 19.2.25）。

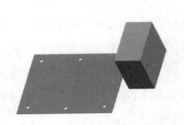

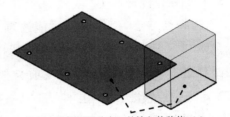

这两个零件表面贴合，并输入偏移值-6.0

图 19.2.24　组装电源模型 　　　　图 19.2.25　元件装配的第一个约束

Step3. 定义第二个装配约束（面对齐约束）。

（1）单击"装配"区域中的◁▷命令（或单击"配合"工具条中的"关系类型"按钮，在系统弹出的快捷命令中选择关系类型为◁▷ 平面对齐）；并在"偏移类型"按钮▤后的文本框中输入值-15.0。

（2）分别选取两个零件上要配合的面（图 19.2.26）。

Step4. 定义第三个装配约束（贴合约束）。单击"装配"区域中的▶◀命令(或单击"配合"工具条中的"关系类型"按钮，在系统弹出的快捷命令中选择关系类型为▶◀ 贴合)；并在"偏移类型"按钮▤后的文本框中输入值30；分别选取两个零件上要配合的面（图 19.2.27）。

说明：读者在添加约束时，可能和上述的方位不太一致，可参照录像操作。

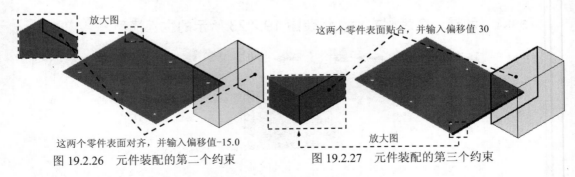

放大图

这两个零件表面贴合，并输入偏移值 30

放大图

这两个零件表面对齐，并输入偏移值-15.0

图 19.2.26　元件装配的第二个约束 　　　图 19.2.27　元件装配的第三个约束

### Task3. 组装图 19.2.28 所示的光驱模型

Step1. 在"零件库"对话框中选中 CD_DRIVER 零件，按住鼠标左键将其拖动至绘图区域，此时系统弹出"装配"工具条。

Step2. 定义第一个装配约束（贴合约束）。

（1）单击"装配"区域中的 ▶◀ 命令(或单击"配合"工具条中的"关系类型"按钮，在系统弹出的快捷命令中选择关系类型为 ▶◀ 贴合 )；并在"偏移类型"按钮 ▤ 后的文本框中输入值 10。

（2）分别选取两个零件上要配合的面（图 19.2.29）。

图 19.2.28　组装光驱模型

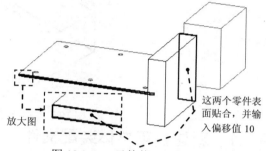

这两个零件表面贴合，并输入偏移值 10

放大图

图 19.2.29　元件装配的第一个约束

Step3. 定义第二个装配约束（面对齐约束）。

（1）单击"装配"区域中的 ▶□ 命令（或单击"配合"工具条中的"关系类型"按钮，在系统弹出的快捷命令中选择关系类型为 ▶□ 平面对齐 )；并在"偏移类型"按钮 ▤ 后的文本框中输入值 15。

（2）分别选取两个零件上要配合的面（图 19.2.30）。

Step4. 定义第三个装配约束（贴合约束）。

（1）单击"装配"区域中的 ▶◀ 命令(或单击"配合"工具条中的"关系类型"按钮，在系统弹出的快捷命令中选择关系类型为 ▶◀ 贴合 )。

（2）分别选取两个零件上要配合的面（图 19.2.31）。

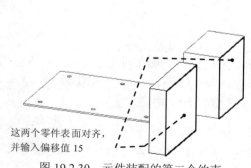

这两个零件表面对齐，并输入偏移值 15

图 19.2.30　元件装配的第二个约束

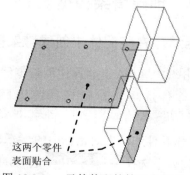

这两个零件表面贴合

图 19.2.31　元件装配的第三个约束

Step5. 保存装配模型文件，并命名为 origin。

# 19.3 构建机箱的总体骨架

机箱总体骨架的创建在整个机箱的设计过程中是非常重要的，只有通过骨架文件才能把原始文件的数据传递给机箱的每个零件。机箱的总体骨架如图19.3.1所示。

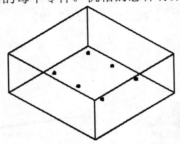

图19.3.1 构建机箱的总体骨架

## 19.3.1 新建机箱总体装配文件

Step1. 选择下拉菜单  ➡ 新建 ➡ GB 公制装配 命令，新建一个装配文件。

Step2. 保存装配模型文件，并命名为 computer_case。

## 19.3.2 导入原始文件

Step1. 单击路径查找器中的"零件库"按钮 。在"零件库"对话框中的下拉列表中设定装配的工作路径为 D:\sest10.6\work\ch19。

Step2. 在"零件库"对话框中选中 orign 装配件。按住鼠标左键将其拖动至绘图区域，在图形区合适的位置处松开鼠标左键，即可把零件放置到默认位置。

## 19.3.3 创建骨架模型

### Task1. 在装配体中创建骨架模型

单击 装配 区域中的"原位创建零件"按钮 。系统弹出"原位创建零件"工具条与"原位创建零件选项"对话框；在"原位创建零件选项"对话框的 放置原点 区域选中 ⊙ 与装配原点重合(C) 单选项，在 原位创建 区域选中 ⊙ 创建部件并原位编辑(E) 单选项，然后单击"原位创建零件选项"对话框中的 确定 按钮；在"原位创建零件"工具条 模板(T): 区域的下拉列表中选择 gb_part.par 选项，单击 按钮，系统弹出"另存为"对话框，在 文件名(N): 文本框中输入零件的名称为 COMPUTER_CASE_SKEL，单击 保存(S) 按钮。

### Task2. 复制原始文件

Step1. 对 POWER_SUPPLY 零件进行曲面的复制（图19.3.2）。

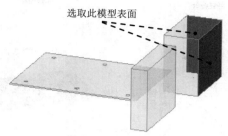

选取此模型表面

图 19.3.2　零件曲面复制

（1）选择命令。在 主页 功能选项卡的 剪贴板 区域中单击 按钮，选择 零件间复制 命令；系统弹出"零件间复制"工具条。

（2）定义要复制的零件。在系统的提示下，在模型树中选择 POWER_SUPPLY 零件。

（3）定义要复制的面。选取图 19.3.2 所示的模型表面，右击。

（4）单击 完成 按钮，完成零件间的复制的创建。

Step2. 用同样的方法分别对 CD_DRIVER 和 MOTHERBOARD 零件进行曲面的复制（图 19.3.3），详细操作参见 Step1。

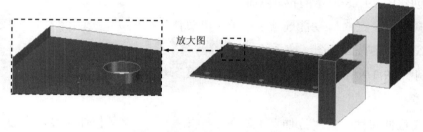

放大图

图 19.3.3　零件间副本

注意：在图 19.3.3 所示的曲面复制中，包含对六个孔位面进行复制。

## Task3.　建立机箱骨架轮廓

Step1. 创建图 19.3.4 所示的平面特征 1。

（1）选择命令。在 主页 功能选项卡的 平面 区域中单击 按钮，选择 平行 命令。

（2）定义参考平面。选取图 19.3.5 所示的模型表面为参考平面。

（3）定义偏移距离。在"平面"工具条的 距离: 文本框中输入值 10，并定义特征的方向向外，如图 19.3.4 所示，单击确定，完成特征的创建。

Step2. 创建图 19.3.6 所示的平面特征 2。

（1）选择命令。在 主页 功能选项卡的 平面 区域中单击 按钮，选择 平行 命令。

（2）定义参考平面。选取图 19.3.7 所示的模型表面为参考平面。

（3）定义偏移距离。在"平面"工具条的 距离: 文本框中输入值 15，并定义特征的方向向外，如图 19.3.6 所示，单击确定，完成特征的创建。

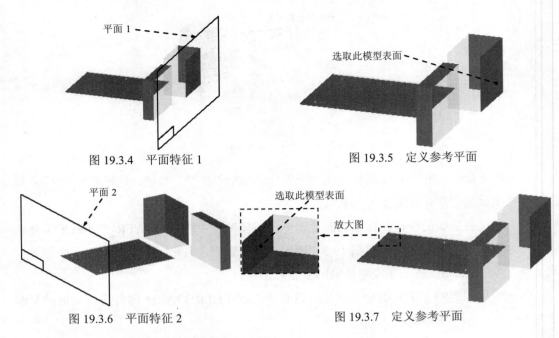

图 19.3.4　平面特征 1　　　　　　　　图 19.3.5　定义参考平面

图 19.3.6　平面特征 2　　　　　　　　图 19.3.7　定义参考平面

Step3. 创建图 19.3.8 所示的拉伸特征 1。

（1）选择命令。在 主页 功能选项卡中单击"实体"按钮，选择"拉伸"按钮。

（2）定义特征的截面草图。在系统 单击平的面或参考平面。 的提示下，选取平面 1 作为草图平面，绘制图 19.3.9 所示的截面草图，单击"主页"功能选项卡中的"关闭草图"按钮，退出草绘环境。

（3）定义拉伸属性。在"拉伸"工具条中单击 按钮定义拉伸深度，在该工具条中单击"起始/终止范围"按钮，选择"平面 1"为起始面，选择"平面 2"为终止面。

（4）单击 完成 按钮，完成特征的创建。

图 19.3.8　拉伸特征 1

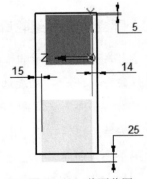

图 19.3.9　截面草图

Step4. 创建图 19.3.10 所示的除料特征 1(用于定义孔的位置)。

（1）选择命令。在 主页 功能选项卡中单击"实体"按钮，选择"除料"按钮。

（2）定义特征的截面草图。在系统 单击平的面或参考平面 的提示下，选取图 19.3.11 所示的模型表面作为草图平面，绘制图 19.3.12 所示的截面草图，单击"主页"功能选项卡中的

"关闭草图"按钮，退出草绘环境。

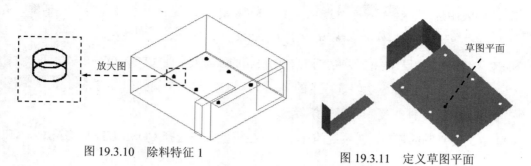

图 19.3.10　除料特征 1

图 19.3.11　定义草图平面

（3）定义拉伸属性。在"除料"工具条中单击 按钮定义拉伸深度，在该工具条中单击"有限范围"按钮 ，在 距离:文本框中输入值 5，并按 Enter 键，定义除料方向如图 19.3.13 所示。

（4）单击 完成 按钮，完成特征的创建。

Step5. 在 主页 功能选项卡的 关闭 区域中单击"关闭并返回"按钮 ，完成机箱骨架的创建。

Step6. 保存装配模型文件。

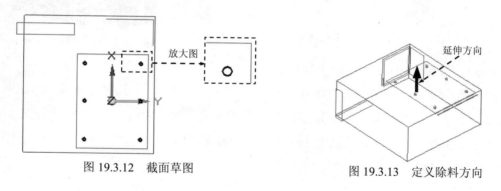

图 19.3.12　截面草图

图 19.3.13　定义除料方向

## 19.4　机箱各零件的初步设计

初步设计是通过骨架文件创建出每个零件的第一钣金壁，设计出机箱的大致结构，经过验证数据传递无误后，再对每个零件进行具体细节的设计。

### Task1.　创建图 19.4.1 所示的机箱的顶盖初步模型

Step1. 新建钣金件模型。

（1）单击 装配 区域中的"原位创建零件"按钮 。系统弹出"原位创建零件"工具条与"原位创建零件选项"对话框；在"原位创建零件选项"对话框的 放置原点 区域选中 ⊙与装配原点重合(C) 单选项，在 原位创建 区域选中 ⊙创建部件并原位编辑(E) 单选项，然后单击

"原位创建零件选项"对话框中的 确定 按钮；在"原位创建零件"工具条的 模板(T): 区域的下拉列表中选择 gb_part.par 选项，单击 按钮，系统弹出"另存为"对话框，在 文件名(N): 文本框中输入零件的名称为 TOP_COVER，单击 保存(S) 按钮。

Step2. 将骨架中的设计意图传递给刚创建的机箱的顶盖钣金件（TOP_COVER）。

（1）选择命令。在 主页 功能选项卡的 剪贴板 区域中单击 按钮，选择 零件间复制 命令；系统弹出"零件间复制"工具条。

（2）定义要复制的零件。在系统的提示下，在模型树中选择 COMPUTER_CASE_SKEL 零件。

（3）定义要复制的面。选取图 19.4.2 所示的模型表面，右击。

（4）单击 完成 按钮，所选的特征平面便复制到 TOP_COVER 中，这样就把骨架模型中的设计意图传递到钣金件 TOP_COVER 中。

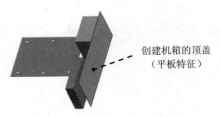

图 19.4.1　创建机箱的顶盖

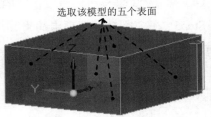

图 19.4.2　零件间复制

Step3. 创建图 19.4.1 所示的平板特征。

（1）选择命令。在 主页 功能选项卡中单击"钣金"按钮，选择"平板"按钮。

（2）定义特征的截面草图。在系统 单击平的面或参考平面。 的提示下，选取图 19.4.3 所示的模型表面作为草图平面，绘制图 19.4.4 所示的截面草图，单击"主页"功能选项卡中的"关闭草图"按钮，退出草绘环境。

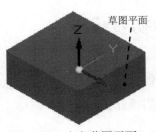

图 19.4.3　定义草图平面

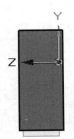

图 19.4.4　截面草图

（3）定义材料厚度及方向。在"平板"工具条中单击"厚度步骤"按钮 定义材料厚度，在 厚度: 文本框中输入值 0.5，并将材料加厚方向调整至如图 19.4.5 所示。

（4）单击工具条中的 完成 按钮，完成特征的创建。

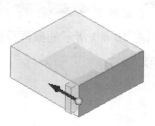

图 19.4.5 定义材料加厚方向

Step4. 在 主页 功能选项卡的 关闭 区域中单击"关闭并返回"按钮 ⊠，返回到 COMPUTER_CASE 装配环境中。

### Task2. 创建图 19.4.6 所示的机箱的后盖初步模型

Step1. 单击 装配 区域中的"原位创建零件"按钮 ，系统弹出"原位创建零件"工具条与"原位创建零件选项"对话框；在"原位创建零件选项"对话框的 放置原点 区域选中 ⦿ 与装配原点重合(C) 单选项，在 原位创建 区域选中 ⦿ 创建部件并原位编辑(E) 单选项，然后单击"原位创建零件选项"对话框中的 确定 按钮；在"原位创建零件"工具条 模板(T): 区域的下拉列表中选择 gb.part.par 选项，单击 ✔ 按钮，系统弹出"另存为"对话框，在 文件名(N): 文本框中输入零件的名称为 BACK_COVER，单击 保存(S) 按钮。

注意：为了方便选取参考面，可在模型树中将 TOP_COVER 暂时隐藏。

Step2. 将骨架中的设计意图传递给刚创建的机箱的后盖钣金件（BACK_COVER）。

（1）选择命令。在 主页 功能选项卡的 剪贴板 区域中单击 按钮，选择 零件间复制 命令；系统弹出"零件间复制"工具条。

（2）定义要复制的零件。在系统的提示下，在模型树中选择 COMPUTER_CASE_SKEL 零件。

（3）定义要复制的面。选取图 19.4.7 所示的模型表面，右击。

（4）单击 完成 按钮，所选的特征平面便复制到 BACK_COVER 中，这样就把骨架模型中的设计意图传递到钣金件 BACK_COVER 中。

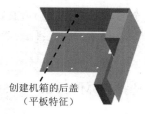

创建机箱的后盖
（平板特征）

图 19.4.6 创建机箱的后盖

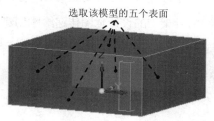

选取该模型的五个表面

图 19.4.7 零件间复制

Step3. 创建图 19.4.6 所示的平板特征。

（1）选择命令。在 主页 功能选项卡中单击"钣金"按钮 ，选择"平板"按钮 。

（2）定义特征的截面草图。在系统 单击平的面或参考平面 的提示下，选取图 19.4.8 所示的模型表面作为草图平面，绘制图 19.4.9 所示的截面草图，单击"主页"功能选项卡中的"关闭草图"按钮 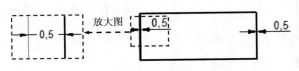，退出草绘环境。

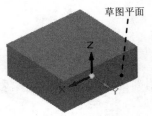

图 19.4.8　定义草图平面

图 19.4.9　截面草图

（3）定义材料厚度及方向。在"平板"工具条中单击"厚度步骤"按钮 定义材料厚度，在 厚度: 文本框中输入值 0.5，并将材料加厚方向调整至如图 19.4.10 所示。

（4）单击工具条中的 完成 按钮，完成特征的创建。

Step4. 在 主页 功能选项卡的 关闭 区域中单击"关闭并返回"按钮 ，返回到 COMPUTER_CASE 装配环境中。

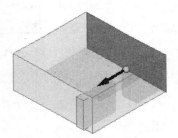

图 19.4.10　定义材料加厚方向

### Task3. 创建图 19.4.11 所示的机箱的前盖初步模型

Step1. 详细操作过程参见 Task2 的 Step1，创建机箱的前盖钣金件模型，文件名为 FRONT_COVER。

注意：为了方便选取参考面，可在模型树中将 BACK_COVER.暂时隐藏。

Step2. 将骨架中的设计意图传递给刚创建的机箱的前盖钣金件（FRONT_COVER）。

（1）选择命令。在 主页 功能选项卡的 剪贴板 区域中单击 按钮，选择 零件间复制 命令；系统弹出"零件间复制"工具条。

（2）定义要复制的零件。在系统的提示下，在模型树中选择 COMPUTER_CASE_SKEL 零件。

（3）定义要复制的面。然后选取图 19.4.12 所示的模型表面，右击。

（4）单击 完成 按钮，所选的特征平面便复制到 FRONT_COVER 中，这样就把骨架模型中的设计意图传递到钣金件 FRONT_COVER 中。

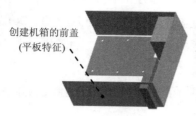

图 19.4.11　创建机箱的前盖

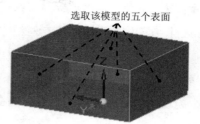

图 19.4.12　零件间复制

Step3. 创建图 19.4.11 所示的平板特征。

（1）选择命令。在 主页 功能选项卡中单击"钣金"按钮 ，选择"平板"按钮 。

（2）定义特征的截面草图。在系统 单击平的面或参考平面。 的提示下，选取图 19.4.13 所示的模型表面作为草图平面，绘制图 19.4.14 所示的截面草图，单击"主页"功能选项卡中的"关闭草图"按钮 ，退出草绘环境。

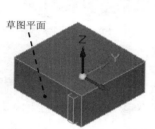

图 19.4.13　定义草图平面

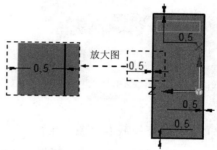

图 19.4.14　截面草图

（3）定义材料厚度及方向。在"平板"工具条中单击"厚度步骤"按钮 定义材料厚度，在 厚度: 文本框中输入值 0.5，并将材料加厚方向调整至如图 19.4.15 所示。

（4）单击工具条中的 完成 按钮，完成特征的创建。

图 19.4.15　定义材料加厚方向

Step4. 在 主页 功能选项卡的 关闭 区域中单击"关闭并返回"按钮 ，返回到 COMPUTER_CASE 装配环境中。

## Task4．创建图 19.4.16 所示的机箱的底盖初步模型

Step1. 详细操作过程参见 Task2 的 Step1，创建机箱的底盖钣金件模型，文件名为 BOTTOM_COVER。

注意：为了方便选取参考面，可在模型树中将 FRONT_COVER.暂时隐藏。

**Step2.** 将骨架中的设计意图传递给刚创建的机箱的底盖钣金件（BOTTOM_COVER）。

（1）选择命令。在 主页 功能选项卡的 剪贴板 区域中单击 按钮，选择 零件间复制 命令；系统弹出"零件间复制"工具条。

（2）定义要复制的零件。在系统的提示下，在模型树中选择 COMPUTER_CASE_SKEL 零件。

（3）定义要复制的面。选取图 19.4.17 所示的模型表面，右击。

（4）单击 完成 按钮，所选的特征平面便复制到 BOTTOM_COVER 中，这样就把骨架模型中的设计意图传递到钣金件 BOTTOM_COVER 中。

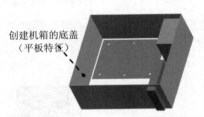

图 19.4.16　创建机箱的底盖

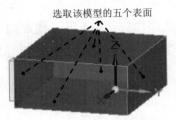

图 19.4.17　零件间复制

**Step3.** 创建图 19.4.16 所示的平板特征 —— 机箱的底盖。

（1）选择命令。在 主页 功能选项卡中单击"钣金"按钮，选择"平板"按钮。

（2）定义特征的截面草图。在系统 单击平的面或参考平面。 的提示下，选取图 19.4.18 所示的模型表面作为草图平面；绘制图 19.4.19 所示的截面草图；单击"主页"功能选项卡中的"关闭草图"按钮，退出草绘环境。

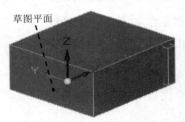

图 19.4.18　定义草图平面

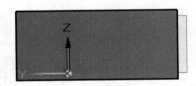

图 19.4.19　截面草图

（3）定义材料厚度及方向。在"平板"工具条中单击"厚度步骤"按钮 定义材料厚度，在 厚度: 文本框中输入值 0.5，并将材料加厚方向调整至如图 19.4.20 所示。

图 19.4.20　定义材料加厚方向

（4）单击工具条中的 完成 按钮，完成特征的创建。

Step4. 在 主页 功能选项卡的 关闭 区域中单击"关闭并返回"按钮 ✕ ，返回到 COMPUTER_CASE 装配环境中。

### Task5. 创建图 19.4.21 所示的机箱的主板支撑架初步模型

Step1. 详细操作过程参见 Task2 的 Step1，创建机箱的主板支撑架钣金件模型，文件名为 MOTHERBOARD_SUPPORT。

**注意**：为了方便选取参考面，可在模型树中将 BOTTOM_COVER 暂时隐藏。

Step2. 将骨架中的设计意图传递给刚创建的机箱的主板支撑架钣金件（MOTHERBOARD_SUPPORT）。

（1）选择命令。在 主页 功能选项卡的 剪贴板 区域中单击 按钮，选择 零件间复制 命令；系统弹出"零件间复制"工具条。

（2）定义要复制的零件。在系统的提示下，在模型树中选择 COMPUTER_CASE_SKEL 零件。

（3）定义要复制的面。选取图 19.4.22 所示的五个模型表面和六个定位孔的曲面，右击。

（4）单击 完成 按钮，所选的特征平面便复制到 MOTHERBOARD_SUPPORT 中，这样就把骨架模型中的设计意图传递到钣金件 MOTHERBOARD_SUPPORT 中。

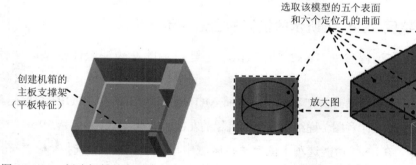

图 19.4.21 创建机箱的主板支撑架　　图 19.4.22 零件间复制

Step3. 创建图 19.4.21 所示的平板特征—— 机箱的主板支撑架。

（1）选择命令。在 主页 功能选项卡中单击"钣金"按钮，选择"平板"按钮。

（2）定义特征的截面草图。在系统 单击平的面或参考平面。 的提示下，在"平板"工具条的"创建起源"选项下拉列表中选择 平行平面 选项，选取图 19.4.23 所示的模型表面作为参考平面，在 距离: 文本框中输入值 9，定义其特征方向向内，如图 19.4.24 所示，并单击，绘制图 19.4.25 所示的截面草图，单击"主页"功能选项卡中的"关闭草图"按钮 ✓ ，退出草绘环境。

（3）定义材料厚度及方向。在"平板"工具条中单击"厚度步骤"按钮 定义材料厚度，在 厚度: 文本框中输入值 0.5，并将材料加厚方向调整至如图 19.4.26 所示。

（4）单击工具条中的 完成 按钮，完成特征的创建。

Step4. 在 主页 功能选项卡的 关闭 区域中单击"关闭并返回"按钮 ✕，返回到 COMPUTER_CASE 装配环境中。

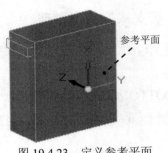

图 19.4.23　定义参考平面

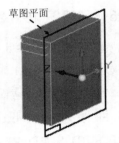

图 19.4.24　定义草图平面

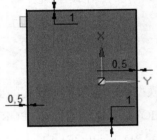

图 19.4.25　截面草图

图 19.4.26　定义材料加厚方向

## Task6. 创建图 19.4.27 所示的机箱的左盖初步模型

Step1. 详细操作过程参见 Task2 的 Step1，创建机箱的左盖钣金件模型，文件名为 LEFT_COVER。

注意：为了方便选取参考面，可在模型树中将 MOTHERBOARD_SUPPORT 暂时隐藏。

Step2. 将骨架中的设计意图传递给刚创建的机箱的左盖钣金件（LEFT_COVER）。

（1）选择命令。在 主页 功能选项卡的 剪贴板 区域中单击 按钮，选择 零件间复制 命令；系统弹出"零件间复制"工具条。

（2）定义要复制的零件。在模型树中选择 COMPUTER_CASE_SKEL 零件。

（3）定义要复制的面。选取图 19.4.28 所示的模型表面，右击。

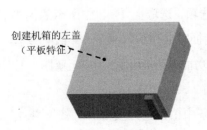

图 19.4.27　创建机箱的左盖

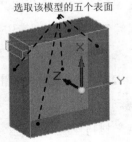

图 19.4.28　零件间复制

（4）单击 完成 按钮，所选的特征平面便复制到 LEFT_COVER 中，这样就把骨架模型中的设计意图传递到钣金件 LEFT_COVER 中。

Step3. 创建图 19.4.27 所示的平板特征——机箱的左盖。

（1）选择命令。在 主页 功能选项卡中单击"钣金"按钮，选择"平板"按钮。

（2）定义特征的截面草图。在系统 单击平的面或参考平面。 的提示下，在系统 单击平的面或参考平面。 的提示下，选取图 19.4.29 所示的模型表面作为草图平面，绘制图 19.4.30 所示的截面草图，单击"主页"功能选项卡中的"关闭草图"按钮，退出草绘环境。

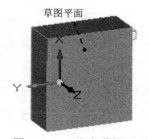

图 19.4.29　定义草图平面

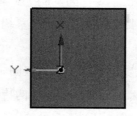

图 19.4.30　截面草图

（3）定义材料厚度及方向。在"平板"工具条中单击"厚度步骤"按钮定义材料厚度，在 厚度: 文本框中输入值 0.5，并将材料加厚方向调整至如图 19.4.31 所示。

（4）单击工具条中的 完成 按钮，完成特征的创建。

图 19.4.31　定义材料加厚方向

Step4. 在 主页 功能选项卡的 关闭 区域中单击"关闭并返回"按钮，返回到 COMPUTER_CASE 装配环境中。

## Task7. 创建图 19.4.32b 所示的机箱的右盖初步模型

Step1. 详细操作过程参见 Task2 的 Step1，创建机箱的右盖钣金件模型，文件名为 RIGHT_COVER。

注意：为了方便选取参考面，可在模型树中将 LEFT_COVER 暂时隐藏。

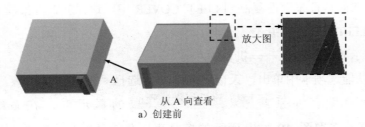

A

从 A 向查看
a）创建前

b）创建后

图 19.4.32 创建机箱的右盖

Step2. 将骨架中的设计意图传递给刚创建的机箱的右盖钣金件（RIGHT_COVER）。

（1）选择命令。在 主页 功能选项卡的 剪贴板 区域中单击 按钮，选择 零件间复制 命令；系统弹出"零件间复制"工具条。

（2）定义要复制的零件。在系统的提示下，在模型树中选择 COMPUTER_CASE_SKEL 零件。

（3）定义要复制的面。选取图 19.4.33 所示的模型表面，右击。

（4）单击 完成 按钮，所选的特征平面便复制到 RIGHT_COVER 中，这样就把骨架模型中的设计意图传递到钣金件 RIGHT_COVER 中。

Step3. 创建图 19.4.32b 所示的平板特征—— 机箱的右盖。

（1）选择命令。在 主页 功能选项卡中单击"钣金"按钮，选择"平板"按钮。

（2）定义特征的截面草图。在系统 单击平的面或参考平面。 的提示下，在系统 单击平的面或参考平面。 的提示下，选取图 19.4.34 所示的模型表面作为草图平面；绘制图 19.4.35 所示的截面草图；单击"主页"功能选项卡中的"关闭草图"按钮，退出草绘环境。

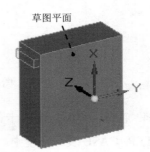

选取该模型的五个表面

草图平面

图 19.4.33 零件间复制

图 19.4.34 定义草图平面

（3）定义材料厚度及方向。在"平板"工具条中单击"厚度步骤"按钮 定义材料厚度，在 厚度: 文本框中输入值 0.5，并将材料加厚方向调整至如图 19.4.36 所示。

（4）单击工具条中的 完成 按钮，完成特征的创建。

Step4. 在 主页 功能选项卡的 关闭 区域中单击"关闭并返回"按钮，返回到 COMPUTER_CASE 装配环境中。

Step5. 保存装配模型文件。

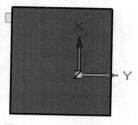

图 19.4.35　截面草图

图 19.4.36　定义材料加厚方向

# 19.5　初步验证

完成以上设计后，机箱的大致结构已经确定，下面将检验机箱与原始数据文件之间的数据传递是否通畅，分别改变原始文件的三个数据，来验证机箱的长、宽、高是否随之变化。

### Task1.　验证机箱长度的变化

在装配体中修改主板的长度值，以验证机箱的长度是否会改变（图 19.5.1）。

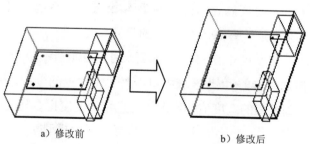

a）修改前　　　　　　　　　　b）修改后

图 19.5.1　修改机箱的长度

Step1.　在模型树中，先单击 ⊞ ☑ 🗗 orign.asm:1 前面的 ⊞ 号，然后选择 ☑ 🗗 MOTHERBOARD.par:1 并右击，在系统弹出的快捷菜单中选择 🔲 编辑 命令。

Step2.　在模型树中，右击要修改的特征 🖼 拉伸 1 ，在系统弹出的快捷菜单中选择 🖎 动态编辑 命令，系统即显示图 19.5.2a 所示的尺寸。

Step3.　单击要修改的尺寸 230，输入新尺寸值 350（图 19.5.2b），然后按 Enter 键。

a）修改前　　　　　　　　　　　b）修改后

图 19.5.2　修改主板的长度尺寸

Step4. 在 主页 功能选项卡的 关闭 区域中单击"关闭并返回"按钮 ⊠，系统更新，此时在装配体中可以观察到主板的长度值被修改了，机箱的长度也会随之改变（图 19.5.1b）。

说明：若没有更新可以单击 工具 选项卡中的 ⓘ 更新所有链接 按钮。

Step5. 参照以上步骤操作，再次将模型尺寸恢复到原始模型。

## Task2. 验证机箱宽度的变化

在装配体中修改光驱中的宽度值，以验证机箱的宽度是否会改变（图 19.5.3）。

a）修改前　　　　　　　　　b）修改后

图 19.5.3　修改机箱的宽度

Step1. 在模型树中选择 ☑ 🗋 CD_DRIVER.par:1，然后右击，在系统弹出的快捷菜单中选择 🔲 编辑 命令。

Step2. 在模型树中，右击要修改的特征 📄 拉伸 1，在系统弹出的快捷菜单中选择 🔛 动态编辑 命令，系统即显示图 19.5.4a 所示的尺寸。

Step3. 双击要修改的宽度尺寸值 150，输入新尺寸值 200（图 19.5.4），然后按 Enter 键。

Step4. 在 主页 功能选项卡的 关闭 区域中单击"关闭并返回"按钮 ⊠，系统更新，此时在装配体中可以观察到光驱的宽度值被修改了，机箱的宽度也会随之改变（图 19.5.3b）。

Step5. 参照以上步骤操作，再次将模型尺寸恢复到原始模型。

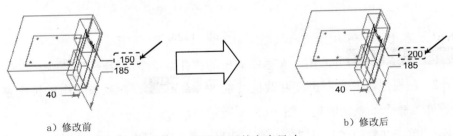

a）修改前　　　　　　　　　b）修改后

图 19.5.4　修改光驱的宽度尺寸

## Task3. 验证机箱高度的变化（图 19.5.5）

在装配体中修改电源中的高度值，以验证机箱的高度是否会改变。

Step1. 在模型树中选择 ☑ 🗋 POWER_SUPPLY.par:1，然后右击，在系统弹出的快捷菜单中选择 🔲 编辑 命令。

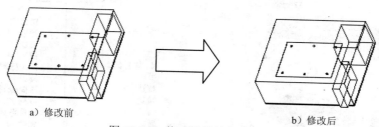

a) 修改前　　　　　　　　　　　　b) 修改后

图 19.5.5　修改机箱的高度

Step2. 在模型树中，右击要修改的特征 拉伸 1 ，在系统弹出的快捷菜单中选择 动态编辑 命令，系统即显示图 19.5.6a 所示的尺寸。

Step3. 双击要修改的高度尺寸值 85，输入新尺寸值 135（图 19.5.6b），然后按 Enter 键。

Step4. 在 主页 功能选项卡 关闭 区域中单击"关闭并返回"按钮 ✕ ，系统更新，此时在装配体中可以观察到电源的高度值被修改了，机箱的高度也会随之改变（图 19.5.5b）。

Step5. 参照以上步骤操作，再次将模型尺寸恢复到原始模型。

a) 修改前　　　　　　　　　　　　b) 修改后

图 19.5.6　修改电源的高度尺寸

Step6. 保存装配模型文件。

## 19.6　机箱顶盖的细节设计

下面将创建图 19.6.1 所示的机箱顶盖。

Step1. 在装配件中打开机箱顶盖钣金件（TOP_COVER）。在模型树中选择 ☑ TOP_COVER.psm:1 ，然后右击，在系统弹出的快捷菜单中选择 打开 命令。

Step2. 创建图 19.6.2 所示的弯边特征 1（左侧）。

（1）选择命令。单击 主页 功能选项卡 钣金 工具栏中的"弯边"按钮 。

（2）定义附着边。选取图 19.6.3 所示的模型边线为附着边。

（3）定义弯边类型。在"弯边"工具条中单击"全宽"按钮 □ ；在 距离:文本框中输入值 15，在 角度:文本框中输入值 90.0；单击"外部尺寸标注"按钮 和"材料在外"按钮 ；调整弯边侧方向向下，如图 19.6.2 所示。

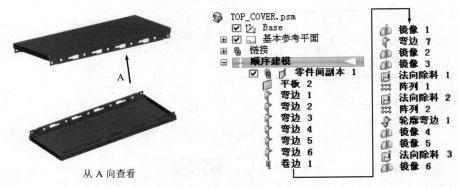

图 19.6.1　机箱顶盖模型及模型树

（4）定义弯边属性及参数。单击"弯边选项"按钮，取消选中□ 使用默认值*复选框，在 折弯半径(B): 文本框中输入数值 0.2，单击 确定 按钮。

（5）单击 完成 按钮，完成特征的创建。

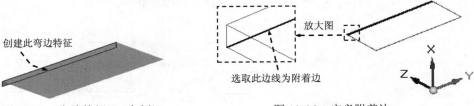

图 19.6.2　弯边特征 1（左侧）　　　　图 19.6.3　定义附着边

Step3. 创建图 19.6.4 所示的弯边特征 2（右侧），详细操作过程参见 Step2。

图 19.6.4　弯边特征 2（右侧）

Step4. 创建图 19.6.5 所示的弯边特征 3（后侧）。

（1）选择命令。单击 主页 功能选项卡 钣金 工具栏中的"弯边"按钮 。

（2）定义附着边。选取图 19.6.6 所示的模型边线为附着边。

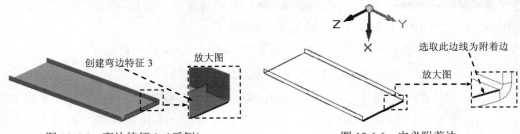

图 19.6.5　弯边特征 3（后侧）　　　　图 19.6.6　定义附着边

（3）定义弯边类型。在"弯边"工具条中单击"从两端"按钮，在 距离: 文本框中输入值 15，在 角度: 文本框中输入值 90，单击"外部尺寸标注"按钮 和"材料在外"按钮 ；

调整弯边侧方向向上并单击，如图 19.6.5 所示。

（4）定义弯边尺寸。单击"轮廓步骤"按钮，编辑草图尺寸如图 19.6.7 所示，单击按钮，退出草绘环境。

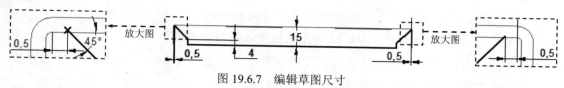

图 19.6.7　编辑草图尺寸

（5）定义折弯半径及止裂槽参数。单击"弯边选项"按钮，取消选中 □ 使用默认值* 复选框，在 折弯半径(B): 文本框中输入数值 0.2；选中 ☑ 折弯止裂口(R) 复选框，并选中 ⊙ 正方形(S) 单选项，取消选中 □ 使用默认值(L)* 复选框，在 宽度(W): 文本框中输入值 0.5；单击 确定 按钮。

（6）单击 完成 按钮，完成特征的创建。

Step5.　创建图 19.6.8 所示的弯边特征 4。

（1）选择命令。单击 主页 功能选项卡 钣金 工具栏中的"弯边"按钮。

（2）定义附着边。选取图 19.6.9 所示的模型边线为附着边。

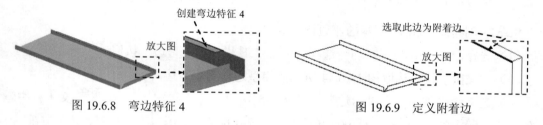

图 19.6.8　弯边特征 4　　　　　　　　图 19.6.9　定义附着边

（3）定义弯边类型。在"弯边"工具条中单击"从两端"按钮，在 距离: 文本框中输入值 9，在 角度: 文本框中输入值 90，单击"外部尺寸标注"按钮 和"材料在内"按钮；调整弯边侧方向向内并单击，如图 19.6.8 所示。

（4）定义弯边尺寸。单击"轮廓步骤"按钮，编辑草图尺寸如图 19.6.10 所示，单击按钮，退出草绘环境。

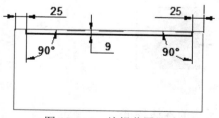

图 19.6.10　编辑草图尺寸

（5）定义折弯半径及止裂槽参数。单击"弯边选项"按钮，取消选中 □ 使用默认值* 复选框，在 折弯半径(B): 文本框中输入数值 0.2；选中 ☑ 折弯止裂口(R) 复选框，并选中 ⊙ 正方形(S) 单选项，取消选中 □ 使用默认值(L)* 复选框，在 宽度(W): 文本框中输入值 0.5；单击 确定 按钮。

（6）单击 完成 按钮，完成特征的创建。

Step6. 创建图 19.6.11 所示的弯边特征 5。

（1）选择命令。单击 主页 功能选项卡 钣金 工具栏中的"弯边"按钮 。

（2）定义附着边。选取图 19.6.12 所示的模型边线为附着边。

（3）定义弯边类型。在"弯边"工具条中单击"全宽"按钮 ；在 距离: 文本框中输入值 15，在 角度: 文本框中输入值 90，单击"外部尺寸标注"按钮 和"材料在内"按钮 ；调整弯边侧方向向上，如图 19.6.11 所示。

（4）定义弯边属性及参数。单击"弯边选项"按钮 ，取消选中 使用默认值* 复选框，在 折弯半径(B): 文本框中输入数值 0.2，单击 确定 按钮。

（5）单击 完成 按钮，完成特征的创建。

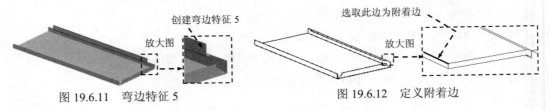

图 19.6.11　弯边特征 5　　　　　　　　图 19.6.12　定义附着边

Step7. 创建图 19.6.13 所示的弯边特征 6。

（1）选择命令。单击 主页 功能选项卡 钣金 工具栏中的"弯边"按钮 。

（2）定义附着边。选取图 19.6.14 所示的模型边线为附着边。

（3）定义弯边类型。在"弯边"工具条中单击"全宽"按钮 ；在 距离: 文本框中输入值 9，在 角度: 文本框中输入值 90，单击"外部尺寸标注"按钮 和"材料在内"按钮 ；调整弯边侧方向向外，如图 19.6.13 所示。

（4）定义弯边属性及参数。单击"弯边选项"按钮 ，取消选中 使用默认值* 复选框，在 折弯半径(B): 文本框中输入数值 0.2，单击 确定 按钮。

（5）单击 完成 按钮，完成特征的创建。

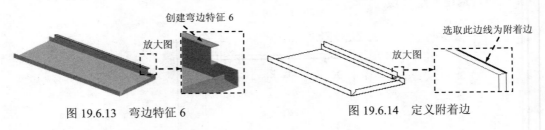

图 19.6.13　弯边特征 6　　　　　　　　图 19.6.14　定义附着边

Step8. 创建图 19.6.15 所示的卷边特征 1。

（1）选择命令。在 主页 功能选项卡的 钣金 工具栏中单击 轮廓弯边 按钮，选择 卷边 命令。

（2）选取附着边。选取图 19.6.16 所示的模型边线为折弯的附着边。

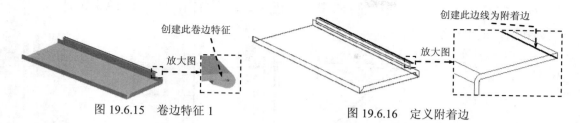

图 19.6.15 卷边特征 1　　　　　图 19.6.16 定义附着边

（3）定义卷边类型及属性。在"卷边"工具条中单击"内侧材料"按钮 ，单击"卷边选项"按钮 ，在 卷边轮廓 区域的 卷边类型 (T): 下拉列表中选择 闭环 选项；在 ① 折弯半径 1: 文本框中输入值0.1，在 ② 弯边长度 1: 文本框中输入值0.6；单击 确定 按钮，并单击右键。

（4）单击 完成 按钮，完成特征的创建。

Step9. 创建图 19.6.17 所示的镜像特征 1。

（1）选取要镜像的特征。选取 Step5~Step8 所创建的特征为镜像源。

（2）选择命令。单击 主页 功能选项卡 阵列 工具栏中的 镜像 按钮。

（3）定义镜像平面。在"镜像"工具条的"创建起源"选项下拉列表中选择 垂直于曲线的平面 选项，选取图 19.6.18 所示的边线；并在 位置: 文本框中输入值 0.5，并按 Enter 键。

（4）单击 完成 按钮，完成特征的创建。

图 19.6.17 镜像特征 1　　　　　图 19.6.18 定义曲线对象

Step10. 创建图 19.6.19 所示的弯边特征 7。

（1）选择命令。单击 主页 功能选项卡 钣金 工具栏中的"弯边"按钮 。

（2）定义附着边。选取图 19.6.20 所示的模型边线为附着边。

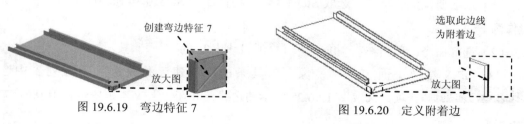

图 19.6.19 弯边特征 7　　　　　图 19.6.20 定义附着边

（3）定义弯边类型。在"弯边"工具条中单击"全宽"按钮 ，在 距离: 文本框中输入值 9，在 角度: 文本框中输入值 90，单击"外部尺寸标注"按钮 和"材料在外"按钮 ；调整弯边侧方向向内并单击，如图 19.6.19 所示。

（4）定义弯边尺寸。单击"轮廓步骤"按钮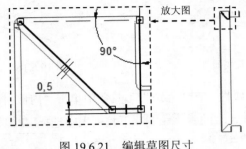，编辑草图尺寸如图 19.6.21 所示，单击✓按钮，退出草绘环境。

图 19.6.21　编辑草图尺寸

（5）定义折弯半径及止裂槽参数。单击"弯边选项"按钮，取消选中□ 使用默认值*复选框，在折弯半径(B):文本框中输入数值 0.2，并取消选中□ 折弯止裂口(E)复选框，单击确定按钮。

（6）单击完成按钮，完成特征的创建。

Step11.　创建图 19.6.22 所示的镜像特征 2。

（1）选取要镜像的特征。选取 Step10 所创建的弯边特征 7 为镜像源。

（2）选择命令。单击主页功能选项卡阵列工具栏中的镜像按钮。

（3）定义镜像平面。在"镜像"工具条的"创建起源"选项下拉列表中选择垂直于曲线的平面选项，选取图 19.6.23 所示的边线；并在位置:文本框中输入值 0.5，并按 Enter 键。

（4）单击完成按钮，完成特征的创建。

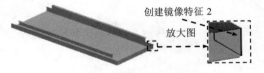

图 19.6.22　镜像特征 2

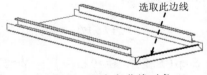

图 19.6.23　定义曲线对象

Step12.　创建图 19.6.24 所示的镜像特征 3。

（1）选取要镜像的特征。选取 Step4（弯边特征 3）、Step10 和 Step11 所创建的特征为镜像源。

（2）选择命令。单击主页功能选项卡阵列工具栏中的镜像按钮。

（3）定义镜像平面。在"镜像"工具条的"创建起源"选项下拉列表中选择垂直于曲线的平面选项，选取图 19.6.25 所示的边线；并在位置:文本框中输入值 0.5，并按 Enter 键。

（4）单击完成按钮，完成特征的创建。

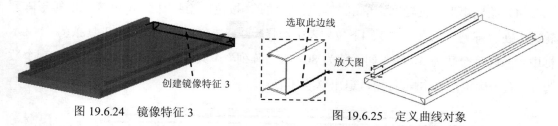

图 19.6.24　镜像特征 3　　　　　　　　图 19.6.25　定义曲线对象

**Step13.** 创建图 19.6.26 所示的法向除料特征 1。

（1）选择命令。在 主页 功能选项卡的 钣金 工具栏中单击 打孔▪ 按钮，选择 🗔 法向除料 命令。

（2）定义特征的截面草图。在系统 单击平的面或参考平面。 的提示下，选取图 19.6.26 所示的模型表面为草图平面；绘制图 19.6.27 所示的截面草图；单击"主页"功能选项卡中的"关闭草图"按钮✅，退出草绘环境。

（3）定义法向除料特征属性。在"法向除料"工具条中单击"厚度剪切"按钮✐和"贯通"按钮⬜，并将移除方向调整至如图 19.6.28 所示。

（4）单击 完成 按钮，完成特征的创建。

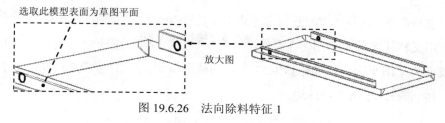

图 19.6.26　法向除料特征 1

图 19.6.27　截面草图

**Step14.** 创建图 19.6.29 所示的阵列特征 1。

图 19.6.28　定义移除方向　　　　　　　图 19.6.29　阵列特征 1

（1）选取要阵列的特征。选取 Step13 创建的法向除料特征 1 为阵列特征。

（2）选择命令。单击 主页 功能选项卡 阵列 工具栏中的 🔲 阵列 按钮。

（3）定义要阵列草图平面。选取图 19.6.26 所示的模型表面为阵列草图平面。

（4）绘制矩形阵列轮廓。单击 特征 区域中的 ⬚ 按钮，绘制图19.6.30所示的矩形阵列轮廓；在"阵列"工具条的 翻转 下拉列表中选择 固定 选项；在"阵列"工具条的 X: 文本框中输入阵列个数为5，输入间距值为80。在"阵列"工具条的 Y: 文本框中输入阵列个数为1，右击确定；单击 ✓ 按钮，退出草绘环境。

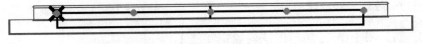

图 19.6.30　绘制矩形阵列轮廓

（5）单击 完成 按钮，完成特征的创建。

Step15. 创建图19.6.31所示的法向除料特征2。

图 19.6.31　法向除料特征2

（1）选择命令。在 主页 功能选项卡的 钣金 工具栏中单击 打孔 ▾ 按钮，选择 🔲 法向除料 命令。

（2）定义特征的截面草图。在系统 单击平的面或参考平面。 的提示下，选取图19.6.32所示的模型表面为草图平面，绘制图19.6.33所示的截面草图，单击"主页"功能选项卡中的"关闭草图"按钮 ✓，退出草绘环境。

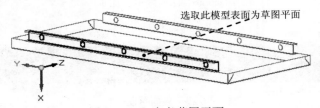

图 19.6.32　定义草图平面

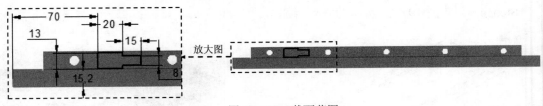

图 19.6.33　截面草图

（3）定义法向除料特征属性。在"法向除料"工具条中单击"厚度剪切"按钮 ▱ 和"贯通"按钮 ▱，并将移除方向调整至如图19.6.34所示。

（4）单击 完成 按钮，完成特征的创建。

Step16. 创建图19.6.35所示的阵列特征2。

（1）选取要阵列的特征。选取Step15创建的法向除料特征2为阵列特征。

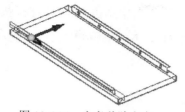

图 19.6.34 定义移除方向

图 19.6.35 阵列特征 2

（2）选择命令。单击 主页 功能选项卡 阵列 工具栏中的 阵列 按钮。

（3）定义要阵列草图平面。选取图 19.6.36 所示的模型表面为阵列草图平面。

（4）绘制矩形阵列轮廓。单击 特征 区域中的 按钮，绘制图 19.6.37 所示的矩形阵列轮廓；在"阵列"工具条的 翻转 下拉列表中选择 固定 选项；在"阵列"工具条的 X: 文本框中输入阵列个数为 4，输入间距值为 80。在"阵列"工具条的 Y: 文本框中输入阵列个数为 1，右击确定；单击 按钮，退出草绘环境。

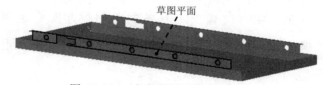

图 19.6.36 定义草图平面

图 19.6.37 绘制矩形阵列轮廓

（5）单击 完成 按钮，完成特征的创建。

Step17. 创建图 19.6.38 所示的轮廓弯边特征 1。

（1）选择命令。单击 主页 功能选项卡 钣金 工具栏中的"轮廓弯边"按钮 。

（2）定义特征的截面草图。在系统的提示下，选取图 19.6.39 所示的模型边线为路径，在"轮廓弯边"工具条的 位置: 文本框中输入值 0，并按 Enter 键，绘制图 19.6.40 所示的截面草图。

图 19.6.38 轮廓弯边特征 1

图 19.6.39 选取路径

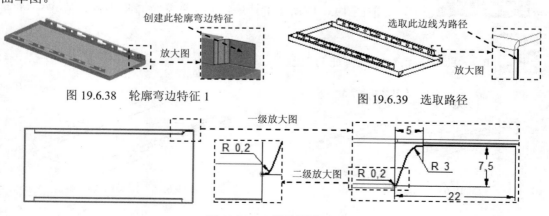

图 19.6.40 截面草图

（3）定义轮廓弯边的延伸量及方向。在"轮廓弯边"工具条中单击"范围步骤"按钮 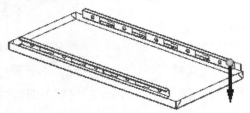；单击"到末端"按钮 ▭，并定义其延伸方向如图 19.6.41 所示，单击确定。

（4）单击 完成 按钮，完成特征的创建。

图 19.6.41　定义延伸方向

Step18. 创建图 19.6.42 所示的镜像特征 4。

（1）选取要镜像的特征。选取 Step17 所创建的轮廓弯边特征 1 为镜像源。

（2）选择命令。单击 主页 功能选项卡 阵列 工具栏中的 镜像 按钮。

（3）定义镜像平面。在"镜像"工具条的"创建起源"选项下拉列表中选择 垂直于曲线的平面 选项，选取图 19.6.43 所示的边线；并在 位置: 文本框中输入值 0.5，并按 Enter 键。

图 19.6.42　镜像特征 4

图 19.6.43　定义曲线对象

（4）单击 完成 按钮，完成特征的创建。

Step19. 创建图 19.6.44 所示的镜像特征 5。

（1）选取要镜像的特征。选取 Step17 和 Step18 所创建的特征为镜像源。

（2）选择命令。单击 主页 功能选项卡 阵列 工具栏中的 镜像 按钮。

（3）定义镜像平面。在"镜像"工具条的"创建起源"选项下拉列表中选择 垂直于曲线的平面 选项，选取图 19.6.45 所示的边线；并在 位置: 文本框中输入值 0.5，并按 Enter 键。

（4）单击 完成 按钮，完成特征的创建。

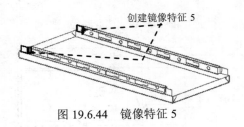

图 19.6.44　镜像特征 5

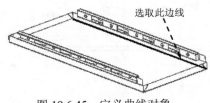

图 19.6.45　定义曲线对象

Step20. 创建图 19.6.46 所示的法向除料特征 3。

（1）选择命令。在 主页 功能选项卡的 钣金 工具栏中单击 打孔 按钮，选择 法向除料 命令。

（2）定义特征的截面草图。

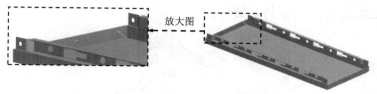

图 19.6.46 法向除料特征 3

① 选取草图平面。在系统 单击平的面或参考平面。 的提示下，选取图 19.6.47 所示的模型表面为草图平面。

② 绘制图 19.6.48 所示的截面草图。

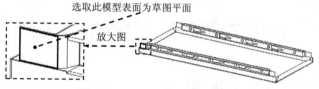

图 19.6.47 定义草图平面

图 19.6.48 截面草图

③ 单击"主页"功能选项卡中的"关闭草图"按钮，退出草绘环境。

（3）定义法向除料特征属性。在"法向除料"工具条中单击"厚度剪切"按钮和"贯通"按钮，并将移除方向调整至如图 19.6.49 所示。

（4）单击 完成 按钮，完成特征的创建。

Step21. 创建图 19.6.50 所示的镜像特征 6。

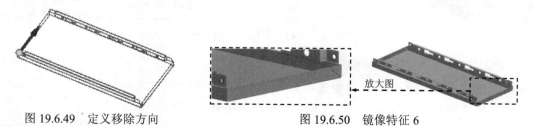

图 19.6.49 定义移除方向　　　　图 19.6.50 镜像特征 6

（1）选取要镜像的特征。选取 Step20 所创建的法向除料特征 3 为镜像源。

（2）选择命令。单击 主页 功能选项卡 阵列 工具栏中的 镜像 按钮。

（3）定义镜像平面。在"镜像"工具条的"创建起源"选项下拉列表中选择 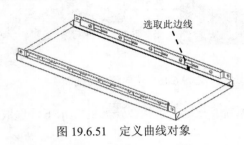 垂直于曲线的平面选项，选取图 19.6.51 所示的边线；并在 位置:文本框中输入值 0.5，并按 Enter 键。

（4）单击 完成 按钮，完成特征的创建。

选取此边线

图 19.6.51　定义曲线对象

Step22. 保存钣金件模型文件。

# 19.7　机箱后盖的细节设计

下面将创建图 19.7.1 所示的机箱后盖。

Step1. 在装配件中打开创建的机箱后盖钣金件（BACK_COVER.PRT）。在模型树中选择 ☑ 🗐 ⬜ BACK_COVER.psm:1，然后右击，在系统弹出的快捷菜单中选择 🔲 打开 命令。

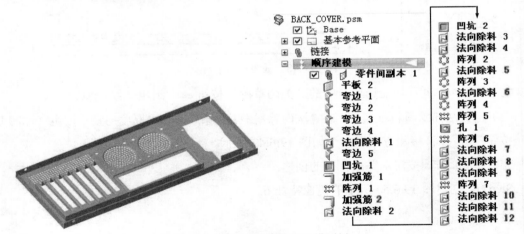

图 19.7.1　机箱后盖模型及模型树

Step2. 创建图 19.7.2 所示的弯边特征 1。

（1）选择命令。单击 主页 功能选项卡 钣金 工具栏中的"弯边"按钮 。

（2）定义附着边。选取图 19.7.3 所示的模型边线为附着边。

（3）定义弯边类型。在"弯边"工具条中单击"全宽"按钮 ；在 距离:文本框中输入值 15，在 角度:文本框中输入值 90.0；单击"外部尺寸标注"按钮 和"材料在内"按钮 ；调整弯边侧方向向下，如图 19.7.2 所示。

（4）定义弯边属性及参数。单击"弯边选项"按钮 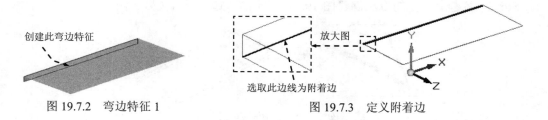，取消选中 ☐ **使用默认值\*** 复选框，在 **折弯半径(B):** 文本框中输入数值 0.2，单击 **确定** 按钮。

（5）单击 **完成** 按钮，完成特征的创建。

创建此弯边特征

选取此边线为附着边

图 19.7.2　弯边特征 1　　　　　图 19.7.3　定义附着边

Step3. 创建图 19.7.4 所示的弯边特征 2，详细操作过程参见 Step2。

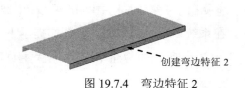

创建弯边特征 2

图 19.7.4　弯边特征 2

Step4. 创建图 19.7.5 所示的弯边特征 3。

（1）选择命令。单击 **主页** 功能选项卡 **钣金** 工具栏中的"弯边"按钮 。

（2）定义附着边。选取图 19.7.6 所示的模型边线为附着边。

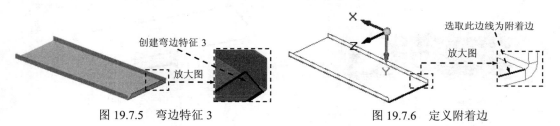

创建弯边特征 3

放大图

选取此边线为附着边

放大图

图 19.7.5　弯边特征 3　　　　　图 19.7.6　定义附着边

（3）定义弯边类型。在"弯边"工具条中单击"从两端"按钮 ，在 **距离:** 文本框中输入值 15，在 **角度:** 文本框中输入值 90，单击"外部尺寸标注"按钮 和"材料在内"按钮 ；调整弯边侧方向向上并单击，如图 19.7.5 所示。

（4）定义弯边尺寸。单击"轮廓步骤"按钮 ，编辑草图尺寸如图 19.7.7 所示，单击 按钮，退出草绘环境。

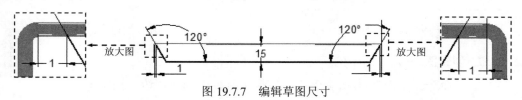

放大图　　　120°　　　　　120°　　　放大图

15

1　　　　1　　　　1　　　　1

图 19.7.7　编辑草图尺寸

（5）定义折弯半径及止裂槽参数。单击"弯边选项"按钮 ，取消选中 ☐ **使用默认值\***

复选框，在其 折弯半径(B): 文本框中输入数值 0.2；并取消选中 折弯止裂口(E) 复选框，单击 确定 按钮。

（6）单击 完成 按钮，完成特征的创建。

Step5. 参考上一步的方法创建图 19.7.8 所示的弯边特征 4（另一侧）。

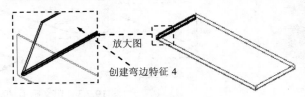

图 19.7.8　弯边特征 4

Step6. 创建图 19.7.9 所示的法向除料特征 1。

（1）选择命令。在 主页 功能选项卡中单击 打孔 按钮，选择 法向除料 命令。

（2）定义特征的截面草图。在系统 单击平的面或参考平面。 的提示下，选取图 19.7.10 所示的模型表面为草图平面；绘制图 19.7.11 所示的截面草图；单击"主页"功能选项卡中的"关闭草图"按钮 ，退出草绘环境。

（3）定义法向除料特征属性。在"法向除料"工具条中单击"厚度剪切"按钮 和"贯通"按钮 ，并将移除方向调整至如图 19.7.12 所示。

（4）单击 完成 按钮，完成特征的创建。

图 19.7.9　法向除料特征 1

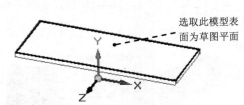

图 19.7.10　定义草图平面

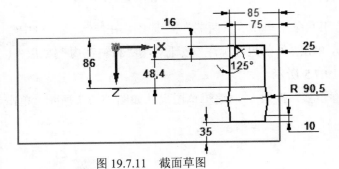

图 19.7.11　截面草图

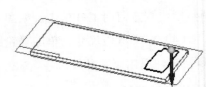

图 19.7.12　定义移除方向

Step7. 创建图 19.7.13 所示的弯边特征 5。

（1）选择命令。单击 主页 功能选项卡 钣金 工具栏中的"弯边"按钮 。

（2）定义附着边。选取图 19.7.14 所示的模型边线为附着边。

（3）定义弯边类型。在"弯边"工具条中单击"全宽"按钮 ；在 距离: 文本框中输入值 15，在 角度: 文本框中输入值 90，单击"外部尺寸标注"按钮  和"材料在内"按钮 ；调整弯边侧方向向内，如图 19.7.13 所示。

（4）定义弯边属性及参数。单击"弯边选项"按钮 ，取消选中 □ 使用默认值* 复选框，在 折弯半径(B): 文本框中输入数值 0.2，并取消选中 □ 折弯止裂口(E) 复选框，单击 确定 按钮。

（5）单击 完成 按钮，完成特征的创建。

创建此弯边特征 5

选取此边为附着边

放大图

图 19.7.13　弯边特征 5　　　　　　　图 19.7.14　定义附着边

Step8. 创建图 19.7.15 所示的凹坑特征 1。

（1）选择命令。单击 主页 功能选项卡 钣金 工具栏中的"凹坑"按钮 。

（2）绘制截面草图。选取图 19.7.16 所示的模型表面为草图平面，绘制图 19.7.17 所示的截面草图。

（3）定义凹坑属性。在"凹坑"工具条中单击 按钮，单击"偏置尺寸"按钮 ，在 距离: 文本框中输入值 15，单击 按钮，在 倒圆 区域中选中 ☑ 包括倒圆(I) 复选框，在 凸模半径 文本框中输入值 0.5；在 凹模半径 文本框中输入值 0；并选中 ☑ 包含凸模侧拐角半径(A) 复选框，在 半径(R): 文本框中输入值 1.0，单击 确定 按钮；定义其冲压方向为模型内部，单击"轮廓代表凸模"按钮 。

（4）单击工具条中的 完成 按钮，完成特征的创建。

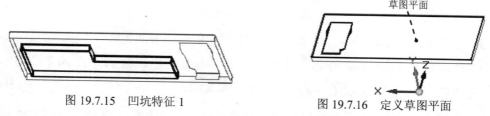

草图平面

图 19.7.15　凹坑特征 1　　　　　　　图 19.7.16　定义草图平面

Step9. 创建图 19.7.18 所示的加强筋特征 1。

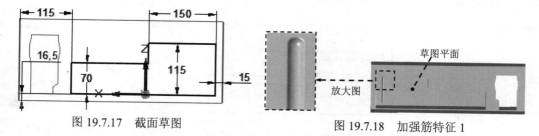

草图平面

放大图

图 19.7.17　截面草图　　　　　　　　图 19.7.18　加强筋特征 1

（1）选择命令。在 主页 功能选项卡的 钣金 工具栏中单击 凹坑 按钮，选择 加强筋 命令。

（2）绘制加强筋截面草图。选取图 19.7.18 所示的模型表面为草图平面，绘制图 19.7.19

所示的截面草图。

（3）定义筋属性。在"加强筋"工具条中单击"选择方向步骤"按钮 ，定义冲压方向如图 19.7.20 所示并单击；单击 按钮，在 横截面 区域中选中 ⊙ 圆形(C) 单选项，在 高度(E)：文本框中输入值 2.0，在 半径(R)：文本框中输入值 3.0；在 倒圆 区域中选中 ☑ 包括倒圆(I) 复选框，在 凹模半径(D)：文本框中输入值 0.5；在 端点条件 区域中选中 ⊙ 成形的(F) 单选项；单击 确定 按钮。

（4）单击 完成 按钮，完成特征的创建。

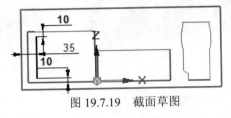

图 19.7.19　截面草图

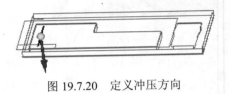

图 19.7.20　定义冲压方向

Step10. 创建图 19.7.21b 所示的阵列特征 1。

（1）选取要阵列的特征。选取 Step9 所创建的加强筋特征 1 为阵列特征。

（2）选择命令。单击 主页 功能选项卡 阵列 工具栏中的 阵列 按钮。

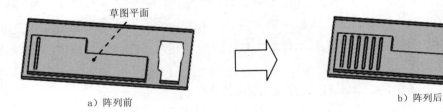

a）阵列前

b）阵列后

图 19.7.21　阵列特征 1

（3）定义要阵列草图平面。选取图 19.7.21 所示的模型表面为阵列草图平面。

（4）绘制矩形阵列轮廓。单击 特征 区域中的 按钮，绘制图 19.7.22 所示的矩形阵列轮廓；在"阵列"工具条的 翻转 下拉列表中选择 固定 选项；在"阵列"工具条的 X：文本框中输入阵列个数为 6，输入间距值为 20。在"阵列"工具条的 Y：文本框中输入阵列个数为 1，右击确定；单击 按钮，退出草绘环境。

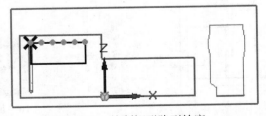

图 19.7.22　绘制矩形阵列轮廓

（5）单击 完成 按钮，完成特征的创建。

Step11. 创建图 19.7.23 所示的加强筋特征 2。

（1）选择命令。在 主页 功能选项卡的 钣金 工具栏中单击 凹坑 按钮，选择 加强筋 命令。

（2）绘制加强筋截面草图。选取图 19.7.23 所示的模型表面为草图平面，绘制图 19.7.24 所示的截面草图。

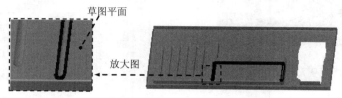

图 19.7.23 加强筋特征 2

（3）定义筋属性。在"加强筋"工具条中单击"选择方向步骤"按钮，定义冲压方向如图 19.7.25 所示并单击；单击 按钮，在 横截面 区域中选中 ⊙ 圆形(C) 单选项，在 高度(E): 文本框中输入值 2.0，在 半径(R): 文本框中输入值 2.0；在 倒圆 区域中选中 ☑ 包括倒圆(I) 复选框，在 凹模半径(D): 文本框中输入值 0.5；在 端点条件 区域中选中 ⊙ 成形的(F) 单选项；单击 确定 按钮。

（4）单击 完成 按钮，完成特征的创建。

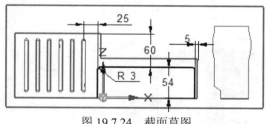

图 19.7.24 截面草图

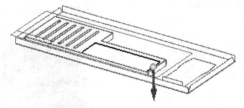

图 19.7.25 定义冲压方向

Step12. 创建图 19.7.26 所示的法向除料特征 2。

（1）选择命令。在 主页 功能选项卡的 钣金 工具栏中单击 打孔 按钮，选择 法向除料 命令。

（2）定义特征的截面草图。在系统 单击平的面或参考平面。 的提示下，选取图 19.7.27 所示的模型表面为草图平面；绘制图 19.7.28 所示的截面草图；单击"主页"功能选项卡中的"关闭草图"按钮，退出草绘环境。

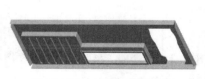

图 19.7.26 法向除料特征 2

图 19.7.27 定义草图平面

（3）定义法向除料特征属性。在"法向除料"工具条中单击"厚度剪切"按钮 和"贯通"按钮，并将移除方向调整至如图 19.7.29 所示。

（4）单击 完成 按钮，完成特征的创建。

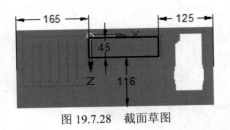

图 19.7.28　截面草图

图 19.7.29　定义移除方向

Step13. 创建图 19.7.30 所示的凹坑特征 2。

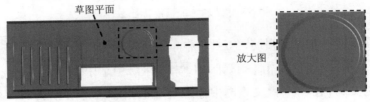

图 19.7.30　凹坑特征 2

（1）选择命令。单击 主页 功能选项卡 钣金 工具栏中的"凹坑"按钮□。

（2）绘制截面草图。选取图 19.7.30 所示的模型表面为草图平面，绘制图 19.7.31 所示的截面草图。

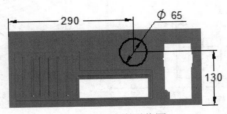

图 19.7.31　截面草图

（3）定义凹坑属性。在"凹坑"工具条中单击 按钮，单击"偏置尺寸"按钮，在 距离: 文本框中输入值 2.0，单击 按钮，在 拔模角(T): 文本框中输入值 60，在 倒圆 区域中选中 ☑ 包括倒圆(I) 复选框，在 凸模半径 文本框中输入值 2.0；在 凹模半径 文本框中输入值 1.5；并取消选中 □ 包含凸模侧拐角半径(A) 复选框，单击 确定 按钮；定义其冲压方向为模型外部，单击"轮廓代表凸模"按钮。

（4）单击工具条中的 完成 按钮，完成特征的创建。

Step14. 创建图 19.7.32 所示的法向除料特征 3。

（1）选择命令。在 主页 功能选项卡的 钣金 工具栏中单击 打孔 按钮，选择 法向除料 命令。

（2）定义特征的截面草图。在系统 单击平的面或参考平面 的提示下，选取图 19.7.33 所示的模型表面为草图平面；绘制图 19.7.34 所示的截面草图；单击"主页"功能选项卡中的"关闭草图"按钮 ，退出草绘环境。

（3）定义法向除料特征属性。在"法向除料"工具条中单击"厚度剪切"按钮 和"贯通"按钮，并将移除方向调整至如图 19.7.35 所示。

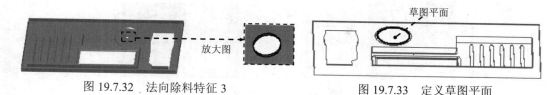

图 19.7.32　法向除料特征 3　　　　　图 19.7.33　定义草图平面

（4）单击　完成　按钮，完成特征的创建。

图 19.7.34　截面草图　　　　　　　　图 19.7.35　定义移除方向

Step15. 创建图 19.7.36 所示的法向除料特征 4。

图 19.7.36　法向除料特征 4

（1）选择命令。在　主页　功能选项卡的　钣金　工具栏中单击　打孔　按钮，选择　法向除料　命令。

（2）定义特征的截面草图。在系统　单击平的面或参考平面。的提示下，选取图 19.7.36 所示的模型表面为草图平面；绘制图 19.7.37 所示的截面草图；单击"主页"功能选项卡中的"关闭草图"按钮，退出草绘环境。

（3）定义法向除料特征属性。在"法向除料"工具条中单击"厚度剪切"按钮和"贯通"按钮，并将移除方向调整至如图 19.7.38 所示。

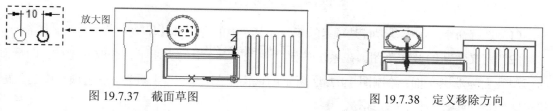

图 19.7.37　截面草图　　　　　　　　图 19.7.38　定义移除方向

（4）单击　完成　按钮，完成特征的创建。

Step16. 创建图 19.7.39 所示的阵列特征 2。

（1）选取要阵列的特征。选取 Step15 所创建的法向除料特征 4 为阵列特征。

（2）选择命令。单击　主页　功能选项卡　阵列　工具栏中的　阵列　按钮。

（3）定义要阵列草图平面。选取图 19.7.39 所示的模型表面为阵列草图平面。

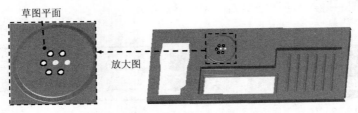

图 19.7.39　阵列特征 2

（4）绘制圆形阵列轮廓。单击 特征 区域中的 按钮，绘制图 19.7.40 所示的圆形阵列轮廓并确定阵列方向，单击确定（注：在图 19.7.40 所示的绘制的圆轮廓中心与圆 1 同心，起点与圆 2 圆心重合）；在"阵列"工具条的 翻转 下拉列表中选择 适合 选项；在"阵列"工具条中单击"整圆"按钮 ，在 计数(C) 文本框中输入阵列个数为 6，右击；单击 按钮，退出草绘环境。

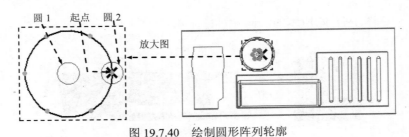

图 19.7.40　绘制圆形阵列轮廓

（5）单击 完成 按钮，完成特征的创建。

Step17. 创建图 19.7.41 所示的法向除料特征 5。

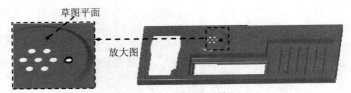

图 19.7.41　法向除料特征 5

（1）选择命令。在 主页 功能选项卡的 钣金 工具栏中单击 打孔 按钮，选择 法向除料 命令。

（2）定义特征的截面草图。在系统 单击平的面或参考平面。 的提示下，选取图 19.7.41 所示的模型表面为草图平面；绘制图 19.7.42 所示的截面草图；单击"主页"功能选项卡中的"关闭草图"按钮 ，退出草绘环境。

（3）定义法向除料特征属性。在"法向除料"工具条中单击"厚度剪切"按钮 和"贯通"按钮 ，并将移除方向调整至如图 19.7.43 所示。

（4）单击 完成 按钮，完成特征的创建。

Step18. 创建图 19.7.44 所示的阵列特征 3。

（1）选取要阵列的特征。选取 Step17 所创建的法向除料特征 5 为阵列特征。

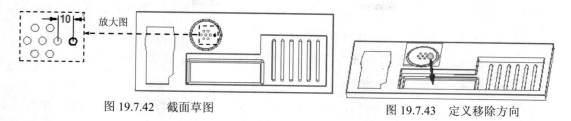

图 19.7.42　截面草图

图 19.7.43　定义移除方向

（2）选择命令。单击 主页 功能选项卡 阵列 工具栏中的 阵列 按钮。

（3）定义要阵列草图平面。选取图 19.7.44 所示的模型表面为阵列草图平面。

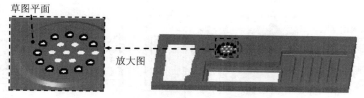

图 19.7.44　阵列特征 3

（4）绘制圆形阵列轮廓。单击 特征 区域中的 按钮，绘制图 19.7.45 所示的圆形阵列轮廓并确定阵列方向，单击确定（注：在图 19.7.45 所示的绘制的圆轮廓中心与圆 1 同心，起点与圆 2 圆心重合）。

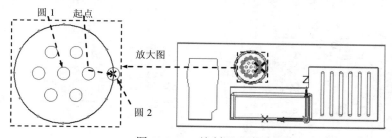

图 19.7.45　绘制圆形阵列轮廓

① 定义阵列类型。在"阵列"工具条的 翻转 下拉列表中选择 适合 选项。

② 定义阵列参数。在"阵列"工具条中单击"整圆"按钮 ，在 计数（C） 文本框中输入阵列个数为 12，右击。

③ 单击 按钮，退出草绘环境。

（5）单击 完成 按钮，完成特征的创建。

Step19. 创建图 19.7.46 所示的法向除料特征 6。

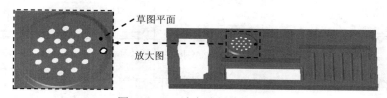

图 19.7.46　法向除料特征 6

（1）选择命令。在 主页 功能选项卡的 钣金 工具栏中单击 打孔 按钮，选择 法向除料 命令。

（2）定义特征的截面草图。在系统 单击平的面或参考平面。 的提示下，选取图 19.7.46 所示的模型表面为草图平面，绘制图 19.7.47 所示的截面草图，单击"主页"功能选项卡中的"关闭草图"按钮 ，退出草绘环境。

（3）定义法向除料特征属性。在"法向除料"工具条中单击"厚度剪切"按钮 和"贯通"按钮 ，并将移除方向调整至如图 19.7.48 所示。

（4）单击 完成 按钮，完成特征的创建。

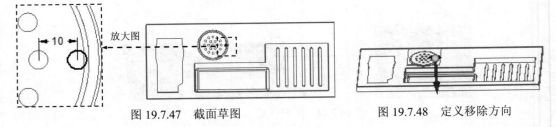

图 19.7.47　截面草图　　　　　　　　图 19.7.48　定义移除方向

Step20. 创建图 19.7.49 所示的阵列特征 4。

（1）选取要阵列的特征。选取 Step19 所创建的法向除料特征 6 为阵列特征。

（2）选择命令。单击 主页 功能选项卡 阵列 工具栏中的 阵列 按钮。

（3）定义要阵列草图平面。选取图 19.7.49 所示的模型表面为阵列草图平面。

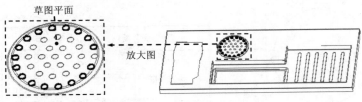

图 19.7.49　阵列特征 4

（4）绘制圆形阵列轮廓。单击 特征 区域中的 按钮，绘制图 19.7.50 所示的圆形阵列轮廓并确定阵列方向，单击确定（注：在图 19.7.50 所示的绘制的圆轮廓中心与圆 1 同心，起点与圆 2 圆心重合）。

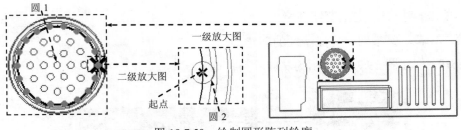

图 19.7.50　绘制圆形阵列轮廓

① 定义阵列类型。在"阵列"工具条的 翻转 下拉列表中选择 适合 选项。

② 定义阵列参数。在"阵列"工具条中单击"整圆"按钮 ，在 计数 ⓒ 文本框中输

入阵列个数为 18，单击右键。

③ 单击 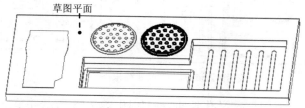 按钮，退出草绘环境。

（5）单击 完成 按钮，完成特征的创建。

Step21. 创建图 19.7.51 所示的阵列特征 5。

（1）选取要阵列的特征。选取 Step13~Step20 所创建的特征为阵列特征。

（2）定义要阵列草图平面。选取图 19.7.51 所示的模型表面为阵列草图平面。

图 19.7.51 阵列特征 5

（3）绘制矩形阵列轮廓。单击 特征 区域中的 按钮，绘制图 19.7.52 所示的矩形阵列轮廓。

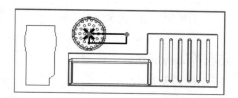

图 19.7.52 绘制矩形阵列轮廓

① 定义阵列类型。在"阵列"工具条的 翻转 下拉列表中选择 固定 选项。

② 定义阵列参数。在"阵列"工具条的 X: 文本框中输入阵列个数为 2，输入间距值为 80；在"阵列"工具条的 Y: 文本框中输入阵列个数为 1，右击确定。

③ 单击 按钮，退出草绘环境。

（4）单击 完成 按钮，完成特征的创建。

Step22. 创建图 19.7.53 所示的孔特征 1。

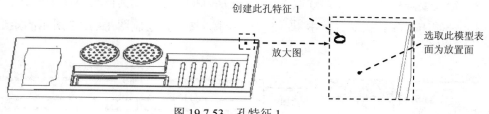

图 19.7.53 孔特征 1

（1）选择命令。单击 主页 功能选项卡 钣金 工具栏中的"打孔"按钮 。

（2）定义孔的参数。单击 按钮，在 类型(Y): 下拉列表中选择 简单孔 选项，在 单位(U):

下拉列表中选择 选项，在 直径(I): 下拉列表中输入值 3.5，在 范围 区域中选择延伸类型为 （贯通），单击 确定 按钮，完成孔参数的设置。

（3）定义孔的放置面。选取图 19.7.53 所示的模型表面为孔的放置面，在模型表面单击完成孔的放置。

（4）编辑孔的定位。在草图环境中对其添加尺寸约束，如图 19.7.54 所示。

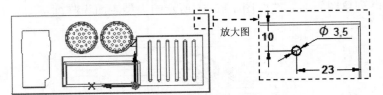

图 19.7.54　添加尺寸约束

（5）定义孔的延伸方向。定义孔延伸方向如图 19.7.55 所示并单击。

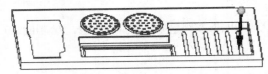

图 19.7.55　定义延伸方向

（6）单击 完成 按钮，完成特征的创建。

Step23. 创建图 19.7.56 所示的阵列特征 6。

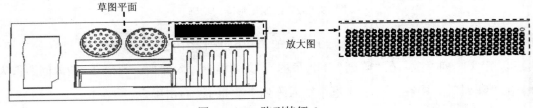

图 19.7.56　阵列特征 6

（1）选取要阵列的特征。选取 Step22 所创建的孔特征 1 为阵列特征。

（2）选择命令。单击 主页 功能选项卡 阵列 工具栏中的 阵列 按钮。

（3）定义要阵列草图平面。选取图 19.7.56 所示的模型表面为阵列草图平面。

（4）绘制矩形阵列轮廓。单击 特征 区域中的 按钮，绘制图 19.7.57 所示的矩形阵列轮廓。

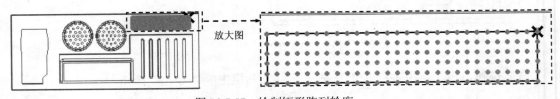

图 19.7.57　绘制矩形阵列轮廓

① 定义阵列类型。在"阵列"工具条的 翻转 下拉列表中选择 固定 选项。

② 定义阵列参数。在"阵列"工具条的 X: 文本框中输入阵列个数为 28，输入间距值为 5；在"阵列"工具条的 Y: 文本框中输入阵列个数为 6，输入间距值为 5，右击确定。

③ 单击 ✓ 按钮，退出草绘环境。

（5）单击 完成 按钮，完成特征的创建。

Step24. 创建图 19.7.58 所示的法向除料特征 7。

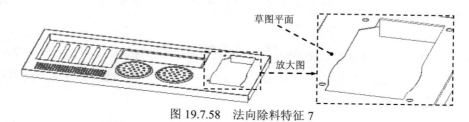

图 19.7.58  法向除料特征 7

（1）选择命令。在 主页 功能选项卡的 钣金 工具栏中单击 打孔 按钮，选择 法向除料 命令。

（2）定义特征的截面草图。在系统 单击平的面或参考平面。 的提示下，选取图 19.7.58 所示的模型表面为草图平面；绘制图 19.7.59 所示的截面草图；单击"主页"功能选项卡中的"关闭草图"按钮 ✓ ，退出草绘环境。

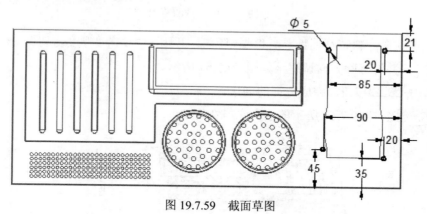

图 19.7.59  截面草图

（3）定义法向除料特征属性。在"法向除料"工具条中单击"厚度剪切"按钮 和"贯通"按钮，并将移除方向调整至如图 19.7.60 所示。

（4）单击 完成 按钮，完成特征的创建。

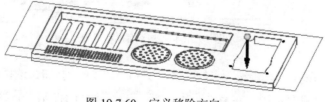

图 19.7.60  定义移除方向

Step25. 创建图 19.7.61 所示的法向除料特征 8。

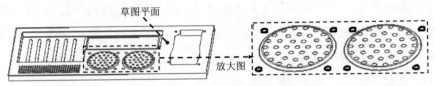

图 19.7.61　法向除料特征 8

（1）选择命令。在 主页 功能选项卡的 钣金 工具栏中单击 打孔 按钮，选择 法向除料 命令。

（2）定义特征的截面草图。在系统 单击平的面或参考平面。 的提示下，选取图 19.7.61 所示的模型表面为草图平面，绘制图 19.7.62 所示的截面草图，单击"主页"功能选项卡中的"关闭草图"按钮，退出草绘环境。

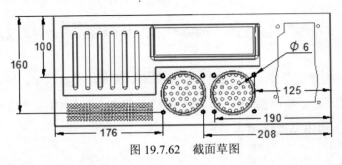

图 19.7.62　截面草图

（3）定义法向除料特征属性。在"法向除料"工具条中单击"厚度剪切"按钮和"贯通"按钮，并将移除方向调整至如图 19.7.63 所示。

（4）单击 完成 按钮，完成特征的创建。

Step26. 创建图 19.7.64 所示的法向除料特征 9。

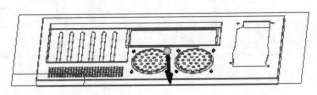

图 19.7.63　定义移除方向

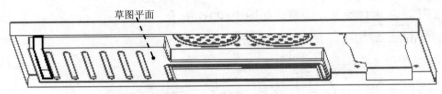

图 19.7.64　法向除料特征 9

（1）选择命令。在 主页 功能选项卡的 钣金 工具栏中单击 打孔 按钮，选择 法向除料 命令。

（2）定义特征的截面草图。在系统 单击平的面或参考平面。 的提示下，选取图 19.7.64 所示的模型表面为草图平面，绘制图 19.7.65 所示的截面草图，单击"主页"功能选项卡中的"关闭草图"按钮 ，退出草绘环境。

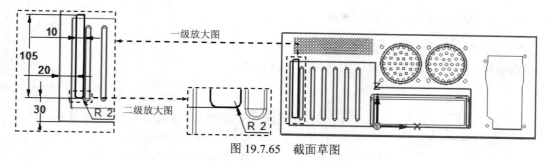

图 19.7.65　截面草图

（3）定义法向除料特征属性。在"法向除料"工具条中单击"厚度剪切"按钮 和"贯通"按钮 ，并将移除方向调整至如图 19.7.66 所示。

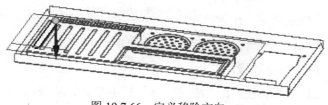

图 19.7.66　定义移除方向

（4）单击 按钮，完成特征的创建。

Step27. 创建图 19.7.67 所示的阵列特征 7。

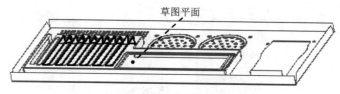

图 19.7.67　阵列特征 7

（1）选取要阵列的特征。选取 Step26 所创建的法向除料特征 9 为阵列特征。

（2）定义要阵列草图平面。选取图 19.7.67 所示的模型表面为阵列草图平面。

（3）绘制矩形阵列轮廓。单击 特征 区域中的 按钮，绘制图 19.7.68 所示的矩形阵列轮廓。

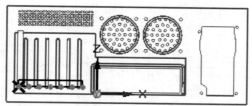

图 19.7.68　绘制矩形阵列轮廓

① 定义阵列类型。在"阵列"工具条的 翻转 下拉列表中选择 固定 选项。

② 定义阵列参数。在"阵列"工具条的 X: 文本框中输入阵列个数为7，输入间距值为20；在"阵列"工具条的 Y: 文本框中输入阵列个数为1，右击确定。

③ 单击 ✓ 按钮，退出草绘环境。

（4）单击 完成 按钮，完成特征的创建。

Step28. 创建图19.7.69所示的法向除料特征10。

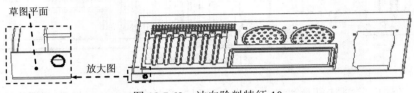

图19.7.69　法向除料特征10

（1）选择命令。在 主页 功能选项卡的 钣金 工具栏中单击 打孔 按钮，选择 法向除料 命令。

（2）定义特征的截面草图。在系统 单击平的面或参考平面。 的提示下，选取图19.7.69所示的模型表面为草图平面；绘制图19.7.70所示的截面草图；单击"主页"功能选项卡中的"关闭草图"按钮 ✓，退出草绘环境。

（3）定义法向除料特征属性。在"法向除料"工具条中单击"厚度剪切"按钮 和"穿过下一个"按钮 ，并将移除方向调整至如图19.7.71所示。

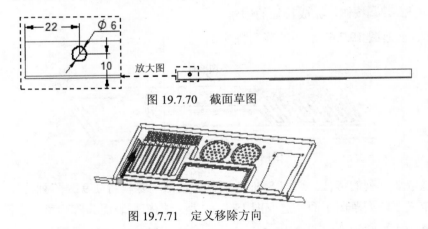

图19.7.70　截面草图

图19.7.71　定义移除方向

（4）单击 完成 按钮，完成特征的创建。

Step29. 创建图19.7.72所示的法向除料特征11。

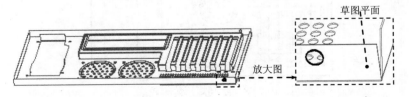

图19.7.72　法向除料特征11

（1）选择命令。在 主页 功能选项卡的 钣金 工具栏中单击 打孔 按钮，选择 法向除料 命令。

（2）定义特征的截面草图。在系统 单击平的面或参考平面 的提示下，选取图 19.7.72 所示的模型表面为草图平面；绘制图 19.7.73 所示的截面草图（通过"包含"命令对上一特征曲线投影获得）；单击"主页"功能选项卡中的"关闭草图"按钮 ，退出草绘环境。

图 19.7.73　截面草图

（3）定义法向除料特征属性。在"法向除料"工具条中单击"厚度剪切"按钮 和"穿过下一个"按钮 ，并将移除方向调整至如图 19.7.74 所示。

（4）单击 完成 按钮，完成特征的创建。

Step30. 创建图 19.7.75 所示的法向除料特征 12。

（1）选择命令。在 主页 功能选项卡的 钣金 工具栏中单击 打孔 按钮，选择 法向除料 命令。

（2）定义特征的截面草图。在系统 单击平的面或参考平面 的提示下，选取图 19.7.75 所示的模型表面为草图平面；绘制图 19.7.76 所示的截面草图；单击"主页"功能选项卡中的"关闭草图"按钮 ，退出草绘环境。

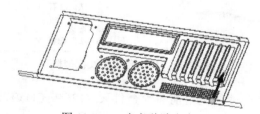

图 19.7.74　定义移除方向

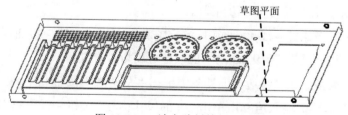

图 19.7.75　法向除料特征 12

图 19.7.76　截面草图

（3）定义法向除料特征属性。在"法向除料"工具条中单击"厚度剪切"按钮 和"贯通"按钮 ，并将移除方向调整至如图 19.7.77 所示。

（4）单击 完成 按钮，完成特征的创建。

图 19.7.77　定义移除方向

Step31. 保存钣金件模型文件。

## 19.8　机箱前盖的细节设计

机箱前盖钣金件模型及模型树如图 19.8.1 所示。

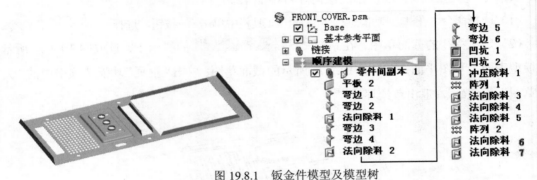

图 19.8.1　钣金件模型及模型树

Step1. 在装配件中打开创建的机箱前盖钣金件（FORNT_COVER）。在模型树中选择 ☑ 🔩 🗗 FRONT_COVER.psm:1 ，然后右击，在系统弹出的快捷菜单中选择 🖽 打开 命令。

Step2. 创建图 19.8.2 所示的弯边特征 1。

（1）选择命令。单击 主页 功能选项卡 钣金 工具栏中的"弯边"按钮🗂。

（2）定义附着边。选取图 19.8.3 所示的模型边线为附着边。

（3）定义弯边类型。在"弯边"工具条中单击"从两端"按钮🎚，在 距离: 文本框中输入值 15，在 角度: 文本框中输入值 90，单击"外部尺寸标注"按钮🎚 和"材料在内"按钮🗂；调整弯边侧方向向上并单击，如图 19.8.2 所示。

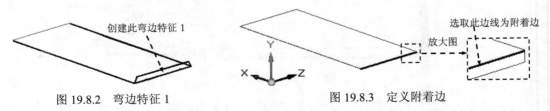

图 19.8.2　弯边特征 1　　　　　　　　　　图 19.8.3　定义附着边

（4）定义弯边尺寸。单击"轮廓步骤"按钮🖉，编辑草图尺寸如图 19.8.4 所示，单击

![按钮] 按钮,退出草绘环境。

(5)定义弯边属性及参数。单击"弯边选项"按钮![],取消选中![使用默认值*]复选框,在其![折弯半径 (B):]文本框中输入数值 0.2,单击![确定]按钮。

(6)单击![完成]按钮,完成特征的创建。

Step3. 创建图 19.8.5 所示的弯边特征 2,详细操作过程参见 Step2。

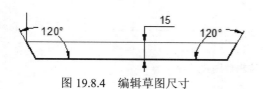

图 19.8.4 编辑草图尺寸

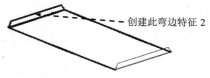

图 19.8.5 弯边特征 2

Step4. 创建图 19.8.6 所示的法向除料特征 1。

(1)选择命令。在![主页]功能选项卡的![钣金]工具栏中单击![打孔]按钮,选择![] ![法向除料]命令。

(2)定义特征的截面草图。在系统![单击平的面或参考平面。]的提示下,选取图 19.8.6 所示的模型表面为草图平面;绘制图 19.8.7 所示的截面草图;单击"主页"功能选项卡中的"关闭草图"按钮![],退出草绘环境。

(3)定义法向除料特征属性。在"法向除料"工具条中单击"厚度剪切"按钮![]和"贯通"按钮![],并将移除方向调整至如图 19.8.8 所示。

(4)单击![完成]按钮,完成特征的创建。

图 19.8.6 法向除料特征 1

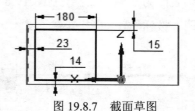

图 19.8.7 截面草图

Step5. 创建图 19.8.9 所示的弯边特征 3。

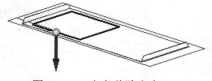

图 19.8.8 定义移除方向

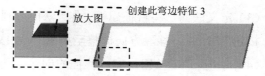

图 19.8.9 弯边特征 3

(1)选择命令。单击![主页]功能选项卡![钣金]工具栏中的"弯边"按钮![]。

(2)定义附着边。选取图 19.8.10 所示的模型边线为附着边。

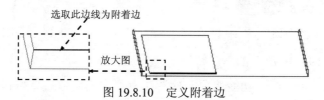

图 19.8.10 定义附着边

（3）定义弯边类型。在"弯边"工具条中单击"从两端"按钮 ⊥⊥，在 距离: 文本框中输入值 10，在 角度: 文本框中输入值 90，单击"外部尺寸标注"按钮 ⅠⅠ 和"材料在内"按钮 ┐；调整弯边侧方向向上并单击，如图 19.8.9 所示。

（4）定义弯边尺寸。单击"轮廓步骤"按钮 ，编辑草图尺寸如图 19.8.11 所示，单击 按钮，退出草绘环境。

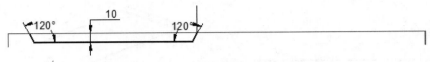

图 19.8.11　编辑草图尺寸

（5）定义弯边属性及参数。单击"弯边选项"按钮 ，取消选中 □使用默认值* 复选框，在 折弯半径 (B): 文本框中输入数值 0.2，并取消选中 □折弯止裂口 (E) 复选框，单击 确定 按钮。

（6）单击 完成 按钮，完成特征的创建。

Step6. 创建图 19.8.12 所示的弯边特征 4，详细操作过程参见 Step5。

Step7. 创建图 19.8.13 所示的法向除料特征 2。

（1）选择命令。在 主页 功能选项卡的 钣金 工具栏中单击 打孔 按钮，选择 法向除料 命令。

（2）定义特征的截面草图。在系统 单击平的面或参考平面。 的提示下，选取图 19.8.13 所示的模型表面为草图平面；绘制图 19.8.14 所示的截面草图；单击"主页"功能选项卡中的"关闭草图"按钮 ，退出草绘环境。

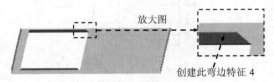

图 19.8.12　弯边特征 4

图 19.8.13　法向除料特征 2

（3）定义法向除料特征属性。在"法向除料"工具条中单击"厚度剪切"按钮 和"贯通"按钮 ，并将移除方向调整至如图 19.8.15 所示。

（4）单击 完成 按钮，完成特征的创建。

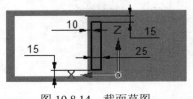

图 19.8.14　截面草图

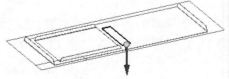

图 19.8.15　定义移除方向

Step8. 创建图 19.8.16 所示的弯边特征 5。

（1）选择命令。单击 主页 功能选项卡 钣金 工具栏中的"弯边"按钮 。

（2）定义附着边。选取图 19.8.17 所示的模型边线为附着边。

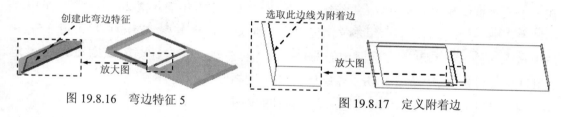

图 19.8.16　弯边特征 5　　　　　　图 19.8.17　定义附着边

（3）定义弯边类型。在"弯边"工具条中单击"从两端"按钮 Ⅱ，在 距离: 文本框中输入值 10，在 角度: 文本框中输入值 90，单击"外部尺寸标注"按钮 Ⅱ 和"材料在内"按钮 ┐；调整弯边侧方向向上并单击，如图 19.8.16 所示。

（4）定义弯边尺寸。单击"轮廓步骤"按钮 ✎，编辑草图尺寸如图 19.8.18 所示，单击 ✓ 按钮，退出草绘环境。

（5）定义弯边属性及参数。单击"弯边选项"按钮 ▤，取消选中 ☐ 使用默认值* 复选框，在 折弯半径 (B): 文本框中输入数值 0.2，并取消选中 ☐ 折弯止裂口 (E) 复选框，单击 确定 按钮。

（6）单击 完成 按钮，完成特征的创建。

Step9. 创建图 19.8.19 所示的弯边特征 6，详细操作过程参见 Step8。

图 19.8.18　编辑草图尺寸　　　　　图 19.8.19　弯边特征 6

Step10. 创建图 19.8.20 所示的凹坑特征 1。

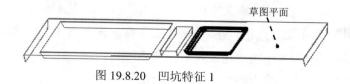

图 19.8.20　凹坑特征 1

（1）选择命令。单击 主页 功能选项卡 钣金 工具栏中的"凹坑"按钮 ▢。

（2）绘制截面草图。选取图 19.8.20 所示的模型表面为草图平面，绘制图 19.8.21 所示的截面草图。

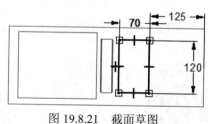

图 19.8.21　截面草图

（3）定义凹坑属性。在"凹坑"工具条中单击  按钮，单击"偏置尺寸"按钮⟳，在 距离: 文本框中输入值 5，单击 ⊟ 按钮，在 拔模角(T): 文本框中输入值 20，在 倒圆 区域中选中 ☑ 包括倒圆(I) 复选框，在 凸模半径 文本框中输入值 3.0；在 凹模半径 文本框中输入值 2.5；并选中 ☑ 包含凸模侧拐角半径(A) 复选框，在 半径(R): 文本框中输入值 5，单击 确定 按钮；定义其冲压方向为模型内部，单击"轮廓代表凸模"按钮 ⊔ 。

（4）单击工具条中的 完成 按钮，完成特征的创建。

Step11. 创建图 19.8.22 所示的凹坑特征 2。

图 19.8.22　凹坑特征 2

（1）选择命令。单击 主页 功能选项卡 钣金 工具栏中的"凹坑"按钮 ▭ 。

（2）绘制截面草图。选取图 19.8.23 所示的模型表面为草图平面，绘制图 19.8.24 所示的截面草图。

图 19.8.23　定义草图平面

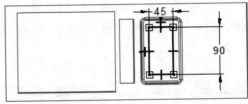

图 19.8.24　截面草图

（3）定义凹坑属性。在"凹坑"工具条中单击 ⊗ 按钮，单击"偏置尺寸"按钮⟳，在 距离: 文本框中输入值 3，单击 ⊟ 按钮，在 拔模角(T): 文本框中输入值 20，在 倒圆 区域中选中 ☑ 包括倒圆(I) 复选框，在 凸模半径 文本框中输入值 2.0；在 凹模半径 文本框中输入值 1.5；并选中 ☑ 包含凸模侧拐角半径(A) 复选框，在 半径(R): 文本框中输入值 5，单击 确定 按钮；定义其冲压方向为模型内部，单击"轮廓代表凸模"按钮 ⊔ 。

（4）单击工具条中的 完成 按钮，完成特征的创建。

Step12. 创建图 19.8.25 所示的冲压除料特征 1。

（1）选择命令。在"主页"功能选项卡的"钣金"工具栏中单击 凹坑 ▾ 按钮，选择 ▭ 冲压除料 命令。

（2）绘制截面草图。选取图 19.8.26 所示的模型表面为草图平面，绘制图 19.8.27 所示的截面草图。

（3）定义冲压除料属性。在"冲压除料"工具条中单击 ⊗ 按钮，在 距离: 文本框中输入值 5.0，并按 Enter 键；单击 ⊟ 按钮，在 拔模角(T): 文本框中输入值 0，在 倒圆 区域中选中 ☑ 包括倒圆(I) 复选框，在 凹模半径 文本框中输入值 1.0；并取消选中 ☐ 包含凸模侧拐角半径(A) 复选框，单击 确定 按钮；定义其冲压方向为模型内部，如图 19.8.25 所示并单击，单击"轮廓代表凸模"按钮 。

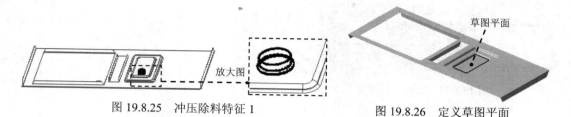

图 19.8.25  冲压除料特征 1

图 19.8.26  定义草图平面

（4）单击工具条中的 完成 按钮，完成特征的创建。

Step13. 创建图 19.8.28 所示的阵列特征 1。

（1）选取要阵列的特征。选取 Step12 所创建的冲压除料特征 1 为阵列特征。

（2）选择命令。单击 主页 功能选项卡 阵列 工具栏中的 阵列 按钮。

（3）定义要阵列草图平面。选取图 19.8.28 所示的模型表面为阵列草图平面。

（4）绘制矩形阵列轮廓。单击 特征 区域中的 按钮，绘制图 19.8.29 所示的矩形阵列轮廓。

① 定义阵列类型。在"阵列"工具条的 翻转 下拉列表中选择 固定 选项。

② 定义阵列参数。在"阵列"工具条的 X: 文本框中输入阵列个数为 1；在"阵列"工具条的 Y: 文本框中输入阵列个数为 3，输入间距值为 25。

③ 单击 按钮，退出草绘环境。

（5）单击 完成 按钮，完成特征的创建。

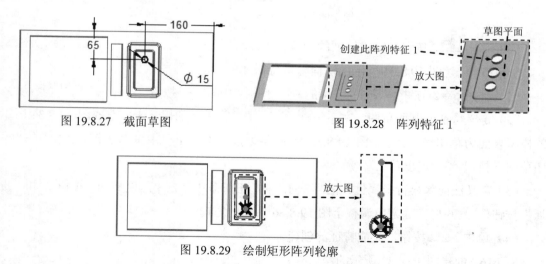

图 19.8.27  截面草图

图 19.8.28  阵列特征 1

图 19.8.29  绘制矩形阵列轮廓

Step14. 创建图 19.8.30 所示的法向除料特征 3。

（1）选择命令。在 主页 功能选项卡的 钣金 工具栏中单击 打孔 按钮，选择 法向除料 命令。

（2）定义特征的截面草图。

① 选取草图平面。在系统 单击平的面或参考平面。 的提示下，选取图 19.8.31 所示的模型

表面为草图平面。

② 绘制图 19.8.32 所示的截面草图。

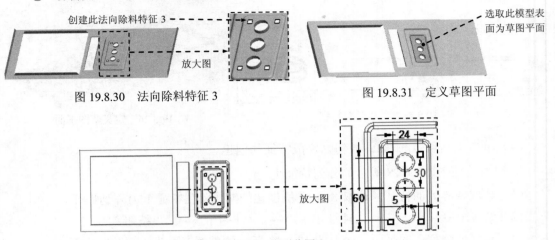

图 19.8.30　法向除料特征 3　　　　　　　　　图 19.8.31　定义草图平面

图 19.8.32　截面草图

③ 单击"主页"功能选项卡中的"关闭草图"按钮 ✓，退出草绘环境。

（3）定义法向除料特征属性。在"法向除料"工具条中单击"厚度剪切"按钮 🖋 和"贯通"按钮 🔲，并将移除方向调整至如图 19.8.33 所示。

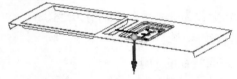

图 19.8.33　定义移除方向

（4）单击 完成 按钮，完成特征的创建。

Step15. 创建图 19.8.34 所示的法向除料特征 4。

（1）选择命令。在 主页 功能选项卡的 钣金 工具栏中单击 打孔 ▾ 按钮，选择 🔲 法向除料 命令。

（2）定义特征的截面草图。在系统 单击平的面或参考平面。 的提示下，选取图 19.8.34 所示的模型表面为草图平面；绘制图 19.8.35 所示的截面草图；单击"主页"功能选项卡中的"关闭草图"按钮 ✓，退出草绘环境。

（3）定义法向除料特征属性。在"法向除料"工具条中单击"厚度剪切"按钮 🖋 和"贯通"按钮 🔲，并将移除方向调整至图 19.8.36 所示的方向。

（4）单击 完成 按钮，完成特征的创建。

Step16. 创建图 19.8.37 所示的法向除料特征 5。

（1）选择命令。在 主页 功能选项卡的 钣金 工具栏中单击 打孔 ▾ 按钮，选择 🔲 法向除料 命令。

（2）定义特征的截面草图。

① 选取草图平面。在系统 单击平的面或参考平面。 的提示下，选取图 19.8.37 所示的模型表面为草图平面。

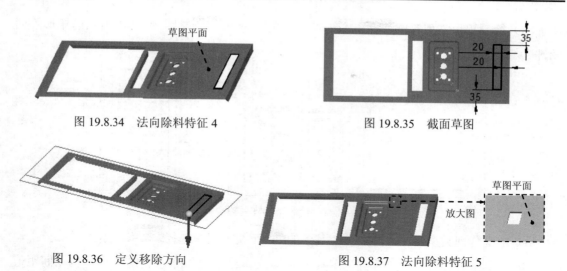

图 19.8.34　法向除料特征 4　　　　　　图 19.8.35　截面草图

图 19.8.36　定义移除方向　　　　　　图 19.8.37　法向除料特征 5

② 绘制图 19.8.38 所示的截面草图。

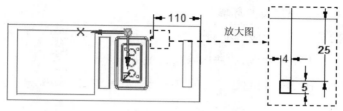

图 19.8.38　截面草图

③ 单击"主页"功能选项卡中的"关闭草图"按钮 ，退出草绘环境。

（3）定义法向除料特征属性。在"法向除料"工具条中单击"厚度剪切"按钮 和"贯通"按钮 ，并将移除方向调整至如图 19.8.39 所示。

图 19.8.39　定义移除方向

（4）单击 完成 按钮，完成特征的创建。

Step17. 创建图 19.8.40 所示的阵列特征 2。

（1）选取要阵列的特征。选取 Step16 所创建的法向除料特征 5 为阵列特征。

（2）定义要阵列草图平面。选取图 19.8.40 所示的模型表面为阵列草图平面。

图 19.8.40　阵列特征 2

（3）绘制矩形阵列轮廓。单击 特征 区域中的 ⌗ 按钮，绘制图 19.8.41 所示的矩形阵列轮廓。

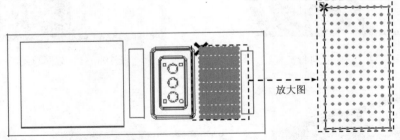

图 19.8.41　绘制矩形阵列轮廓

① 定义阵列类型。在"阵列"工具条的 翻转 下拉列表中选择 固定 选项。

② 定义阵列参数。在"阵列"工具条的 X: 文本框中输入阵列个数为 10，输入间距值为 7；在"阵列"工具条的 Y: 文本框中输入阵列个数为 16，输入间距值为 8，右击确定。

③ 单击 ✓ 按钮，退出草绘环境。

（4）单击 完成 按钮，完成特征的创建。

Step18. 创建图 19.8.42 所示的法向除料特征 6。

（1）选择命令。在 主页 功能选项卡的 钣金 工具栏中单击 打孔 ▾ 按钮，选择 ▣ 法向除料 命令。

（2）定义特征的截面草图。在系统 单击平的面或参考平面。 的提示下，选取图 19.8.43 所示的模型表面为草图平面；绘制图 19.8.44 所示的截面草图；单击"主页"功能选项卡中的"关闭草图"按钮 ✓ ，退出草绘环境。

（3）定义法向除料特征属性。在"法向除料"工具条中单击"厚度剪切"按钮 ⟋ 和"贯通"按钮 ▣ ，并将移除方向调整至如图 19.8.45 所示。

（4）单击 完成 按钮，完成特征的创建。

创建此法向除料特征

选取此模型表面为草图平面

图 19.8.42　法向除料特征 6

图 19.8.43　定义草图平面

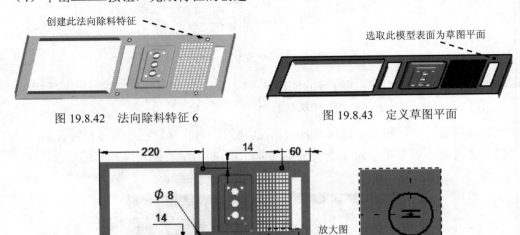

图 19.8.44　截面草图

图 19.8.45　定义移除方向

Step19. 创建图 19.8.46 所示的法向除料特征 7。

（1）选择命令。在 主页 功能选项卡的 钣金 工具栏中单击 打孔 按钮，选择 🔲 法向除料 命令。

（2）定义特征的截面草图。在系统 单击平的面或参考平面。 的提示下，选取图 19.8.47 所示的模型表面为草图平面；绘制图 19.8.48 所示的截面草图；单击"主页"功能选项卡中的"关闭草图"按钮 ✓ ，退出草绘环境。

（3）定义法向除料特征属性。在"法向除料"工具条中单击"厚度剪切"按钮 ✐ 和"贯通"按钮 ▦ ，并将移除方向调整至如图 19.8.49 所示。

（4）单击 完成 按钮，完成特征的创建。

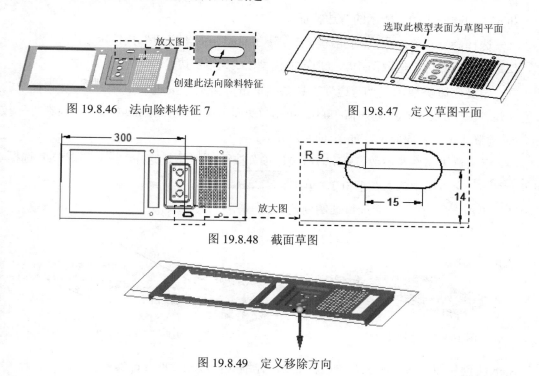

图 19.8.46　法向除料特征 7

图 19.8.47　定义草图平面

图 19.8.48　截面草图

图 19.8.49　定义移除方向

Step20. 保存钣金件模型文件。

## 19.9　机箱底盖的细节设计

机箱底盖钣金件模型及模型树如图 19.9.1 所示。

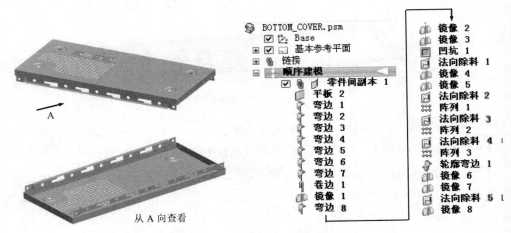

图 19.9.1　钣金件模型及模型树

Step1. 在装配件中打开创建的机箱底盖钣金件（BOTTOM_COVER）。在模型树中选择 ☑ 🔲 🔲 BOTTOM_COVER.psm:1，然后右击，在系统弹出的快捷菜单中选择 🔲 打开 命令。

Step2. 创建图 19.9.2 所示的弯边特征 1。

（1）选择命令。单击 主页 功能选项卡 钣金 工具栏中的"弯边"按钮 🔲。

（2）定义附着边。选取图 19.9.3 所示的模型边线为附着边。

（3）定义弯边类型。在"弯边"工具条中单击"全宽"按钮 🔲；在 距离: 文本框中输入值 15，在 角度: 文本框中输入值 90.0；单击"外部尺寸标注"按钮 🔲 和"材料在外"按钮 🔲；调整弯边侧方向向上，如图 19.9.2 所示。

（4）定义弯边属性及参数。单击"弯边选项"按钮 🔲，取消选中 ☐ 使用默认值* 复选框，在 折弯半径 (B): 文本框中输入数值 0.2，单击 确定 按钮。

（5）单击 完成 按钮，完成特征的创建。

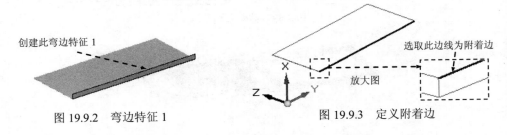

图 19.9.2　弯边特征 1　　　　　图 19.9.3　定义附着边

Step3. 创建图 19.9.4 所示的弯边特征 2，详细操作过程参见 Step2。

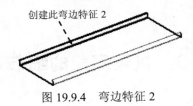

图 19.9.4　弯边特征 2

Step4. 创建图 19.9.5 所示的弯边特征 3。

（1）选择命令。单击 主页 功能选项卡 钣金 工具栏中的"弯边"按钮 。

（2）定义附着边。选取图 19.9.6 所示的模型边线为附着边。

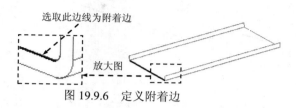

图 19.9.5　弯边特征 3　　　　　图 19.9.6　定义附着边

（3）定义弯边类型。在"弯边"工具条中单击"从两端"按钮，在 距离：文本框中输入值 15，在 角度：文本框中输入值 90，单击"外部尺寸标注"按钮 和"材料在外"按钮 ；调整弯边侧方向向上并单击，如图 19.9.5 所示。

（4）定义弯边尺寸。单击"轮廓步骤"按钮，编辑草图尺寸如图 19.9.7 所示，单击 按钮，退出草绘环境。

图 19.9.7　编辑草图尺寸

（5）定义折弯半径及止裂槽参数。单击"弯边选项"按钮，取消选中 使用默认值* 复选框，在 折弯半径 (B)：文本框中输入数值 0.2，单击 确定 按钮。

（6）单击 完成 按钮，完成特征的创建。

Step5. 创建图 19.9.8 所示的弯边特征 4，详细操作过程参见 Step4。

Step6. 创建图 19.9.9 所示的弯边特征 5。

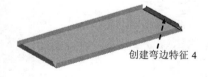 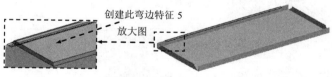

图 19.9.8　弯边特征 4　　　　　图 19.9.9　弯边特征 5

（1）选择命令。单击 主页 功能选项卡 钣金 工具栏中的"弯边"按钮 。

（2）定义附着边。选取图 19.9.10 所示的模型边线为附着边。

（3）定义弯边类型。在"弯边"工具条中单击"从两端"按钮，在 距离：文本框中输入值 9，在 角度：文本框中输入值 90，单击"外部尺寸标注"按钮 和"材料在内"按钮 ；调整弯边侧方向向内并单击，如图 19.9.9 所示。

（4）定义弯边尺寸。单击"轮廓步骤"按钮，编辑草图尺寸如图 19.9.11 所示，单击 按钮，退出草绘环境。

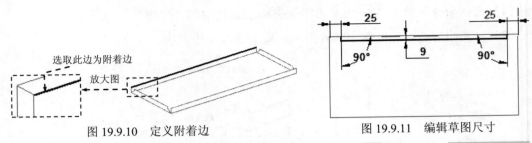

图 19.9.10　定义附着边　　　　　　图 19.9.11　编辑草图尺寸

（5）定义折弯半径及止裂槽参数。单击"弯边选项"按钮，取消选中 ☐ 使用默认值* 复选框，在 折弯半径(B): 文本框中输入数值 0.2；选中 ☑ 折弯止裂口(E) 复选框，并选中 ⊙ 正方形(S) 单选项，取消选中 ☐ 使用默认值(L)* 复选框，在 宽度(W): 文本框中输入值 0.5；单击 确定 按钮。

（6）单击 完成 按钮，完成特征的创建。

Step7. 创建图 19.9.12 所示的弯边特征 6。

（1）选择命令。单击 主页 功能选项卡 钣金 工具栏中的"弯边"按钮。

（2）定义附着边。选取图 19.9.13 所示的模型边线为附着边。

（3）定义弯边类型。在"弯边"工具条中单击"全宽"按钮；在 距离: 文本框中输入值 15，在 角度: 文本框中输入值 90，单击"外部尺寸标注"按钮 和"材料在内"按钮；调整弯边侧方向向上，如图 19.9.12 所示。

（4）定义弯边属性及参数。单击"弯边选项"按钮，取消选中 ☐ 使用默认值* 复选框，在 折弯半径(B): 文本框中输入数值 0.2，单击 确定 按钮。

（5）单击 完成 按钮，完成特征的创建。

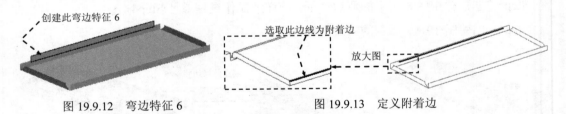

图 19.9.12　弯边特征 6　　　　　　图 19.9.13　定义附着边

Step8. 创建图 19.9.14 所示的弯边特征 7。

（1）选择命令。单击 主页 功能选项卡 钣金 工具栏中的"弯边"按钮。

（2）定义附着边。选取图 19.9.15 所示的模型边线为附着边。

（3）定义弯边类型。在"弯边"工具条中单击"全宽"按钮；在 距离: 文本框中输入值 9，在 角度: 文本框中输入值 90，单击"外部尺寸标注"按钮 和"材料在内"按钮；调整弯边侧方向向外，如图 19.9.14 所示。

（4）定义弯边属性及参数。单击"弯边选项"按钮，取消选中 ☐ 使用默认值* 复选框，在其 折弯半径(B): 文本框中输入数值 0.2，单击 确定 按钮。

（5）单击 完成 按钮，完成特征的创建。

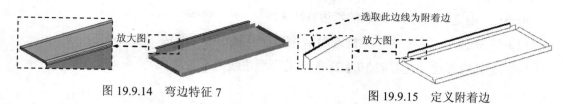

图 19.9.14 弯边特征 7　　　　　图 19.9.15 定义附着边

Step9. 创建图 19.9.16 所示的卷边特征 1。

（1）选择命令。在 主页 功能选项卡的 钣金 工具栏中单击 轮廓弯边 按钮，选择 ▯ 卷边 命令。

（2）选取附着边。选取图 19.9.17 所示的模型边线为折弯的附着边。

（3）定义卷边类型及属性。在"卷边"工具条中单击"内侧材料"按钮 ⃞，单击"卷边选项"按钮 ⃞，在 卷边轮廓 区域中的 卷边类型 (T) 下拉列表中选择 闭环 选项；在 ① 折弯半径 1: 文本框中输入值 0.1，在 ② 弯边长度 1: 文本框中输入值 0.6；单击 确定 按钮并右击。

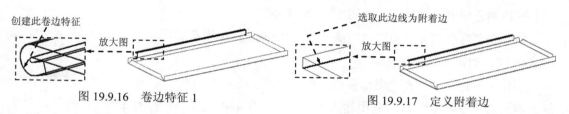

图 19.9.16 卷边特征 1　　　　　图 19.9.17 定义附着边

（4）单击 完成 按钮，完成特征的创建。

Step10. 创建图 19.9.18 所示的镜像特征 1。

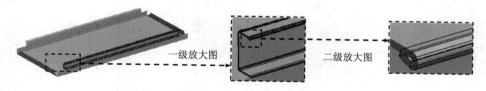

图 19.9.18 镜像特征 1

（1）选取要镜像的特征。选取 Step6~Step9 所创建的特征为镜像源。

（2）选择命令。单击 主页 功能选项卡 阵列 工具栏中的 ⬭ 镜像 按钮。

（3）定义镜像平面。在"镜像"工具条的"创建起源"选项下拉列表中选择 ◈ 垂直于曲线的平面 选项，选取图 19.9.19 所示的边线；在 位置: 文本框中输入值 0.5，并按 Enter 键。

（4）单击 完成 按钮，完成特征的创建。

图 19.9.19 定义曲线对象

Step11. 创建图 19.9.20 所示的弯边特征 8。

（1）选择命令。单击 主页 功能选项卡 钣金 工具栏中的"弯边"按钮 。

（2）定义附着边。选取图 19.9.21 所示的模型边线为附着边。

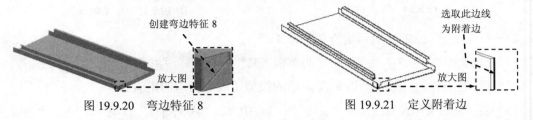

创建弯边特征 8

放大图

图 19.9.20　弯边特征 8

选取此边线
为附着边

放大图

图 19.9.21　定义附着边

（3）定义弯边类型。在"弯边"工具条中单击"全宽"按钮 ，在 距离: 文本框中输入值 9，在 角度: 文本框中输入值 90，单击"外部尺寸标注"按钮 和"材料在外"按钮 ；调整弯边侧方向向内并单击，如图 19.9.20 所示。

（4）定义弯边尺寸。单击"轮廓步骤"按钮 ，编辑草图尺寸如图 19.9.22 所示，单击 按钮，退出草绘环境。

（5）定义折弯半径及止裂槽参数。单击"弯边选项"按钮 ，取消选中 □ 使用默认值* 复选框，在 折弯半径(B): 文本框中输入数值 0.2，并取消选中 □ 折弯止裂口(E) 复选框，单击 确定 按钮。

（6）单击 完成 按钮，完成特征的创建。

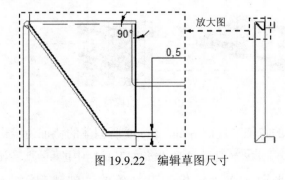

90°

0.5

放大图

图 19.9.22　编辑草图尺寸

Step12. 创建图 19.9.23 所示的镜像特征 2。

（1）选取要镜像的特征。选取 Step11 所创建的弯边特征 8 为镜像源。

（2）选择命令。单击 主页 功能选项卡 阵列 工具栏中的 镜像 按钮。

（3）定义镜像平面。在"镜像"工具条的"创建起源"选项下拉列表中选择 垂直于曲线的平面 选项，选取图 19.9.24 所示的边线；在 位置: 文本框中输入值 0.5，并按 Enter 键。

（4）单击 完成 按钮，完成特征的创建。

Step13. 创建图 19.9.25 所示的镜像特征 3。

（1）选取要镜像的特征。选取选取 Step11 和 Step12 所创建的特征为镜像源。

图 19.9.23 镜像特征 2

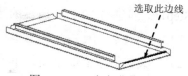

图 19.9.24 定义曲线对象

（2）选择命令。单击 主页 功能选项卡 阵列 工具栏中的 镜像 按钮。

（3）定义镜像平面。在"镜像"工具条的"创建起源"选项下拉列表中选择 垂直于曲线的平面 选项，选取图 19.9.26 所示的边线；并在 位置: 文本框中输入值 0.5，并按 Enter 键。

（4）单击 完成 按钮，完成特征的创建。

图 19.9.25 镜像特征 3

图 19.9.26 定义曲线对象

Step14. 创建图 19.9.27 所示的凹坑特征 1。

图 19.9.27 凹坑特征 1

（1）选择命令。单击 主页 功能选项卡 钣金 工具栏中的"凹坑"按钮。

（2）绘制截面草图。选取图 19.9.28 所示的模型表面为草图平面，绘制图 19.9.29 所示的截面草图。

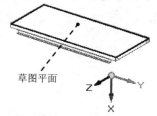

图 19.9.28 定义草图平面

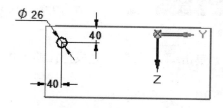

图 19.9.29 截面草图

（3）定义凹坑属性。在"凹坑"工具条中单击 按钮，单击"偏置尺寸"按钮，在 距离: 文本框中输入值 2.0，单击 按钮，在 拔模角(T): 文本框中输入值 45，在 倒圆 区域选中 ☑ 包括倒圆(I) 复选框，在 凸模半径 文本框中输入值 1.0；在 凹模半径 文本框中输入值 1.5；并取消选中 □ 包含凸模侧拐角半径(A) 复选框，单击 确定 按钮；定义其冲压方向为模型内部，单击"轮廓代表凸模"按钮。

（4）单击工具条中的 完成 按钮，完成特征的创建。

Step15. 创建图 19.9.30 所示的法向除料特征 1。

（1）选择命令。在 主页 功能选项卡的 钣金 工具栏中单击 打孔 按钮，选择 ⊟ 法向除料 命令。

（2）定义特征的截面草图。在系统 单击平的面或参考平面. 的提示下，选取图 19.9.30 所示的模型表面为草图平面；绘制图 19.9.31 所示的截面草图；单击"主页"功能选项卡中的"关闭草图"按钮 ✓ ，退出草绘环境。

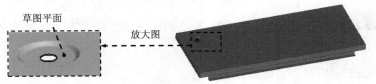

图 19.9.30　法向除料特征 1

（3）定义法向除料特征属性。在"法向除料"工具条中单击"厚度剪切"按钮 ✏ 和"贯通"按钮 ▣▣，并将移除方向调整至如图 19.9.32 所示。

（4）单击 完成 按钮，完成特征的创建。

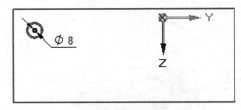

图 19.9.31　截面草图

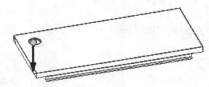

图 19.9.32　定义移除方向

Step16. 创建图 19.9.33 所示的镜像特征 4。

（1）选取要镜像的特征。选取选取 Step14 和 Step15 所创建的特征为镜像源。

（2）选择命令。单击 主页 功能选项卡 阵列 工具栏中的 ◑ 镜像 按钮。

（3）定义镜像平面。在"镜像"工具条的"创建起源"选项下拉列表中选择 ▨ 垂直于曲线的平面 选项，选取图 19.9.34 所示的边线；并在 位置: 文本框中输入值 0.5，并按 Enter 键。

（4）单击 完成 按钮，完成特征的创建。

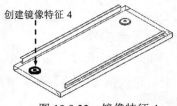

图 19.9.33　镜像特征 4

图 19.9.34　定义曲线对象

Step17. 创建图 19.9.35 所示的镜像特征 5。

（1）选取要镜像的特征。选取选取 Step14~Step16 所创建的特征为镜像源。

（2）选择命令。单击 主页 功能选项卡 阵列 工具栏中的 ◑ 镜像 按钮。

（3）定义镜像平面。在"镜像"工具条的"创建起源"选项下拉列表中选择 [垂直于曲线的平面] 选项，选取图 19.9.36 所示的边线；并在 [位置:] 文本框中输入值 0.5，并按 Enter 键。

（4）单击 [完成] 按钮，完成特征的创建。

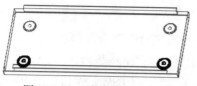

图 19.9.35 镜像特征 5

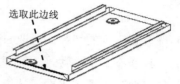

图 19.9.36 定义曲线对象

Step18. 创建图 19.9.37 所示的法向除料特征 2。

（1）选择命令。在 [主页] 功能选项卡的 [钣金] 工具栏中单击 [打孔] 按钮，选择 [📵] [法向除料] 命令。

（2）定义特征的截面草图。

① 选取草图平面。在系统 [单击平的面或参考平面。] 的提示下，选取图 19.9.38 所示的模型表面为草图平面。

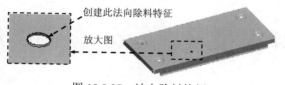

图 19.9.37 法向除料特征 2

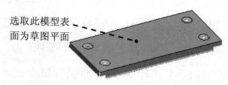

图 19.9.38 定义草图平面

② 绘制图 19.9.39 所示的截面草图。

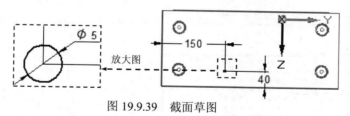

图 19.9.39 截面草图

③ 单击"主页"功能选项卡中的"关闭草图"按钮 [✓]，退出草绘环境。

（3）定义法向除料特征属性。在"法向除料"工具条中单击"厚度剪切"按钮 [🗡] 和"贯通"按钮 [🔳]，并将移除方向调整至如图 19.9.40 所示。

（4）单击 [完成] 按钮，完成特征的创建。

图 19.9.40 定义移除方向

Step19. 创建图 19.9.41b 所示的阵列特征 1。

选取此模型表面为草图平面

a）阵列前　　　　　　　　　　b）阵列后

图 19.9.41　　阵列特征 1

（1）选取要阵列的特征。选取 Step18 创建的法向除料特征 2 为阵列特征。

（2）选择命令。单击 主页 功能选项卡 阵列 工具栏中的 阵列 按钮。

（3）定义要阵列草图平面。选取图 19.9.41a 所示的模型表面为阵列草图平面。

（4）绘制阵列轮廓。

① 定义阵列类型。单击 特征 区域中的 按钮，在"阵列"工具条的 翻转 下拉列表中选择 填充 选项。

② 定义阵列参数。在"阵列"工具条的 X: 文本框中输入间距值为 8.5；在 Y: 文本框中输入间距值为 9.0；绘制图 19.9.42 所示的矩形阵列轮廓。

③ 定义参考点。在"阵列"工具条中单击"参考点"按钮 ，选取图 19.9.42 所示的示例（右起第 6 列、倒数第 2 排）为参考点。

④ 定义抑制区域。在"阵列"工具条中单击"抑制区域"按钮 ，选取图 19.9.42 所示的轮廓 1 和轮廓 2 为抑制区域。

⑤ 单击 按钮，退出草绘环境。

（5）单击 完成 按钮，完成特征的创建。

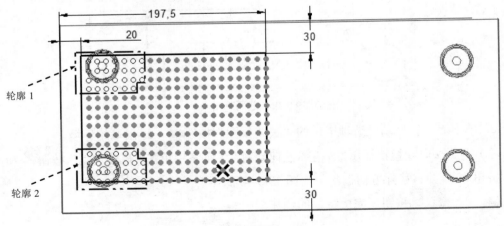

图 19.9.42　绘制矩形阵列轮廓

Step20. 创建图 19.9.43 所示的法向除料特征 3。

（1）选择命令。在 主页 功能选项卡的 钣金 工具栏中单击 打孔 按钮，选择 法向除料 命令。

（2）定义特征的截面草图。在系统 单击平的面或参考平面。 的提示下，选取图 19.9.43 所示的模型表面为草图平面；绘制图 19.9.44 所示的截面草图；单击"主页"功能选项卡中的"关闭草图"按钮 ，退出草绘环境。

（3）定义法向除料特征属性。在"法向除料"工具条中单击"厚度剪切"按钮 和"贯通"按钮 ，并将移除方向调整至图 19.9.45 所示的方向。

（4）单击 完成 按钮，完成特征的创建。

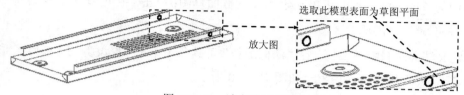

选取此模型表面为草图平面

放大图

图 19.9.43　法向除料特征 3

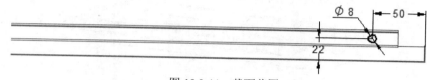

图 19.9.44　截面草图

**Step21.** 创建图 19.9.46 所示的阵列特征 2。

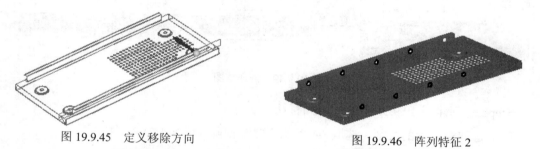

图 19.9.45　定义移除方向

图 19.9.46　阵列特征 2

（1）选取要阵列的特征。选取 Step20 创建的法向除料特征 3 为阵列特征。

（2）选择命令。单击 主页 功能选项卡 阵列 工具栏中的 阵列 按钮。

（3）定义要阵列草图平面。选取图 19.9.43 所示的模型表面为阵列草图平面。

（4）绘制矩形阵列轮廓。单击 特征 区域中的 按钮，绘制图 19.9.47 所示的矩形阵列轮廓。

图 19.9.47　绘制矩形阵列轮廓

① 定义阵列类型。在"阵列"工具条的 翻转 下拉列表中选择 固定 选项。

② 定义阵列参数。在"阵列"工具条的 X: 文本框中输入阵列个数为 5，输入间距值为 80。在"阵列"工具条的 Y: 文本框中输入阵列个数为 1，右击确定。

③ 单击 按钮，退出草绘环境。

（5）单击 完成 按钮，完成特征的创建。

Step22. 创建图 19.9.48 所示的法向除料特征 4。

（1）选择命令。在 主页 功能选项卡 钣金 工具栏中单击 打孔 按钮，选择 法向除料 命令。

（2）定义特征的截面草图。在系统 单击平的面或参考平面。 的提示下，选取图 19.9.48 所示的模型表面为草图平面，绘制图 19.9.49 所示的截面草图；单击"主页"功能选项卡中的"关闭草图"按钮 ，退出草绘环境。

（3）定义法向除料特征属性。在"法向除料"工具条中单击"厚度剪切"按钮 和"贯通"按钮 ，并将移除方向调整至如图 19.9.50 所示。

（4）单击 完成 按钮，完成特征的创建。

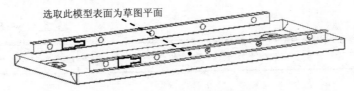

图 19.9.48 法向除料特征 4

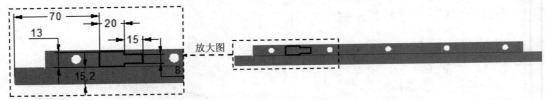

图 19.9.49 截面草图

Step23. 创建图 19.9.51 所示的阵列特征 3。

（1）选取要阵列的特征。选取 Step22 创建的法向除料特征 4 为阵列特征。

（2）选择命令。单击 主页 功能选项卡 阵列 工具栏中的 阵列 按钮。

（3）定义要阵列草图平面。选取图 19.9.48 所示的模型表面为阵列草图平面。

（4）绘制矩形阵列轮廓。单击 特征 区域中的 按钮，绘制图 19.9.52 所示的矩形阵列轮廓。

① 定义阵列类型。在"阵列"工具条的 翻转 下拉列表中选择 固定 选项。

② 定义阵列参数。在"阵列"工具条的 X: 文本框中输入阵列个数为 4，输入间距值为 80。在"阵列"工具条的 Y: 文本框中输入阵列个数为 1，右击确定。

③ 单击 按钮，退出草绘环境。

（5）单击 完成 按钮，完成特征的创建。

Step24. 创建图 19.9.53 所示的轮廓弯边特征 1。

（1）选择命令。单击 主页 功能选项卡 钣金 工具栏中的"轮廓弯边"按钮 。

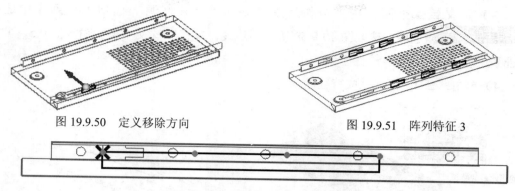

图 19.9.50 定义移除方向　　　　　图 19.9.51 阵列特征 3

图 19.9.52 绘制矩形阵列轮廓

（2）定义特征的截面草图。在系统的提示下，选取图 19.9.54 所示的模型边线为路径，在"轮廓弯边"工具条的位置：文本框中输入值 0，并按 Enter 键，绘制图 19.9.55 所示的截面草图。

图 19.9.53 轮廓弯边特征 1　　　　　图 19.9.54 选取路径

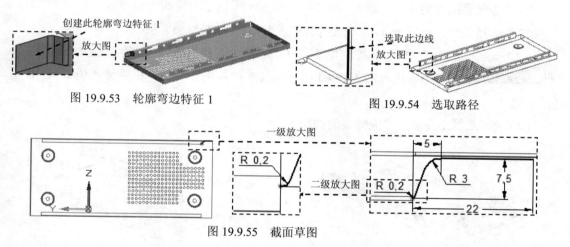

图 19.9.55 截面草图

（3）定义轮廓弯边的延伸量及方向。在"轮廓弯边"工具条中单击"范围步骤"按钮；单击"到末端"按钮，并定义其延伸方向如图 19.9.56 所示并单击。

（4）单击 完成 按钮，完成特征的创建。

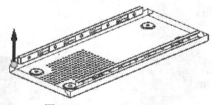

图 19.9.56 定义延伸方向

Step25. 创建图 19.9.57 所示的镜像特征 6。

（1）选取要镜像的特征。选取 Step24 所创建的轮廓弯边特征 1 为镜像源。

（2）选择命令。单击 主页 功能选项卡 阵列 工具栏中的 镜像 按钮。

（3）定义镜像平面。在"镜像"工具条的"创建起源"选项下拉列表中选择 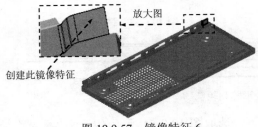 选项，选取图 19.9.58 所示的边线；并在 位置: 文本框中输入值 0.5，并按 Enter 键。

（4）单击 完成 按钮，完成特征的创建。

图 19.9.57　镜像特征 6

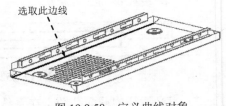

图 19.9.58　定义曲线对象

Step26. 创建图 19.9.59 所示的镜像特征 7。

（1）选取要镜像的特征。选取 Step24 和 Step25 所创建的特征为镜像源。

（2）选择命令。单击 主页 功能选项卡 阵列 工具栏中的 镜像 按钮。

（3）定义镜像平面。在"镜像"工具条的"创建起源"选项下拉列表中选择 垂直于曲线的平面 选项，选取图 19.9.60 所示的边线；并在 位置: 文本框中输入值 0.5，并按 Enter 键。

（4）单击 完成 按钮，完成特征的创建。

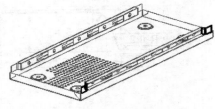

图 19.9.59　镜像特征 7

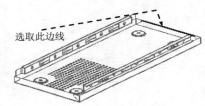

图 19.9.60　定义曲线对象

Step27. 创建图 19.9.61 所示的法向除料特征 5。

（1）选择命令。在 主页 功能选项卡的 钣金 工具栏中单击 打孔 按钮，选择 法向除料 命令。

（2）定义特征的截面草图。

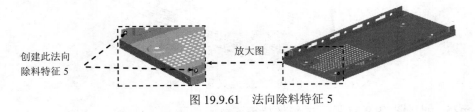

图 19.9.61　法向除料特征 5

① 选取草图平面。在系统 单击平的面或参考平面。 的提示下，选取图 19.9.62 所示的模型表面为草图平面。

② 绘制图 19.9.63 所示的截面草图。

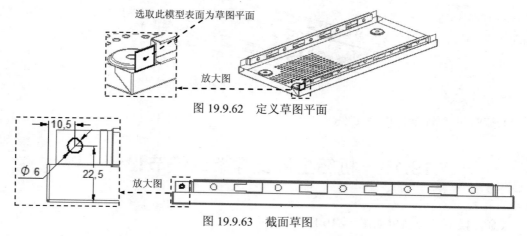

图 19.9.62  定义草图平面

图 19.9.63  截面草图

③ 单击"主页"功能选项卡中的"关闭草图"按钮 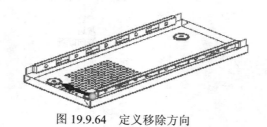，退出草绘环境。

（3）定义法向除料特征属性。在"法向除料"工具条中单击"厚度剪切"按钮 和"贯通"按钮 ，并将移除方向调整至如图 19.9.64 所示。

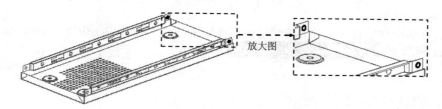

图 19.9.64  定义移除方向

（4）单击 完成 按钮，完成特征的创建。

Step28. 创建图 19.9.65 所示的镜像特征 8。

图 19.9.65  镜像特征 8

（1）选取要镜像的特征。选取 Step27 所创建的法向除料特征 5 为镜像源。

（2）选择命令。单击 主页 功能选项卡 阵列 工具栏中的 镜像 按钮。

（3）定义镜像平面。在"镜像"工具条的"创建起源"选项下拉列表中选择 垂直于曲线的平面 选项，选取图 19.9.66 所示的边线；并在 位置 文本框中输入值 0.5，并按 Enter 键。

（4）单击 完成 按钮，完成特征的创建。

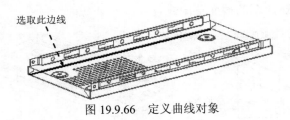

图 19.9.66　定义曲线对象

Step29. 保存钣金件模型文件。

# 19.10　机箱主板支撑架的细节设计

钣金件模型和模型树如图 19.10.1 所示。

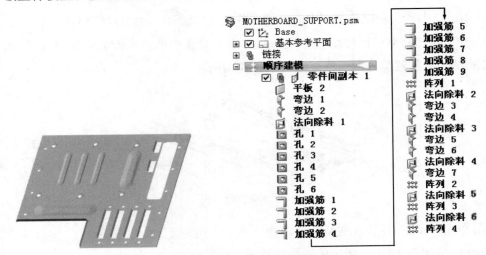

图 19.10.1　钣金件模型及模型树

Step1. 在装配件中打开创建的机箱主板支撑架钣金件（MAINBOARD_SUPPORT）。在模型树中选择 ☑ 🗿 🗗 MOTHERBOARD_SUPPORT.psm:1 ，然后右击，在系统弹出的快捷菜单中选择 🔄 打开 命令。

Step2. 创建图 19.10.2 所示的弯边特征 1。

（1）选择命令。单击 主页 功能选项卡 钣金 工具栏中的"弯边"按钮 。

（2）定义附着边。选取图 19.10.3 所示的模型边线为附着边。

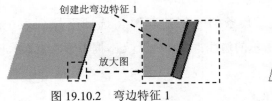

图 19.10.2　弯边特征 1

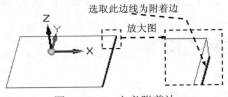

图 19.10.3　定义附着边

（3）定义弯边类型。在"弯边"工具条中单击"全宽"按钮 □；在 距离：文本框中输入值 5，在 角度：文本框中输入值 90，单击"外部尺寸标注"按钮 □ 和"材料在内"按钮 ；调整弯边侧方向向下并单击，如图 19.10.2 所示。

（4）定义弯边尺寸。单击"轮廓步骤"按钮 □，编辑草图尺寸如图 19.10.4 所示，单击 按钮，退出草绘环境。

图 19.10.4　编辑草图尺寸

（5）定义折弯半径及止裂槽参数。单击"弯边选项"按钮 □，取消选中 □ 使用默认值* 复选框，在 折弯半径 (R)：文本框中输入数值 0.2。

（6）单击 完成 按钮，完成特征的创建。

Step3. 创建另一侧的弯边特征 2（图 19.10.5），详细操作过程参见 Step2。

Step4. 创建图 19.10.6 所示的法向除料特征 1。

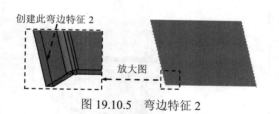

图 19.10.5　弯边特征 2　　　　图 19.10.6　法向除料特征 1

（1）选择命令。在 主页 功能选项卡的 钣金 工具栏中单击 打孔 按钮，选择 □ 法向除料 命令。

（2）定义特征的截面草图。

① 选取草图平面。在系统 单击平的面或参考平面。的提示下，选取图 19.10.6 所示的模型表面为草图平面。

② 绘制图 19.10.7 所示的截面草图。

③ 单击"主页"功能选项卡中的"关闭草图"按钮 ，退出草绘环境。

（3）定义法向除料特征属性。在"法向除料"工具条中单击"厚度剪切"按钮 和"贯通"按钮 ，并将移除方向调整至如图 19.10.8 所示。

（4）单击 完成 按钮，完成特征的创建。

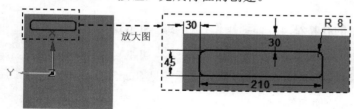

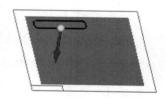

图 19.10.7　截面草图　　　　　　图 19.10.8　定义移除方向

Step5. 创建图 19.10.9 所示的孔特征 1。

（1）选择命令。单击 主页 功能选项卡 钣金 工具栏中的"打孔"按钮 ⬚ 。

（2）定义孔的参数。单击 ▤ 按钮，在"孔选项"对话框中选择"简单孔"选项 ⬚ ，在 4 mm ▾ 下拉列表中输入值 10，在 孔范围 区域选择延伸类型为 ⬚ （贯通），单击 确定 按钮，完成孔参数的设置。

（3）定义孔的放置面。选取图 19.10.9 所示的模型表面为孔的放置面，在模型表面单击完成孔的放置。

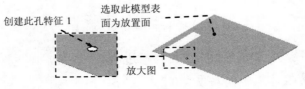

创建此孔特征 1    选取此模型表面为放置面    放大图

图 19.10.9    孔特征 1

（4）编辑孔的定位。在草图环境中对其添加几何约束（定义孔的中心与零件间副本中的定位孔曲面同心），如图 19.10.10 所示。

（5）定义孔的延伸方向。定义孔延伸方向如图 19.10.11 所示并单击。

（6）单击 完成 按钮，完成特征的创建。

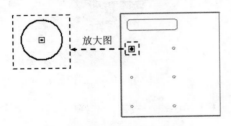

放大图

图 19.10.10    添加几何约束

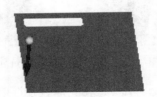

图 19.10.11    定义延伸方向

Step6. 创建图 19.10.12 所示的孔特征 2。详细操作过程参见 Step5。

Step7. 创建图 19.10.13 所示的孔特征 3。详细操作过程参见 Step5。

放大图

图 19.10.12    孔特征 2

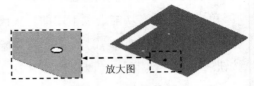

放大图

图 19.10.13    孔特征 3

Step8. 创建图 19.10.14 所示的孔特征 4。详细操作过程参见 Step5。

Step9. 创建图 19.10.15 所示的孔特征 5。详细操作过程参见 Step5。

Step10. 创建图 19.10.16 所示的孔特征 6。详细操作过程参见 Step5。

Step11. 创建图 19.10.17 所示的加强筋特征 1。

（1）选择命令。在 主页 功能选项卡的 钣金 工具栏中单击 凹坑 按钮，选择 加强筋 命令。

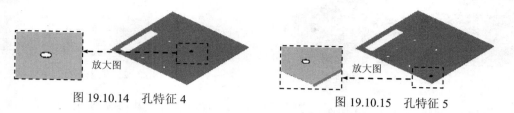

图 19.10.14　孔特征 4　　　　图 19.10.15　孔特征 5

（2）绘制加强筋截面草图。选取图 19.10.17 所示的模型表面为草图平面，绘制图 19.10.18 所示的截面草图。

（3）定义筋属性。在"加强筋"工具条中单击"选择方向步骤"按钮，定义冲压方向如图 19.10.19 所示并单击；单击 按钮，在 横截面 区域中选中 圆形(C) 单选项，在 高度(E): 文本框中输入值 1.5，在 半径(R): 文本框中输入值 2.0；在 倒圆 区域中选中 包括倒圆(I) 复选框，在 凹模半径(D): 文本框中输入值 0.5；在 端点条件 区域中选中 成形的(F) 单选项；单击 确定 按钮。

（4）单击 完成 按钮，完成特征的创建。

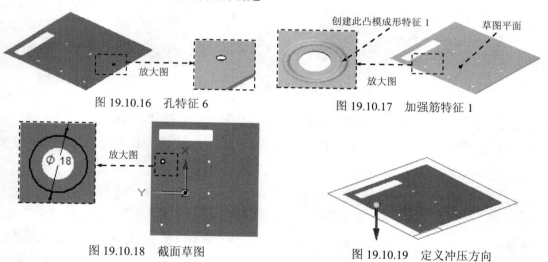

图 19.10.16　孔特征 6　　　　图 19.10.17　加强筋特征 1

图 19.10.18　截面草图　　　　图 19.10.19　定义冲压方向

Step12. 创建图 19.10.20 所示的加强筋特征 2，详细操作过程参见 Step11。

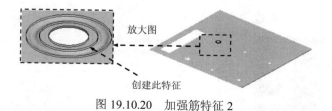

图 19.10.20　加强筋特征 2

Step13. 创建图 19.10.21 所示的加强筋特征 3，详细操作过程参见 Step11。

Step14. 创建图 19.10.22 所示的加强筋特征 4，详细操作过程参见 Step11。

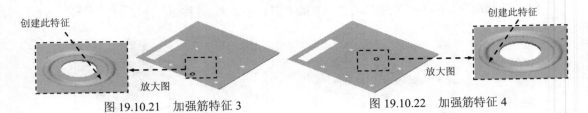

图 19.10.21 加强筋特征 3          图 19.10.22 加强筋特征 4

**Step15.** 创建图 19.10.23 所示的加强筋特征 5，详细操作过程参见 Step11。

**Step16.** 创建图 19.10.24 所示的加强筋特征 6，详细操作过程参见 Step11。

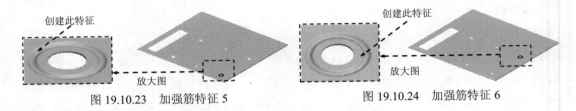

图 19.10.23 加强筋特征 5          图 19.10.24 加强筋特征 6

**Step17.** 创建图 19.10.25 所示的加强筋特征 7。

图 19.10.25 加强筋特征 7

（1）选择命令。在 主页 功能选项卡的 钣金 工具栏中单击 凹坑 按钮，选择 加强筋 命令。

（2）绘制加强筋截面草图。选取图 19.10.25 所示的模型表面为草图平面，绘制图 19.10.26 所示的截面草图。

（3）定义筋属性。在"加强筋"工具条中单击"选择方向步骤"按钮 ，定义冲压方向如图 19.10.27 所示并单击；单击 按钮，在 横截面 区域中选中 U 型 单选项，在 高度(E): 文本框中输入值 4，在 宽度(W): 文本框中输入值 16，在 角度(A): 文本框中输入值 72；在 倒圆 区域中选中 包括倒圆(I) 复选框，在 凸模半径(P): 文本框中输入值 10，在 凹模半径(D): 文本框中输入值 4.5；在 端点条件 区域中选中 成形的(F) 单选项；单击 确定 按钮。

（4）单击 完成 按钮，完成特征的创建。

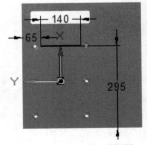

图 19.10.26 截面草图

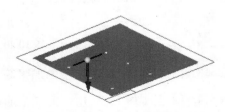

图 19.10.27 定义冲压方向

Step18. 创建图 19.10.28 所示的加强筋特征 8。

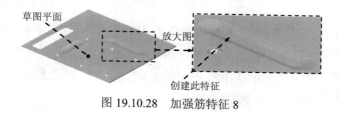
图 19.10.28 加强筋特征 8

（1）选择命令。在 主页 功能选项卡的 钣金 工具栏中单击 凹坑 ▾ 按钮，选择 ⏋ 加强筋 命令。

（2）绘制加强筋截面草图。选取图 19.10.28 所示的模型表面为草图平面，绘制图 19.10.29 所示的截面草图。

（3）定义筋属性。在"加强筋"工具条中单击"选择方向步骤"按钮 ⊟，定义冲压方向如图 19.10.30 所示并单击；单击 ▤ 按钮，在 横截面 区域中选中 ⊙ U型 单选项，在 高度(E)：文本框中输入值 4.5，在 宽度(W)：文本框中输入值 16，在 角度(A)：文本框中输入值 70；在 倒圆 区域中选中 ☑ 包括倒圆(I) 复选框，在 凸模半径(F)：文本框中输入值 10，在 凹模半径(D)：文本框中输入值 4.5；在 端点条件 区域中选中 ⊙ 成形的(F) 单选项；单击 确定 按钮。

（4）单击 完成 按钮，完成特征的创建。

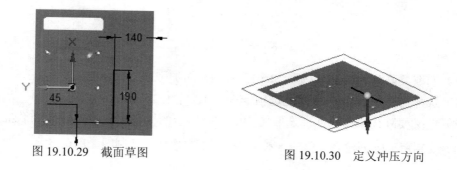

图 19.10.29 截面草图 　　　　图 19.10.30 定义冲压方向

Step19. 创建图 19.10.31 所示的加强筋特征 9。

（1）选择命令。在 主页 功能选项卡的 钣金 工具栏中单击 凹坑 ▾ 按钮，选择 ⏋ 加强筋 命令。

（2）绘制加强筋截面草图。选取图 19.10.31 所示的模型表面为草图平面，绘制图 19.10.32 所示的截面草图。

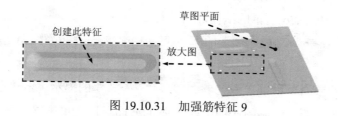
图 19.10.31 加强筋特征 9

（3）定义筋属性。在"加强筋"工具条中单击"选择方向步骤"按钮，定义冲压方向如图 19.10.33 所示并单击；单击 按钮，在 横截面 区域中选中 ⊙ U 型 单选项，在 高度(E): 文本框中输入值 2.5，在 宽度(W): 文本框中输入值 10，在 角度(A): 文本框中输入值 64；在 倒圆 区域中选中 ☑ 包括倒圆(I) 复选框，在 凸模半径(E): 文本框中输入值 1.0，在 凹模半径(D): 文本框中输入值 0.5；在 端点条件 区域中选中 ⊙ 成形的(F) 单选项；单击 确定 按钮。

（4）单击 完成 按钮，完成特征的创建。

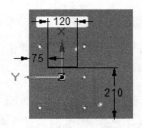

图 19.10.32　截面草图

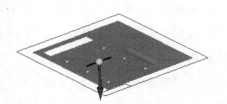

图 19.10.33　定义冲压方向

Step20. 创建图 19.10.34b 所示的阵列特征 1。

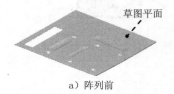

a）阵列前

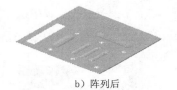

b）阵列后

图 19.10.34　阵列特征 1

（1）选取要阵列的特征。选取 Step19 所创建的加强筋特征 9 为阵列特征。

（2）选择命令。单击 主页 功能选项卡 阵列 工具栏中的 阵列 按钮。

（3）定义要阵列草图平面。选取图 19.10.34 所示的模型表面为阵列草图平面。

（4）绘制矩形阵列轮廓。单击 特征 区域中的 按钮，绘制图 19.10.35 所示的矩形阵列轮廓。

① 定义阵列类型。在"阵列"工具条的 翻转 下拉列表中选择 固定 选项。

② 定义阵列参数。在"阵列"工具条的 X: 文本框中输入阵列个数为 3，输入间距值为 50，在"阵列"工具条 Y: 后的文本框中输入阵列个数为 1，右击确定。

③ 单击 按钮，退出草绘环境。

（5）单击 完成 按钮，完成特征的创建。

Step21. 创建图 19.10.36 所示的法向除料特征 2。

（1）选择命令。在 主页 功能选项卡的 钣金 工具栏中单击 打孔 按钮，选择 法向除料 命令。

（2）定义特征的截面草图。在系统 单击平的面或参考平面。 的提示下，选取图 19.10.36 所示的模型表面为草图平面；绘制图 19.10.37 所示的截面草图；单击"主页"功能选项卡中的"关闭草图"按钮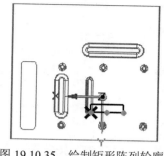，退出草绘环境。

图 19.10.35 绘制矩形阵列轮廓

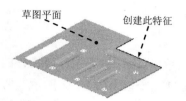

图 19.10.36 法向除料特征 2

（3）定义法向除料特征属性。在"法向除料"工具条中单击"厚度剪切"按钮和"贯通"按钮，并将移除方向调整至如图 19.10.38 所示。

（4）单击 完成 按钮，完成特征的创建。

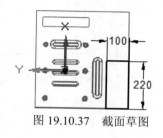

图 19.10.37 截面草图

图 19.10.38 定义移除方向

Step22. 创建图 19.10.39 所示的弯边特征 3。

（1）选择命令。单击 主页 功能选项卡 钣金 工具栏中的"弯边"按钮。

（2）定义附着边。选取图 19.10.40 所示的模型边线为附着边。

（3）定义弯边类型。在"弯边"工具条中单击"全宽"按钮；在 距离: 文本框中输入值 10，在 角度: 文本框中输入值 90，单击"外部尺寸标注"按钮和"材料在内"按钮；调整弯边侧方向向上并单击，如图 19.10.39 所示。

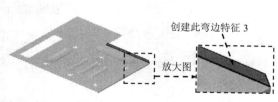

图 19.10.39 弯边特征 3

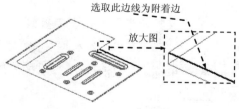

图 19.10.40 定义附着边

（4）定义弯边尺寸。单击"轮廓步骤"按钮，编辑草图尺寸如图 19.10.41 所示，单击按钮，退出草绘环境。

（5）定义折弯半径及止裂槽参数。单击"弯边选项"按钮，取消选中 使用默认值* 复选框，在 折弯半径(B): 文本框中输入数值 0.2；选中 折弯止裂口(E) 复选框，并选中 正方形(S) 单选项，取消选中 使用默认值(L)* 复选框，在 宽度(W): 文本框中输入值 0.5；单击

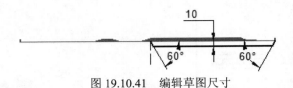

确定 按钮。

图 19.10.41　编辑草图尺寸

（6）单击 完成 按钮，完成特征的创建。

Step23. 创建图 19.10.42 所示的弯边特征 4。

（1）选择命令。单击 主页 功能选项卡 钣金 工具栏中的"弯边"按钮 。

（2）定义附着边。选取图 19.10.43 所示的模型边线为附着边。

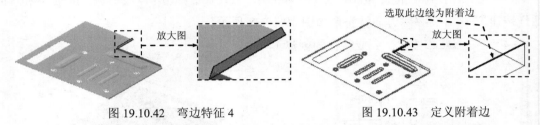

选取此边线为附着边

放大图　　　　　　　　　　　　　放大图

图 19.10.42　弯边特征 4　　　　　　　图 19.10.43　定义附着边

（3）定义弯边类型。在"弯边"工具条中单击"全宽"按钮 ；在 距离 文本框中输入值 10，在 角度 文本框中输入值 90，单击"外部尺寸标注"按钮 和"材料在内"按钮 ；调整弯边侧方向向上并单击，如图 19.10.42 所示。

（4）定义弯边尺寸。单击"轮廓步骤"按钮 ，编辑草图尺寸如图 19.10.44 所示，单击 按钮，退出草绘环境。

图 19.10.44　编辑草图尺寸

（5）定义折弯半径及止裂槽参数。单击"弯边选项"按钮 ，取消选中 使用默认值* 复选框，在 折弯半径(B): 文本框中输入数值 0.2；选中 折弯止裂口(E) 复选框，并选中 正方形(S) 单选项，取消选中 使用默认值(L)* 复选框，在 宽度(W): 文本框中输入值 0.5；单击 确定 按钮。

（6）单击 完成 按钮，完成特征的创建。

Step24. 创建图 19.10.45 所示的法向除料特征 3。

（1）选择命令。在 主页 功能选项卡的 钣金 工具栏中单击 打孔 按钮，选择 法向除料 命令。

（2）定义特征的截面草图。

① 选取草图平面。在系统 单击平的面或参考平面。 的提示下，选取图 19.10.46 所示的模型表面为草图平面。

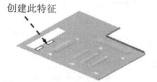

图 19.10.45　法向除料特征 3

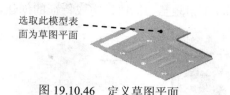

图 19.10.46　定义草图平面

② 绘制图 19.10.47 所示的截面草图。

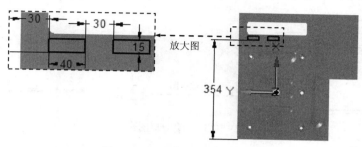

图 19.10.47　截面草图

③ 单击"主页"功能选项卡中的"关闭草图"按钮，退出草绘环境。

（3）定义法向除料特征属性。在"法向除料"工具条中单击"厚度剪切"按钮和"贯通"按钮，并将移除方向调整至如图 19.10.48 所示。

（4）单击 完成 按钮，完成特征的创建。

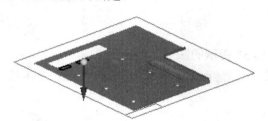

图 19.10.48　定义移除方向

Step25. 创建图 19.10.49 所示的弯边特征 5。

（1）选择命令。单击 主页 功能选项卡 钣金 工具栏中的"弯边"按钮。

（2）定义附着边。选取图 19.10.50 所示的模型边线为附着边。

（3）定义弯边类型。在"弯边"工具条中单击"从两端"按钮，在 距离: 文本框中输入值 12，在 角度: 文本框中输入值 90，单击"外部尺寸标注"按钮和"材料在内"按钮，调整弯边侧方向向上并单击，如图 19.10.49 所示。

（4）定义弯边尺寸。单击"轮廓步骤"按钮，编辑草图尺寸如图 19.10.51 所示，单击 按钮，退出草绘环境。

（5）定义折弯半径及止裂槽参数。单击"弯边选项"按钮，取消选中 使用默认值* 复选框，在 折弯半径(B): 文本框中输入数值 0.2；选中 折弯止裂口(E) 复选框，并选中 圆形(R) 单选项，取消选中 使用默认值(L)* 复选框，在 深度(D): 文本框中输入值 1.0；单击 确定 按钮。

（6）单击 完成 按钮，完成特征的创建。

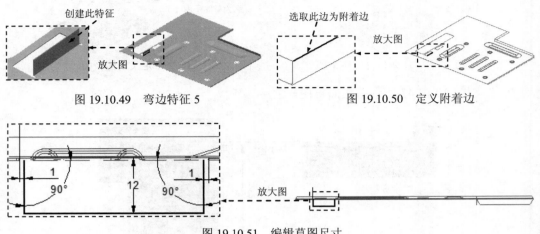

图 19.10.49　弯边特征 5　　　　　　　　图 19.10.50　定义附着边

图 19.10.51　编辑草图尺寸

Step26. 创建图 19.10.52 所示的弯边特征 6，详细操作过程参见 Step25。

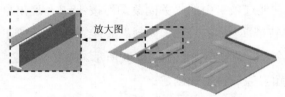

图 19.10.52　弯边特征 6

Step27. 创建图 19.10.53 所示的法向除料特征 4。

（1）选择命令。在 主页 功能选项卡的 钣金 工具栏中单击 打孔 按钮，选择 法向除料 命令。

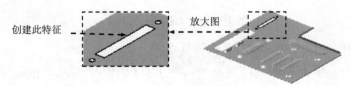

图 19.10.53　法向除料特征 4

（2）定义特征的截面草图。

① 选取草图平面。在系统 单击平的面或参考平面。 的提示下，选取图 19.10.54 所示的模型表面为草图平面。

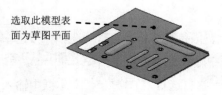

图 19.10.54　定义草图平面

② 绘制图 19.10.55 所示的截面草图。

③ 单击"主页"功能选项卡中的"关闭草图"按钮 ，退出草绘环境。

（3）定义法向除料特征属性。在"法向除料"工具条中单击"厚度剪切"按钮 和"贯通"按钮 ，并将移除方向调整至如图 19.10.56 所示。

（4）单击 完成 按钮，完成特征的创建。

Step28. 创建图 19.10.57 所示的弯边特征 7，详细操作过程参见 Step25。

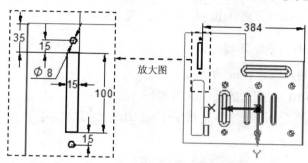

图 19.10.55　截面草图

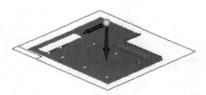

图 19.10.56　定义移除方向

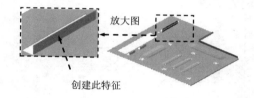

图 19.10.57　弯边特征 7

Step29. 创建图 19.10.58b 所示的阵列特征 2。

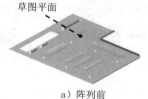
a）阵列前

b）阵列后

图 19.10.58　阵列特征 2

（1）选取要阵列的特征。选取 Step27 和 Step28 所创建的特征为阵列特征。

（2）选择命令。单击 主页 功能选项卡 阵列 工具栏中的 阵列 按钮。

（3）定义要阵列草图平面。选取图 19.10.58a 所示的模型表面为阵列草图平面。

（4）绘制矩形阵列轮廓。单击 特征 区域中的 按钮，绘制图 19.10.59 所示的矩形阵列轮廓。

① 定义阵列类型。在"阵列"工具条的 翻转 下拉列表中选择 固定 选项。

② 定义阵列参数。在"阵列"工具条的 X: 文本框中输入阵列个数为 4，输入间距值为40；在"阵列"工具条的 Y: 文本框中输入阵列个数为 1，右击确定。

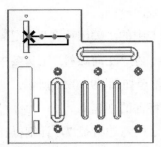

图 19.10.59　绘制矩形阵列轮廓

③ 单击 ✓ 按钮，退出草绘环境。

（5）单击 完成 按钮，完成特征的创建。

Step30. 创建图 19.10.60 所示的法向除料特征 5。

（1）选择命令。在 主页 功能选项卡的 钣金 工具栏中单击 打孔 ▾ 按钮，选择 🔲 法向除料 命令。

（2）定义特征的截面草图。

① 选取草图平面。在系统 单击平的面或参考平面。 的提示下，选取图 19.10.61 所示的模型表面为草图平面。

图 19.10.60　法向除料特征 5　　　　　　图 19.10.61　定义草图平面

② 绘制图 19.10.62 所示的截面草图。

③ 单击"主页"功能选项卡中的"关闭草图"按钮 ✓，退出草绘环境。

（3）定义法向除料特征属性。在"法向除料"工具条中单击"厚度剪切"按钮 ✐ 和"贯通"按钮 ▥，并将移除方向调整至如图 19.10.63 所示。

（4）单击 完成 按钮，完成特征的创建。

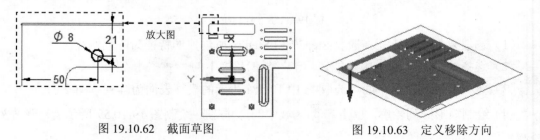

图 19.10.62　截面草图　　　　　　　图 19.10.63　定义移除方向

Step31. 创建图 19.10.64 所示的阵列特征 3。

（1）选取要阵列的特征。选取 Step30 所创建的法向除料特征 5 为阵列特征。

（2）选择命令。单击 主页 功能选项卡 阵列 工具栏中的 🔧 阵列 按钮。

（3）定义要阵列草图平面。选取图 19.10.64 所示的模型表面为阵列草图平面。

（4）绘制矩形阵列轮廓。单击 特征 区域中的 ⌗ 按钮，绘制图 19.10.65 所示的矩形阵列轮廓。

① 定义阵列类型。在"阵列"工具条的 翻转 下拉列表中选择 固定 。

② 定义阵列参数。在"阵列"工具条的 X: 文本框中输入阵列个数为 5，输入间距值为 80；在"阵列"工具条的 Y: 文本框中输入阵列个数为 1，右击确定。

③ 单击 ✓ 按钮，退出草绘环境。

（5）单击 完成 按钮，完成特征的创建。

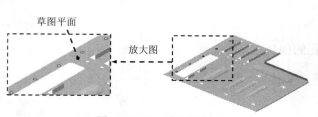

图 19.10.64 阵列特征 3

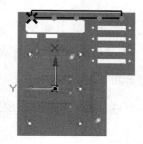

图 19.10.65 绘制矩形阵列轮廓

Step32. 创建图 19.10.66 所示的法向除料特征 6。

（1）选择命令。在 主页 功能选项卡的 钣金 工具栏中单击 打孔 按钮，选择 ⬡ 法向除料 命令。

（2）定义特征的截面草图。在系统 单击平的面或参考平面。 的提示下，选取图 19.10.67 所示的模型表面为草图平面；绘制图 19.10.68 所示的截面草图；单击"主页"功能选项卡中的"关闭草图"按钮 ✓，退出草绘环境。

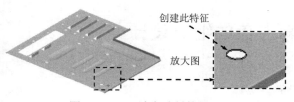

图 19.10.66 法向除料特征 6

图 19.10.67 定义草图平面

（3）定义法向除料特征属性。在"法向除料"工具条中单击"厚度剪切"按钮 ✓ 和"贯通"按钮 ▣，并将移除方向调整至如图 19.10.69 所示。

（4）单击 完成 按钮，完成特征的创建。

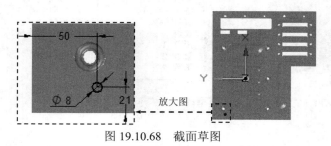

图 19.10.68 截面草图

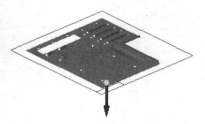

图 19.10.69 定义移除方向

Step33. 创建图 19.10.70 所示的阵列特征 4。

（1）选取要阵列的特征。选取 Step32 所创建的法向除料特征 6 为阵列特征。

（2）选择命令。单击 主页 功能选项卡 阵列 工具栏中的 阵列 按钮。

（3）定义要阵列草图平面。选取图 19.10.70 所示的模型表面为阵列草图平面。

（4）绘制矩形阵列轮廓。单击 特征 区域中的 按钮，绘制图 19.10.71 所示的矩形阵列轮廓。

① 定义阵列类型。在"阵列"工具条的 翻转 下拉列表中选择 固定 。

② 定义阵列参数。在"阵列"工具条的 X: 文本框中输入阵列个数为 4，输入间距值为 80；在"阵列"工具条的 Y: 文本框中输入阵列个数为 1，右击确定。

③ 单击 按钮，退出草绘环境。

（5）单击 完成 按钮，完成特征的创建。

Step34. 保存钣金件模型文件。

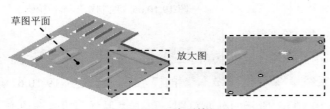

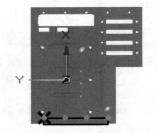

图 19.10.70　阵列特征 4　　　　　　　　图 19.10.71　绘制矩形阵列轮廓

# 19.11　机箱左盖的细节设计

钣金件模型和模型树如图 19.11.1 所示。

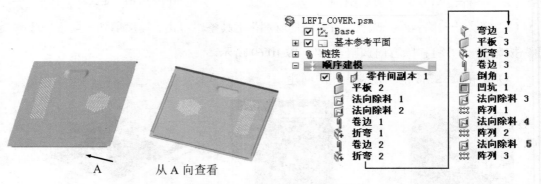

图 19.11.1　钣金件模型及模型树

Step1. 在装配件中打开创建的机箱前盖钣金件（LEFT_COVER）。在模型树中选择 ☑ 🗅 🗗 **LEFT_COVER.psm:1**，然后右击，在系统弹出的快捷菜单中选择 🔲 **打开** 命令。

Step2. 创建图 19.11.2b 所示的法向除料特征 1。

a）切削前　　　　　　　　　　　创建这两个特征　b）切削后

图 19.11.2　法向除料特征 1

（1）选择命令。在 **主页** 功能选项卡的 **钣金** 工具栏中单击 **打孔** 按钮，选择 🔲 **法向除料** 命令。

（2）定义特征的截面草图。

① 选取草图平面。在系统 **单击平的面或参考平面。** 的提示下，选取图 19.11.3 所示的模型表面为草图平面。

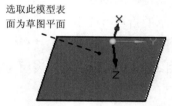

选取此模型表面为草图平面

图 19.11.3　定义草图平面

② 绘制图 19.11.4 所示的截面草图。

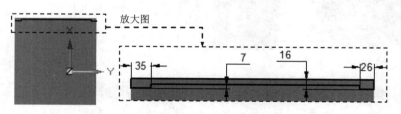

放大图

35　　7　　16　　26

图 19.11.4　截面草图

③ 单击"主页"功能选项卡中的"关闭草图"按钮 ☑，退出草绘环境。

（3）定义法向除料特征属性。在"法向除料"工具条中单击"厚度剪切"按钮 🖉 和"贯通"按钮 ⊟，并将移除方向调整至如图 19.11.5 所示。

（4）单击 **完成** 按钮，完成特征的创建。

Step3. 创建图 19.11.6 所示的法向除料特征 2，具体操作过程参见 Step2。

图 19.11.5　定义移除方向

创建这两个特征

图 19.11.6　法向除料特征 2

Step4. 创建图 19.11.7 所示的卷边特征 1。

（1）选择命令。在 主页 功能选项卡的 钣金 工具栏中单击 轮廓弯边 按钮，选择 卷边 命令。

（2）选取附着边。选取图 19.11.8 所示的模型边线为折弯的附着边。

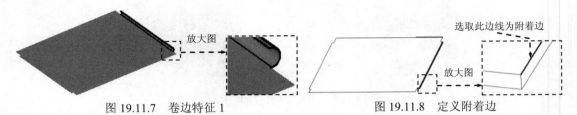

图 19.11.7　卷边特征 1　　　　　　　　　图 19.11.8　定义附着边

（3）定义卷边类型及属性。在"卷边"工具条中单击"外侧材料"按钮，单击"卷边选项"按钮，在 卷边轮廓 区域中的 卷边类型(T): 下拉列表中选择 开环 选项；在 (1) 折弯半径 1: 文本框中输入值 6.0，在 (5) 扫掠角度: 文本框中输入值 180，单击 确定 按钮，并按 Enter 键。

（4）单击 完成 按钮，完成特征的创建。

Step5. 创建图 19.11.9 所示的折弯特征 1。

（1）选择命令。单击 主页 功能选项卡 钣金 工具栏中的 折弯 按钮。

（2）绘制折弯线。选取图 19.11.9 所示的模型表面为草图平面，绘制图 19.11.10 所示的折弯线。

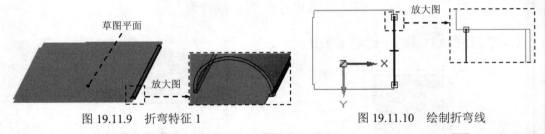

图 19.11.9　折弯特征 1　　　　　　　　　图 19.11.10　绘制折弯线

（3）定义折弯属性及参数。在"折弯"工具条中单击"折弯位置"按钮，在 折弯半径: 文本框中输入值 0.1，在 角度: 文本框中输入值 90，并单击"材料内侧"按钮；单击"移动侧"按钮，并将方向调整至如图 19.11.11 所示；单击"折弯方向"按钮，并将方向调整至如图 19.11.12 所示。

（4）单击 完成 按钮，完成特征的创建。

图 19.11.11　定义移动侧方向　　　　　　　图 19.11.12　定义折弯方向

Step6. 创建图 19.11.13 所示的卷边特征 2，详细操作过程参见 Step4。

Step7. 创建图 19.11.14 所示的折弯特征 2，详细操作过程参见 Step5。

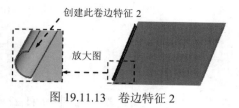

创建此卷边特征2 放大图

图 19.11.13 卷边特征 2

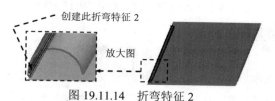

创建此折弯特征2 放大图

图 19.11.14 折弯特征 2

Step8. 创建图 19.11.15 所示的弯边特征 1。

（1）选择命令。单击 主页 功能选项卡 钣金 工具栏中的"弯边"按钮。

（2）定义附着边。选取图 19.11.16 所示的模型边线为附着边。

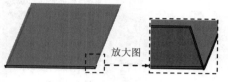

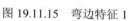

放大图

图 19.11.15 弯边特征 1

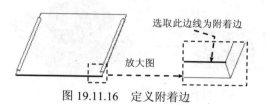

选取此边线为附着边 放大图

图 19.11.16 定义附着边

（3）定义弯边类型。在"弯边"工具条中单击"全宽"按钮；在 距离: 文本框中输入值 12，在 角度: 文本框中输入值 90，单击"外部尺寸标注"按钮和"材料在外"按钮；调整弯边侧方向向上，如图 19.11.15 所示。

（4）定义弯边属性及参数。单击"弯边选项"按钮，取消选中 □ 使用默认值* 复选框，在 折弯半径(R): 文本框中输入数值 0.2，单击 确定 按钮。

（5）单击 完成 按钮，完成特征的创建。

Step9. 创建图 19.11.17 所示的平板特征 3。

（1）选择命令。单击 主页 功能选项卡 钣金 工具栏中的"平板"按钮。

（2）定义特征的截面草图。在系统 单击平的面或参考平面。 的提示下，选取图 19.11.17 所示的模型表面为草图平面；绘制图 19.11.18 所示的截面草图；单击"主页"功能选项卡中的"关闭草图"按钮，退出草绘环境。

（3）单击工具条中的 完成 按钮，完成特征的创建。

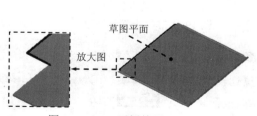

草图平面 放大图

图 19.11.17 平板特征 3

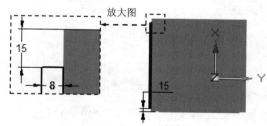

放大图

15

8

15

图 19.11.18 截面草图

Step10. 创建图 19.11.19 所示的折弯特征 3。

（1）选择命令。单击 主页 功能选项卡 钣金 工具栏中的 折弯 按钮。

（2）绘制折弯线。选取图 19.11.19 所示的模型表面为草图平面，绘制图 19.11.20 所示的折弯线。

（3）定义折弯属性及参数。在"折弯"工具条中单击"折弯位置"按钮 ，在 折弯半径: 文本框中输入值 0，在 角度: 文本框中输入值 0；单击"从轮廓起"按钮 ，并定义折弯的位置如图 19.11.21 所示后单击；单击"移动侧"按钮 ，并将方向调整至如图 19.11.22 所示；单击"折弯方向"按钮 ，并将方向调整至如图 19.11.23 所示。

（4）单击 完成 按钮，完成特征的创建。

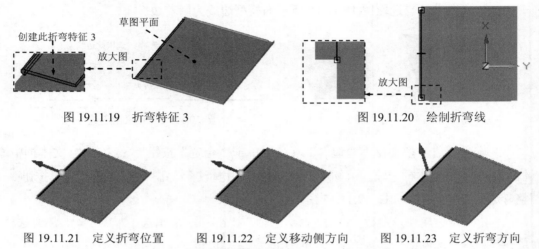

图 19.11.19　折弯特征 3　　　　　　　　　　图 19.11.20　绘制折弯线

图 19.11.21　定义折弯位置　　　图 19.11.22　定义移动侧方向　　　图 19.11.23　定义折弯方向

Step11. 创建图 19.11.24 所示的卷边特征 3。

（1）选择命令。在 主页 功能选项卡的 钣金 工具栏中单击 轮廓弯边 按钮，选择 卷边 命令。

（2）选取附着边。选取图 19.11.25 所示的模型边线为折弯的附着边。

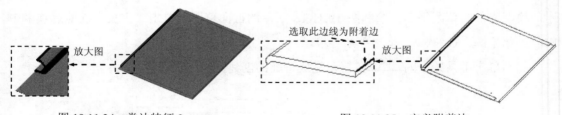

图 19.11.24　卷边特征 3　　　　　　　　　图 19.11.25　定义附着边

（3）定义卷边类型及属性。在"卷边"工具条中单击"内侧材料"按钮 ，单击"卷边选项"按钮 ，在 卷边轮廓 区域的 卷边类型(T): 下拉列表中选择 开环 选项；在 (1) 折弯半径 1: 文本框中输入值 4.0，在 (5) 扫掠角度: 文本框中输入值 180，单击 确定 按钮，并按 Enter 键。

（4）单击 完成 按钮，完成特征的创建。

Step12. 创建倒角特征 1。

（1）选择命令。单击 主页 功能选项卡 钣金 工具栏中的 倒角 按钮。

（2）定义倒角边线。选取图 19.11.26 所示的四条边线为倒角的边线。

（3）定义倒角属性。在"倒角"工具条中单击 按钮，在 裂口: 文本框中输入值2，右击确定。

（4）单击 完成 按钮，完成特征的创建。

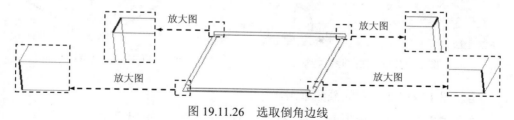

图 19.11.26 选取倒角边线

Step13. 创建图 19.11.27 所示的凹坑特征 1。

（1）选择命令。单击 主页 功能选项卡 钣金 工具栏中的"凹坑"按钮 □。

（2）绘制截面草图。选取图 19.11.28 所示的模型表面为草图平面，绘制图 19.11.29 所示的截面草图。

图 19.11.27 凹坑特征 1

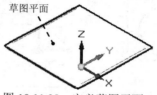

图 19.11.28 定义草图平面

（3）定义凹坑属性。在"凹坑"工具条中单击 按钮，单击"偏置尺寸"按钮，在 距离: 文本框中输入值 5.0，单击 按钮，在 拔模角(T): 文本框中输入值 60，在 倒圆 区域中选中 ☑ 包括倒圆(I) 复选框，在 凸模半径 文本框中输入值 10；在 凹模半径 文本框中输入值 9.5；并选中 ☑ 包含凸模侧拐角半径(A) 复选框，在 半径(R): 文本框中输入值 5.0，单击 确定 按钮；定义其冲压方向为模型内部，单击"轮廓代表凸模"按钮 。

（4）单击工具条中的 完成 按钮，完成特征的创建。

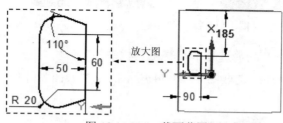

图 19.11.29 截面草图

Step14. 创建图 19.11.30 所示的法向除料特征 3。

（1）选择命令。在 主页 功能选项卡的 钣金 工具栏中单击 打孔 按钮，选择 法向除料 命令。

（2）定义特征的截面草图。

① 选取草图平面。在系统 单击平的面或参考平面。 的提示下，选取图 19.11.31 所示的模型

表面为草图平面。

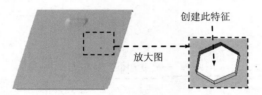

图 19.11.30　法向除料特征 3

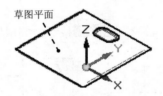

图 19.11.31　定义草图平面

② 绘制图 19.11.32 所示的截面草图。

③ 单击"主页"功能选项卡中的"关闭草图"按钮 ✓ ，退出草绘环境。

（3）定义法向除料特征属性。在"法向除料"工具条中单击"厚度剪切"按钮 ✐ 和"贯通"按钮 ▣ ，并将移除方向调整至如图 19.11.33 所示。

（4）单击 完成 按钮，完成特征的创建。

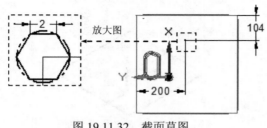

图 19.11.32　截面草图

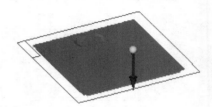

图 19.11.33　定义移除方向

Step15. 创建图 19.11.34 所示的阵列特征 1。

（1）选取要阵列的特征。选取 Step14 创建的法向除料特征 3 为阵列特征。

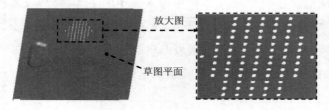

图 19.11.34　阵列特征 1

（2）选择命令。单击 主页 功能选项卡 阵列 工具栏中的 ⬡ 阵列 按钮。

（3）定义要阵列草图平面。选取图 19.11.34 所示的模型表面为阵列草图平面。

（4）绘制阵列轮廓。

① 定义阵列类型。单击 特征 区域中的 按钮，在"阵列"工具条的 翻转 下拉列表中选择 填充 选项。

② 定义阵列参数。在"阵列"工具条的 X: 文本框中输入间距值为 12.0；在 Y: 文本框中输入间距为 7.0；绘制图 19.11.35 所示的矩形阵列轮廓。

③ 定义参考点。在"阵列"工具条中单击"参考点"按钮 ⠿ ，选取图 19.11.35 所示

的示例（图形中心位置）为参考点。

　　④ 定义抑制区域。在"阵列"工具条中单击"抑制区域"按钮 ，选取图 19.11.35 所示的轮廓 1 和轮廓 2 为抑制区域。

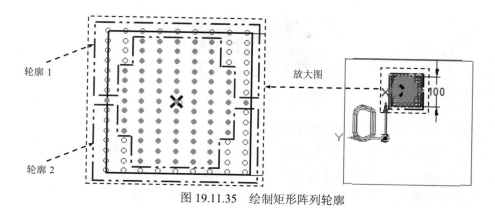

图 19.11.35　绘制矩形阵列轮廓

　　⑤ 单击 ✓ 按钮，退出草绘环境。

（5）单击 完成 按钮，完成特征的创建。

Step16. 创建图 19.11.36 所示的法向除料特征 4。

（1）选择命令。在 主页 功能选项卡的 钣金 工具栏中单击 打孔 按钮，选择 法向除料 命令。

（2）定义特征的截面草图。

　　① 选取草图平面。在系统 单击平的面或参考平面。 的提示下，选取图 19.11.36 所示的模型表面为草图平面。

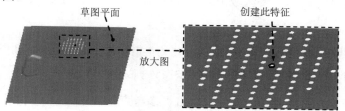

图 19.11.36　法向除料特征 4

　　② 绘制图 19.11.37 所示的截面草图。

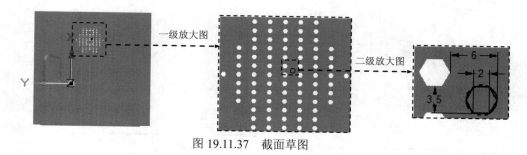

图 19.11.37　截面草图

　　③ 单击"主页"功能选项卡中的"关闭草图"按钮 ✓ ，退出草绘环境。

（3）定义法向除料特征属性。在"法向除料"工具条中单击"厚度剪切"按钮  和"贯通"按钮 ，并将移除方向调整至如图 19.11.38 所示。

（4）单击 完成 按钮，完成特征的创建。

图 19.11.38　定义移除方向

Step17. 创建图 19.11.39 所示的阵列特征 2。

（1）选取要阵列的特征。选取 Step16 创建的法向除料特征 4 为阵列特征。

（2）选择命令。单击 主页 功能选项卡 阵列 工具栏中的 阵列 按钮。

（3）定义要阵列草图平面。选取图 19.11.39 所示的模型表面为阵列草图平面。

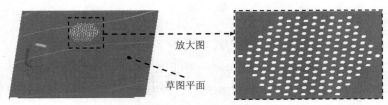

放大图

草图平面

图 19.11.39　阵列特征 2

（4）绘制阵列轮廓。

① 定义阵列类型。单击 特征 区域中的 按钮，在"阵列"工具条的 翻转 下拉列表中选择 填充 选项。

② 定义阵列参数。在"阵列"工具条的 X: 文本框中输入间距值为 12.0；在 Y: 文本框中输入间距值为 7.0；绘制图 19.11.40 所示的矩形阵列轮廓。

③ 定义参考点。在"阵列"工具条中单击"参考点"按钮，选取图 19.11.40 所示的示例（左起第 5 列，第 6 排）为参考点。

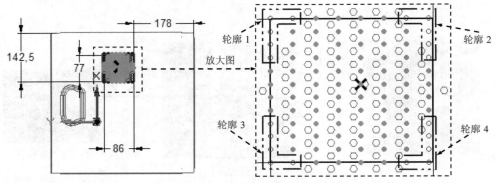

轮廓 1　　　　轮廓 2

放大图

轮廓 3　　　　轮廓 4

图 19.11.40　绘制矩形阵列轮廓

④ 定义抑制区域。在"阵列"工具条中单击"抑制区域"按钮，选取图 19.11.40

所示的轮廓1、轮廓2、轮廓3、轮廓4为抑制区域。

⑤ 单击 ✓ 按钮，退出草绘环境。

（5）单击 完成 按钮，完成特征的创建。

Step18. 创建图19.11.41所示的法向除料特征5。

（1）选择命令。在 主页 功能选项卡的 钣金 工具栏中单击 打孔 按钮，选择 法向除料 命令。

（2）定义特征的截面草图。

① 选取草图平面。在系统 单击平的面或参考平面。 的提示下，选取图19.11.41所示的模型表面为草图平面。

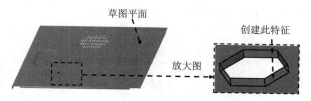

图19.11.41　法向除料特征5

② 绘制图19.11.42所示的截面草图。

③ 单击"主页"功能选项卡中的"关闭草图"按钮 ✓ ，退出草绘环境。

（3）定义法向除料特征属性。在"法向除料"工具条中单击"厚度剪切"按钮 和"贯通"按钮 ，并将移除方向调整至如图19.11.43所示。

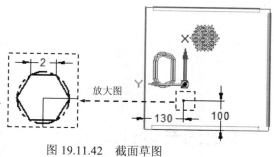

图19.11.42　截面草图

图19.11.43　定义移除方向

（4）单击 完成 按钮，完成特征的创建。

Step19. 创建图19.11.44所示的阵列特征3。

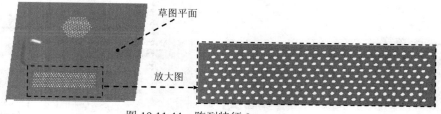

图19.11.44　阵列特征3

（1）选取要阵列的特征。选取Step18创建的法向除料特征5为阵列特征。

（2）选择命令。单击 主页 功能选项卡 阵列 工具栏中的 阵列 按钮。

（3）定义要阵列草图平面。选取图 19.11.44 所示的模型表面为阵列草图平面。

（4）绘制阵列轮廓。

① 定义阵列类型。单击 特征 区域中的 按钮，在"阵列"工具条的 翻转 下拉列表中选择 填充。

② 定义交错选项。在"阵列"工具条中单击"交错选项"按钮，在 交错 下拉列表中选择 行 选项，并选中 ⊙ 交错 = 1/2 偏置(0) 单选项；单击 确定 按钮。

③ 定义阵列参数。在"阵列"工具条的 X: 文本框中输入间距值为 8.0；在 Y: 文本框中输入间距值为 7.0；绘制图 19.11.45 所示的矩形阵列轮廓。

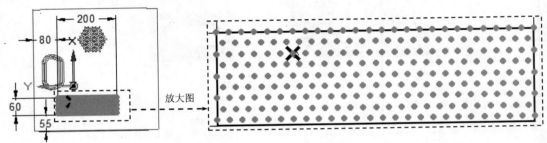

图 19.11.45　绘制矩形阵列轮廓

④ 定义参考点。在"阵列"工具条中单击"参考点"按钮，选取图 19.11.45 所示的示例（第 3 排，左起第 7 个）为参考点。

⑤ 单击 按钮，退出草绘环境。

（5）单击 完成 按钮，完成特征的创建。

Step20. 保存钣金件模型文件。

# 19.12　机箱右盖的细节设计

钣金件模型和模型树如图 19.12.1 所示。

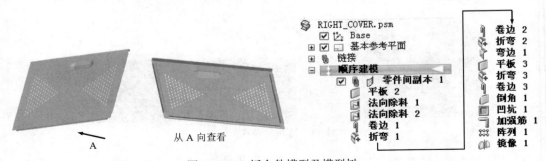

从 A 向查看

图 19.12.1　钣金件模型及模型树

Step1. 在装配件中打开刚创建的机箱右盖钣金件（RIGHT_COVER）。在模型树中选择 ☑ ⓐ ⬚ RIGHT_COVER.psm:1 ，然后右击，在系统弹出的快捷菜单中选择 ⬚ 打开 命令。

Step2. 创建图 19.12.2b 所示的法向除料特征 1。

a）切削前 　　　　　　　　　　　　　　　　　　　创建此特征　　　b）切削后

图 19.12.2　法向除料特征 1

（1）选择命令。在 主页 功能选项卡的 钣金 工具栏中单击 打孔 按钮，选择 ⬚ 法向除料 命令。

（2）定义特征的截面草图。在系统 单击平的面或参考平面。 的提示下，选取图 19.12.3 所示的模型表面为草图平面；绘制图 19.12.4 所示的截面草图；单击"主页"功能选项卡中的"关闭草图"按钮 ☑，退出草绘环境。

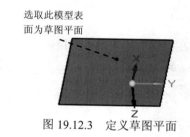

选取此模型表面为草图平面

图 19.12.3　定义草图平面

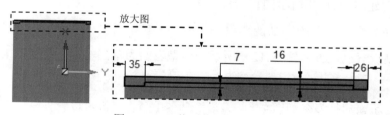

放大图

35　　　　7　　　16　　　26

图 19.12.4　截面草图

（3）定义法向除料特征属性。在"法向除料"工具条中单击"厚度剪切"按钮 ⬚ 和"贯通"按钮 ⬚，并将移除方向调整至如图 19.12.5 所示。

（4）单击 完成 按钮，完成特征的创建。

Step3. 创建图 19.12.6 所示的法向除料特征 2，具体操作过程参见 Step2。

图 19.12.5　定义移除方向

创建此特征

图 19.12.6　法向除料特征 2

Step4. 创建图 19.12.7 所示的卷边特征 1。

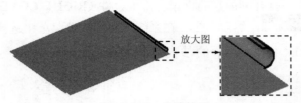

图 19.12.7　卷边特征 1

（1）选择命令。在 主页 功能选项卡的 钣金 工具栏中单击 轮廓弯边 按钮，选择 卷边 命令。

（2）选取附着边。选取图 19.12.8 所示的模型边线为折弯的附着边。

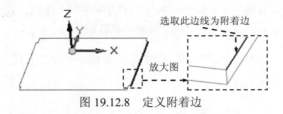

图 19.12.8　定义附着边

（3）定义卷边类型及属性。在"卷边"工具条中单击"外侧材料"按钮 ，单击"卷边选项"按钮 ，在 卷边轮廓 区域的 卷边类型 (T) 下拉列表中选择 开环 选项；在 ① 折弯半径 1: 文本框中输入值 6.0，在 ⑤ 扫掠角度: 文本框中输入值 180，单击 确定 按钮，并按 Enter 键。

（4）单击 完成 按钮，完成特征的创建。

Step5. 创建图 19.12.9 所示的折弯特征 1。

（1）选择命令。单击 主页 功能选项卡 钣金 工具栏中的 折弯 按钮。

（2）绘制折弯线。选取图 19.12.9 所示的模型表面为草图平面，绘制图 19.12.10 所示的折弯线。

（3）定义折弯属性及参数。在"折弯"工具条中单击"折弯位置"按钮 ，在 折弯半径: 文本框中输入值 0.1，在 角度: 文本框中输入值 90，并单击"材料在内"按钮 ；单击"移动侧"按钮 ，并将方向调整至如图 19.12.11 所示；单击"折弯方向"按钮 ，并将方向调整至如图 19.12.12 所示。

（4）单击 完成 按钮，完成特征的创建。

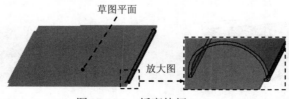

图 19.12.9　折弯特征 1

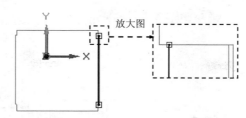

图 19.12.10 绘制折弯线

图 19.12.11 定义移动侧方向

图 19.12.12 定义折弯方向

Step6. 创建图 19.12.13 所示的卷边特征 2，详细操作过程参见 Step4。

Step7. 创建图 19.12.14 所示的折弯特征 2，详细操作过程参见 Step5。

图 19.12.13 卷边特征 2

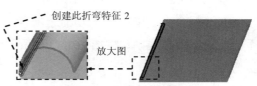

图 19.12.14 折弯特征 2

Step8. 创建图 19.12.15 所示的弯边特征 1。

（1）选择命令。单击 主页 功能选项卡 钣金 工具栏中的"弯边"按钮 。

（2）定义附着边。选取图 19.12.16 所示的模型边线为附着边。

图 19.12.15 弯边特征 1

图 19.12.16 定义附着边

（3）定义弯边类型。在"弯边"工具条中单击"全宽"按钮 ；在 距离: 文本框中输入值 12，在 角度: 文本框中输入值 90，单击"外部尺寸标注"按钮 和"材料在外"按钮 ；调整弯边侧方向向上，如图 19.12.15 所示。

（4）定义弯边属性及参数。单击"弯边选项"按钮 ，取消选中 □ 使用默认值* 复选框，在其 折弯半径 (B): 文本框中输入数值 0.2，单击 确定 按钮。

（5）单击 完成 按钮，完成特征的创建。

Step9. 创建图 19.12.17 所示的平板特征 3。

（1）选择命令。单击 主页 功能选项卡 钣金 工具栏中的"平板"按钮 。

（2）定义特征的截面草图。

① 选取草图平面。在系统 单击平的面或参考平面。 的提示下，选取图 19.12.17 所示的模型表面为草图平面。

② 绘制图 19.12.18 所示的截面草图。

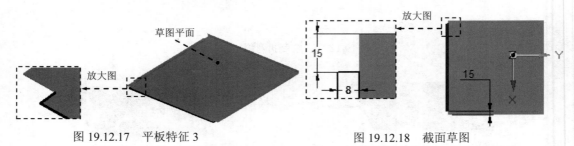

图 19.12.17　平板特征 3　　　　　图 19.12.18　截面草图

③ 单击"主页"功能选项卡中的"关闭草图"按钮 ✓，退出草绘环境。

（3）单击"平板"工具条中的 完成 按钮，完成特征的创建。

Step10. 创建图 19.12.19 所示的折弯特征 3。

（1）选择命令。单击 主页 功能选项卡 钣金 工具栏中的 折弯 按钮。

（2）绘制折弯线。选取图 19.12.19 所示的模型表面为草图平面，绘制图 19.12.20 所示的折弯线。

（3）定义折弯属性及参数。在"折弯"工具条中单击"折弯位置"按钮 ，折弯半径:文本框中输入值 0，在 角度: 文本框中输入值 0；单击"从轮廓起"按钮 ，并定义折弯的位置如图 19.12.21 所示后单击；单击"移动侧"按钮 ，并将方向调整至如图 19.12.22 所示；单击"折弯方向"按钮 ，并将方向调整至如图 19.12.23 所示。

（4）单击 完成 按钮，完成特征的创建。

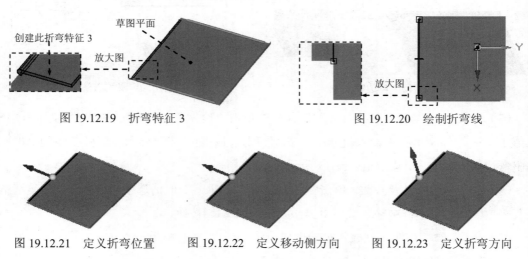

图 19.12.19　折弯特征 3　　　　　图 19.12.20　绘制折弯线

图 19.12.21　定义折弯位置　　　图 19.12.22　定义移动侧方向　　　图 19.12.23　定义折弯方向

Step11. 创建图 19.12.24 所示的卷边特征 3。

（1）选择命令。在 主页 功能选项卡的 钣金 工具栏中单击 轮廓弯边 按钮，选择 卷边 命令。

（2）选取附着边。选取图 19.12.25 所示的模型边线为折弯的附着边。

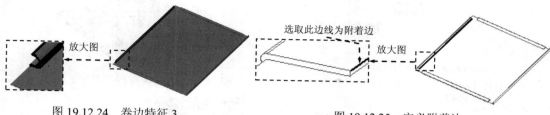

图 19.12.24　卷边特征 3　　　　　图 19.12.25　定义附着边

（3）定义卷边类型及属性。在"卷边"工具条中单击"内侧材料"按钮，单击"卷边选项"按钮，在 卷边轮廓 区域的 卷边类型 (T): 下拉列表中选择 开环 选项；在 (1) 折弯半径 1: 文本框中输入值 4.0，在 (5) 扫掠角度: 文本框中输入值180，单击 确定 按钮，并按 Enter 键。

（4）单击 完成 按钮，完成特征的创建。

Step12. 创建倒角特征 1。

（1）选择命令。单击 主页 功能选项卡 钣金 工具栏中的 倒角 按钮。

（2）定义倒角边线。选取图 19.12.26 所示的四条边线为倒角的边线。

（3）定义倒角属性。在"倒角"工具条中单击 按钮，在 裂口: 文本框中输入值 2，右击确定。

（4）单击 完成 按钮，完成特征的创建。

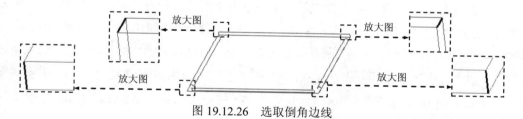

图 19.12.26　选取倒角边线

Step13. 创建图 19.12.27 所示的凹坑特征 1。

（1）选择命令。单击 主页 功能选项卡 钣金 工具栏中的"凹坑"按钮。

（2）绘制截面草图。选取图 19.12.28 所示的模型表面为草图平面，绘制图 19.12.29 所示的截面草图。

（3）定义凹坑属性。在"凹坑"工具条中单击 按钮，单击"偏置尺寸"按钮，在 距离: 文本框中输入值 5.0，单击 按钮，在 拔模角 (T): 文本框中输入值 60，在 倒圆 区域中选中 包括倒圆 (I) 复选框，在 凸模半径 文本框中输入值 10；在 凹模半径 文本框中输入值 9.5；并选中 包含凸模侧拐角半径 (A) 复选框，在 半径 (R): 文本框中输入值 5.0，单击 确定 按钮；定义其冲压方向为模型内部，单击"轮廓代表凸模"按钮。

（4）单击工具条中的 完成 按钮，完成特征的创建。

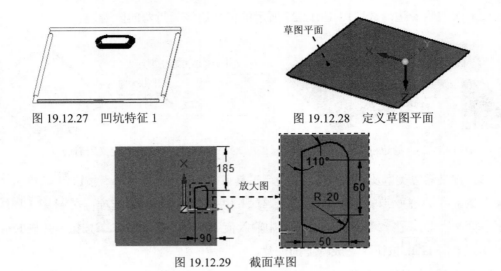

图 19.12.27　凹坑特征 1　　　　　　图 19.12.28　定义草图平面

图 19.12.29　截面草图

Step14. 创建图 19.12.30 所示的加强筋特征 1。

（1）选择命令。在 主页 功能选项卡的 钣金 工具栏中单击 凹坑 按钮，选择 加强筋 命令。

（2）绘制加强筋截面草图。选取图 19.12.31 所示的模型表面为草图平面，绘制图 19.12.32 所示的截面草图。

（3）定义加强筋属性。在"加强筋"工具条中单击"选择方向步骤"按钮，定义冲压方向如图 19.12.33 所示并单击；单击 按钮，在 横截面 区域中选中 U 型 单选项，在 高度(E): 文本框中输入值 2.0，在 宽度(W): 文本框中输入值 7.0，在 角度(A): 文本框中输入值 50；在 倒圆 区域中选中 包括倒圆(I) 复选框，在 凸模半径(F): 文本框中输入值 1.5，在 凹模半径(D): 文本框中输入值 0.5；在 端点条件 区域中选中 开口的(L) 单选项；单击 确定 按钮。

（4）单击 完成 按钮，完成特征的创建。

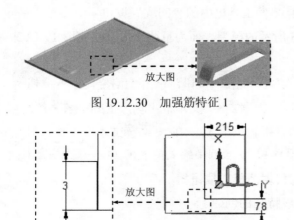

图 19.12.30　加强筋特征 1

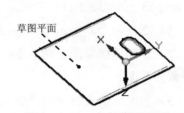

图 19.12.31　定义草图平面

图 19.12.32　截面草图

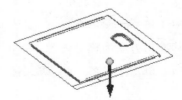

图 19.12.33　定义冲压方向

Step15. 创建图 19.12.34 所示的阵列特征 1。

草图平面

放大图

图 19.12.34　阵列特征 1

（1）选取要阵列的特征。选取 Step14 创建的加强筋特征 1 为阵列特征。

（2）选择命令。单击 主页 功能选项卡 阵列 工具栏中的 阵列 按钮。

（3）定义要阵列草图平面。选取图 19.12.34 所示的模型表面为阵列草图平面。

（4）绘制阵列轮廓。

① 定义阵列类型。单击 特征 区域中的 按钮，在 "阵列" 工具条 翻转 后的下拉列表中选择 填充 选项。

② 定义交错选项。在 "阵列" 工具条中单击 "交错选项" 按钮，在 交错 下拉列表中选择 行 选项，并选中 ⊙ 交错 = 1/2 偏置（O）单选项；单击 确定 按钮。

③ 定义阵列参数。在 "阵列" 工具条的 X: 文本框中输入间距值为 21.0；在 Y: 后的文本框中输入间距值为 11.0；绘制图 19.12.35 所示的矩形阵列轮廓。

④ 定义参考点。在 "阵列" 工具条中单击 "参考点" 按钮，选取图 19.12.35 所示的示例（第 8 排，左起第 6 个）为参考点。

⑤ 定义抑制区域。在 "阵列" 工具条中单击 "抑制区域" 按钮，选取图 19.12.35 所示的轮廓 1 为抑制区域。

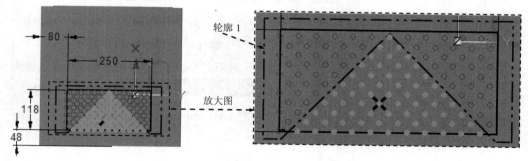

轮廓 1

放大图

图 19.12.35　绘制矩形阵列轮廓

⑥ 单击 按钮，退出草绘环境。

（5）单击 完成 按钮，完成特征的创建。

Step16. 创建图 19.12.36 所示的镜像特征 1。

（1）选取要镜像的特征。选取 Step14 和 Step15 所创建的特征为镜像源。

（2）选择命令。单击 主页 功能选项卡 阵列 工具栏中的 镜像 按钮。

（3）定义镜像平面。在"镜像"工具条的"创建起源"选项下拉列表中选择 🏷 **垂直于曲线的平面** 选项，选取图 19.12.37 所示的边线；并在 **位置:** 文本框中输入值 0.5，并按 Enter 键。

（4）单击 **完成** 按钮，完成特征的创建。

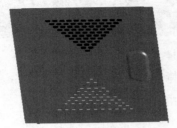

图 19.12.36　镜像特征 1

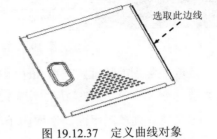

选取此边线

图 19.12.37　定义曲线对象

Step17. 保存钣金件模型文件。

# 19.13　最　终　验　证

## Task1. 设置各元件的外观

为了便于区别各个元件，建议将各元件设置为不同的外观颜色，并具有一定的透明度。每个元件的设置方法基本相同，下面仅以设置机箱的左盖钣金件模型 left_cover、右盖钣金件模型 right_cover 和后盖钣金件模型 back_cover 的外观为例，说明其一般操作过程。

Step1. 设置机箱的左盖钣金件模型 left_cover、右盖钣金件模型 right_cover 外观。

（1）在模型树中选择 ☑ 🗐 **LEFT_COVER.psm:1** 和 ☑ 🗐 **RIGHT_COVER.psm:1**，然后单击 **视图** 功能选项卡；在 **样式** 工具栏中单击"颜色管理器"按钮 ▦，系统弹出图 19.13.1 所示的"颜色管理器"对话框，选中 ◉ **使用个别零件样式(S)** 单选项，单击 **确定** 按钮。

（2）在 **样式** 工具栏中单击"面覆盖"下拉列表 **(无)** 中的 ，此时系统弹出图 19.13.2 所示的"面覆盖"下拉菜单，选择 **Green (clear)** 选项，完成外观颜色的设置。

Step2. 参考 Step1 设置机箱的后盖钣金件模型 back_cover 外观为 **Green** 选项。

Step3. 参考 Step1，设置其他各元件的外观。

Step4. 保存装配体模型文件。

## Task2. 进行验证

可参照 19.5 节所述的初步验证方法进行最终验证。

说明：由于修改尺寸并再生之后，机箱底盖（BACK_COVER）和机箱左盖（FRONT_COVER）的某些特征会发生变化，要对其重新约束和编辑。按照 Task2 中的操作方法再次修改原始尺寸，验证整个机箱的数据传递。通过以上对模型的修改，再次验证的整个过程将不会出现严重变化。

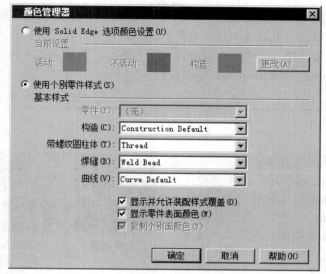

图 19.13.1 "颜色管理器"对话框

图 19.13.2 "面覆盖"下拉菜单

**学习拓展**：扫码学习更多视频讲解。

**讲解内容**：本部分主要讲解了产品自顶向下（Top-Down）设计方法的原理和一般操作。自顶向下设计方法是一种高级的装配设计方法，在钣金机箱和机柜的设计中应用广泛。

# 读者意见反馈卡

尊敬的读者:

感谢您购买机械工业出版社出版的图书!

我们一直致力于 CAD、CAPP、PDM、CAM 和 CAE 等相关技术的跟踪,希望能将更多优秀作者的宝贵经验与技巧介绍给您。当然,我们的工作离不开您的支持。如果您在看完本书之后,有什么好的意见和建议,或是有一些感兴趣的技术话题,都可以直接与我联系。

兆迪科技 zhanygjames@163.com,丁锋 fengfener@qq.com

策划编辑: 丁峰

---

读者购书回馈活动:

为了感谢广大读者对兆迪科技图书的信任与支持,兆迪科技面向读者推出"免费送课"活动,即日起,读者凭有效购书证明,可领取价值 100 元的在线课程代金券 1 张,此券可在兆迪网校(http://www.zalldy.com/)免费换购在线课程 1门。活动详情可以登陆兆迪网校或者关注兆迪公众号查看。

兆迪网校　　　兆迪公众号

**书名:** 《Solid Edge ST10 钣金设计实例精解》

1. 读者个人资料:

姓名: _____ 性别: _____ 年龄: _____ 职业: _____ 职务: _____ 学历: _____

专业: _____ 单位名称: _____ 电话: _____ 手机: _____

邮寄地址 _____ 邮编: _____ E-mail: _____

2. 影响您购买本书的因素(可以选择多项):

☐内容　　　　　　　　　　☐作者.　　　　　　　　　☐价格

☐朋友推荐　　　　　　　　☐出版社品牌　　　　　　☐书评广告

☐工作单位(就读学校)指定　☐内容提要、前言或目录　☐封面封底

☐购买了本书所属丛书中的其他图书　　　　　　　　　☐其他_____

3. 您对本书的总体感觉:

☐很好　　　　　　　　　　☐一般　　　　　　　　　☐不好

4. 您认为本书的语言文字水平:

☐很好　　　　　　　　　　☐一般　　　　　　　　　☐不好

5. 您认为本书的版式编排:

☐很好　　　　　　　　　　☐一般　　　　　　　　　☐不好

6. 您认为 Solid Edge 其他哪些方面的内容是您所迫切需要的?

_____

7. 其他哪些 CAD/CAM/CAE 方面的图书是您所需要的?

_____

8. 您认为我们的图书在叙述方式、内容选择等方面还有哪些需要改进?

_____